U0910692

席勒的美学思想及其现实意义

闫翠静◎著

中国社会科学出版社

图书在版编目(CIP)数据

席勒的美学思想及其现实意义／闫翠静著．—北京：中国社会科学出版社，2016.12

ISBN 978－7－5161－9766－0

Ⅰ.①席…　Ⅱ.①闫…　Ⅲ.①席勒（Schiller，Johann Christoph Friedrich 1759—1805）－美学思想－思想评论　Ⅳ.①B83－095.16

中国版本图书馆CIP数据核字(2017)第013506号

出 版 人　赵剑英
责任编辑　任　明
特约编辑　乔继堂
责任校对　周　昊
责任印制　李寡寡

出　　版　中国社会科学出版社
社　　址　北京鼓楼西大街甲158号
邮　　编　100720
网　　址　http://www.csspw.cn
发 行 部　010－84083685
门 市 部　010－84029450
经　　销　新华书店及其他书店

印刷装订　北京市兴怀印刷厂
版　　次　2016年12月第1版
印　　次　2016年12月第1次印刷

开　　本　710×1000　1/16
印　　张　16
插　　页　2
字　　数　264千字
定　　价　65.00元

凡购买中国社会科学出版社图书，如有质量问题请与本社营销中心联系调换
电话：010－84083683

目　　录

导 论

席勒进入中国人视野的时间是20世纪初，这正是灾难深重的中国处于内忧外患，日益濒临危难的生死存亡的时刻。抵御西方侵略、挽救民族危亡成为最现实的要求，外国势力的强大和本国封建王朝的腐朽没落的残酷现实，让很多先进的中国知识分子开始思考本民族落后的原因，他们出于济世救人的社会责任感，开始探索救国救民的道路。然而在一系列政治、军事等改革的失败中，现代知识分子逐渐意识到军事失败背后的政治、经济、文化等深层次的问题，意识到了思想启蒙的重要性，他们自觉地担当起了国民启蒙的重任。而随着德国在欧洲的崛起，德国的思想、教育等也日益受到国人的重视，德国的思想文化也不断被翻译介绍到中国，作为文化巨人的歌德、席勒、康德陆续进入中国人的视野。随着席勒作品的译介，虽然有着与中国不同的社会背景和生活现状，但是席勒思想的巨大现实性和寻求政治自由的目的极大地契合现代中国的特殊语境，让国人似乎找到了疗世的良药，他的美育思想经过了早期知识分子的吸收改造一直影响着中国美学的发展。虽然鲍姆嘉通、康德等也对中国的美学事业影响较大，但是相比而言，席勒的意义更为深远。

作为18世纪与歌德齐名的一位文化巨人，席勒在诗歌、戏剧创作、文艺理论和哲学美学等众多领域都有着创造性的重大贡献，有着开拓性的成就。他是德国文学史上著名的“狂飙突进运动”的代表人物之一，他以其天才的洞察力和预见性，在他所创作的戏剧里喊出了反抗的第一声号角，宣布了千年封建制度理该寿终正寝。正如海涅所说：摧毁了精神上的巴士底狱，促进了革命。在19世纪德国统一的民族呼声中，席勒被推崇为“德国民族精神最纯粹的体现”。20世纪的学者曾这样描述席勒的影响：“一个世纪以来，弗里德里希·席勒一直伫立在各种社会变革和艺术事件的激流中，德国民族在他的陪伴下走上了发展的道路。”① 席勒的影响不仅仅限于德国，他的思想也深深鼓舞了法国大革命时候的革命民众，甚至可以说在世界各个民族争取民族独立与解放的过程中，都可以看到席勒思想的鼓舞作用。而在中国百年的历史进程中，席勒的美学思想一直影响着中国美学的发展，并在现实领域一直若隐若现地影响着社会的运转。

一 研究现状综述

席勒是以文学家的身份在1903年进入中国人的视野，赵必振翻译了日本大桥新太郎编写的著作《德意志文豪六大家列传》《希陆传》（席勒传），其中一章专门介绍席勒的生平及其著作，对于席勒的美学思想并没有详细评价。1907年鲁迅在《文化偏至论》中也曾提及席勒的思想。后来学者多是侧重席勒作品中的爱国主义精神，例如马君武就翻译了席勒的戏剧作品《威廉·退尔》，此后，席勒戏剧作品以相当之速度进入现代中国，其意都在“唤醒民众”，号召现代中国的启蒙和救亡运动。对于席勒的美育思想马君武少有涉及。直到1906年王国维在《教育世界》118号上刊登的《教育家之希尔列尔》，才简单地介绍了席勒的美育，认为席勒的美育理论是“鉴于当时之弊而发”，并将席勒称为“教育史上之伟人”、“实际教育家”。但是对席勒美育思想介绍最为详细的还是张君劢，1922年10月2日，张君劢在上海美专自由讲座演讲《德国文学家雪雷之美育论》，对于席勒美育论作了总体阐释，他详细分析了席勒美育思想形成的具体时间和时代背景、民族特征、学术题域，并且点评了席勒美育的思想理论和时代精神。对于中国社会的现状，张君劢认为教育家和美术家应当担负起培养健全人格的责任，他说：“若夫人格之养成，必求其可以贯彻一人之全身者，是为美，是为美育。”而在实践领域，对美育发展起推进作用的是当时任中华民国政府教育总长的蔡元培，他在1917年提出的“以美育代宗教”。蔡元培的“美育代替宗教”说虽然缺乏逻辑上和学理上的论证，但在中国特殊语境下还是影响深远，所以尽管此后美学界方家辈出，流派纷呈，来源于席勒“美育”思想的王国维和蔡元培的美学思想尤其是美育观念直接影响了百年来中国美学思想的发展。另外，宗白华

① 陈洪捷：《北大德国研究》第1卷，北京大学出版社2005年版，第9页。

和朱光潜在席勒美学思想的翻译评介方面也做了大量工作。1932 年，宗白华翻译了席勒与歌德订交时的三封重要的信件，而朱光潜在《西方美学史》中则撰章讨论席勒的美学思想。

席勒的美学思想就是在这种翻译评介过程中进入中国人的视野，在传统与现代以及中外的思想交汇中不断地被解读并衍生新的意义。奇怪的是，席勒的戏剧作品一再在中国翻译并改编，他的美育思想也早为国人熟知，但席勒重要的美学著作《审美教育书简》一直没有翻译到中国，1942 年冯至才开始进行断断续续的翻译，直到 40 年后，才经范大灿校阅后出版。1996 年，张玉能翻译了席勒的艺术和美学文集《秀美与尊严》。2005 年张玉书主编的《席勒文集》比较全面地收集了席勒的文学创作与理论思想，也收录了张佳钰翻译的《审美教育书简》。

在陆续翻译席勒作品的基础上，新中国成立后对于席勒的研究也逐渐展开，但是在很长一段时期内，席勒主要是一个被象征化的标志，是鼓励受压迫人民起来反抗的前进号角，是“歌唱一切民族之间的平等、友好的，反对民族压迫和奴役战争的”（贺敬之语），所以对席勒的研究多是侧重他的戏剧作品中的政治主题。董问樵的《席勒》就是一部研究席勒文学作品的专著，在介绍席勒的生平基础上对其文学作品进行了概述。1985 年出版的《席勒与中国》就是当年在重庆召开的国际学术研讨会的论文集，不过大多是针对席勒与中国这一个主题。而在纪念席勒逝世 200 周年的时候出版的《北大德国研究》（第 1 卷）主要是席勒研究，收录德国研究论文 27 篇，分别介绍了席勒的生平、影响与接受、译文与评论、书评与信息等方面的内容。

国外的席勒研究比较早，关于席勒的研究可谓汗牛充栋，在丹麦、德国、英国等都有席勒研究工作室。世界性的“国际席勒学会”每两年举行一次国际学术活动。1959 年由席勒的出生地德国马尔巴赫市当地议会决定设立“德国席勒人文研究奖”，以表彰那些在巴登—符腾堡地方人文研究领域做出巨大贡献的学术著作。另外“二战”后，随着马克思《手稿》的研究开展，西方研究席勒美学的论著数量明显增加。例如《异化了的人——席勒异化概念到马克思的历史发展》（波皮茨，1950 年），《席勒黑格尔和马克思》（凯恩）、《席勒与人类社会的矛盾》（艾姆利希，1960 年）、《席勒与萨特》（汉勃格）、《席勒与马克思关于活的形象的美学》，等等。[①] 当然这只是其中一小部分。另外，最近三十多年来，国外的席勒研究成果也不断出现。[②] 按照内容可以大体分为三类：第一类是介绍性的研究，即以介绍性研究为主导方式对席勒一生的生活、思想等进行阐述。例如 1984 年 Lahnatein Peter 著《席勒的一生》立足文本分析，结合 18—19 世纪德国社会与文化生活现状对于席勒的成长进行了详细的描述。1987 年，苏联作家洛津斯卡娅出版了人物传记《席勒》，在梳理席勒生平的过程中展现了一个一直为自由而奋斗一生的无畏战士形象，并且指出了席勒对于俄国革命的激励作用。另外，维尔茨堡大学的德国当代史教授 Peter-An-dréAlt 在 2000 年出版了两卷本《席勒的生平作品与时代研究》，作者从现代研究者的独特视角出发，在 18 世纪的社会文化背景中探讨席勒的人生与作品，并获得“2005 德国席勒人文研究奖”。[③] 第二类是各种专题研究，主要是根据席勒某个方面的思想或者问题来进行分析探讨。例如《作为历史学家的席勒》一书就通过对席勒历史作品的研究探讨了席勒的史学观。《作为斗争同志的席勒》则通过德国现代文学史上对席勒话语权的斗争，揭示出在第三帝国时期的席勒接受与其时代的思想状况。第三类是从接受史的角度阐释席勒思想的现代解读，例如《民族社会主义时期的德国古典作家——席勒、克莱斯特、赫尔德林》《格哈德弗里克：作为臣服工具的文学研究》《作为斗争同志的席勒》，都是关注席勒在后世不同时期的被接受和诠释的问题。[④] 另外，Schutjer，Karin 著 *Narrating Commumity after Kant-Schiller*，*Goethe and Holderin*（《康德之后的叙事空间——席勒，歌德与荷尔德林》）可以认为代表了西方学界（美国）的最新成就，文中关注了席勒等人在纳粹德国时代的接受问题，[⑤]“席勒的自由观念在法西斯国家中得到了实际的具体化。如此，《美学书

---

① 毛崇杰：《席勒的人本主义美学》，湖南人民出版社 1987 年版，第 3 页。

② 此处参见叶隽《史诗气象与自由彷徨——席勒戏剧的思想史意义》，同济大学出版社 2007 年版。

③ 《文汇读书周报》，2005 年 11 月 18 日。

④ 叶隽：《史诗气象与自由彷徨——席勒戏剧的思想史意义》，同济大学出版社 2007 年版，第 16 页。

⑤ 同上书，第 15 页。

简》从根本上被认为是一种对于理想化的政治自由的描述”。[①] 另外，有很多专门介绍席勒著作的德文和英文网站，对席勒进行详细的介绍[②]。

国内学界从来没有停止过对于席勒美学思想的研究，尤其是近三十年来，关于席勒美学思想的研究很成规模。用中国期刊网对 1980—2009 年上半年的席勒研究论文进行了搜索，期刊论文有 446 篇，硕士论文有 52 篇，其中明确以“席勒美学”为题的研究论文 31 篇。另外，目前可以搜到 6 篇博士论文：《美与人性的教育——席勒美学思想研究》（卢世林，武汉大学，2006 年）和《席勒美育思想在中国的接受史研究》（张艳，南开大学，2007 年）等。综合看来，学界对席勒美学理论和审美教育研究的较多，但对其美学思想与社会和谐发展的关系论述较少。目前对席勒美学思想与社会和谐问题的研究状况如下：

1. 立足于马克思主义的根本原则对席勒美学思想进行批判，指出其与社会和谐关系的空想性。

虽然席勒的美学思想百年前就影响中国，但朱光潜先生的《西方美学史》和蒋孔阳的《德国古典美学》对席勒思想做了比较权威的定位。他们立足于马克思主义的根本原则对席勒美学进行审视，通过分析《美育书简》和《素朴的诗和感伤的诗》肯定席勒在美学和文艺理论上的重大贡献，但因为席勒美学思想中“具有唯心论和人性论的根本错误”，“所说的人，只是抽象的人，资产阶级人性论者所说的人，而不是生活在现实社会中的具体的人，不是马克思所说的‘社会关系的总和的人’”，所以对于席勒意图改造社会、促进社会和谐的审美教育方式都予以了否定性的批判，认为是“他把这一切都归之于人心的腐化，而不是归之于阶级剥削和私有制度，因而要用审美教育来代替阶级斗争和社会革命，这就错了……事实证明，这些讲法不过是软弱无力的德国资产阶级在强大的革命风暴面前，所作的一种胆怯的自我粉饰罢了”[③]。两位美学大家并没有直接论述社会和谐的问题，但还是站在了马克思主义的立场上运用阶级论

---

① 叶隽：《史诗气象与自由彷徨——席勒戏剧的思想史意义》，同济大学出版社 2007 年版，第 15 页。

② 例如 http：//www. friedrich-von-schiller. de 就是一个纪念席勒逝世 200 周年建立的德文网站，www. wissen-im-Netz. info 和 http：//studiocleo. com/libraries 也都有专门介绍席勒的网页。

③ 蒋孔阳：《德国古典美学》，商务印书馆 2005 年版，第 192 页。

和意识形态分析法来对席勒美学思想对社会革命的作用进行了否定性的评价。

在后来者的研究中，在肯定席勒文艺理论的巨大成就的同时，研究者也多从《美育书简》中的审美教育缺乏现实基础指出席勒美学思想中改变社会方式的空想性及其审美王国的乌托邦性。这方面的论文有：《席勒的审美乌托邦及其现代批判》[高建平，《陕西师范大学学报》（哲学社会科学版）2005 年]、《试析席勒的审美乌托邦理论》（冯学雨，《安康师专学报》2005 年）、《席勒的〈审美教育书简〉和马克思的〈经济学—哲学手稿〉中的美学思想之比较》（杨增菊，《合肥联合大学学报》2001 年）等。更多的论文是从席勒美育思想入手，从人性观的角度来论证其审美王国的乌托邦性质，对其的实现可能提出质疑。例如《席勒的美育书简》（汝信，《美学》1980 年第 2 期）、《净化灵魂、培养完美人性——席勒美育思想述评》（张佑周，《龙岩师专学报》1987 年第 3 期）、《审美的功用与人类的自我拯救——评席勒的美育思想及其现代意义》（卢俊，《宝鸡文理学院学报》1995 年第 4 期）、《审美教育与完美人性》（周文霞，《有色金属高教研究》1997 年第 3 期）、《第一部美育的宣言书》（陈育德，《江淮论坛》1998 年第 1 期）、《人的自由与审美教育——席勒美育思想探析》（李欣人，《南开学报》2001 年第 4 期）、《两难抉择的苦恼——论席勒美学思想中的“人性分裂”》（王倩，《临沂师范学院学报》2005 年）等。正如龚山平所言：“因为他没有很好地分梳个体人生实践与群体社会实践、精神内在自由与现实外在自由的关系，而只是在抽象人性论的框架里苦思将现实人性上升到理性人性的救赎之策。”[①] 认为席勒的革命只是在意识领域内的理想化革命而已，对于社会的和谐发展是没有实质性意义的。

具体而言，学界多是从席勒美学思想中的美育思想来探讨其与社会和谐之间的关系的，一方面是因为审美教育是席勒改造人性实现政治和谐的唯一方式，另一方面是因为审美教育本身所具有的实践性使之必然与社会的发展变化相关联。这方面的研究成果斐然，但大多是对席勒美学美育思想中概念和自由、人性、和谐等基本精神的解释和质疑，例如《试论席

① 龚山平：《康德与席勒审美主义思想比较》，《浙江学刊》2000 年第 1 期。

勒对人的思考》（李克，《学术论坛》1994 年第 5 期）、《审美与人的感性生存——试论席勒的“游戏说”》（尤战生，《山东社会科学》1997 年第 1 期）、《论席勒的审美自由观》（赵晓芳，《宝鸡文理学院学报》2000 年第 3 期）、《游戏与艺术——席勒“游戏冲动”说的合理内核、历史局限与文化意义》（李显杰，《武汉科技学院学报》2002 年第 2 期）、《席勒的人性论与美学思想》（郑飞燕，《沙洋师范高等专科学校学报》2002 年第 5 期），等等。这些研究都是基于对“文革”十年的反思和 90 年代后中国市场经济体制下出现的金钱至上物欲横流的现状而进行的思考。正是在促进社会和谐的基础上，为社会和谐发展寻找更好出路的目的，带着对自由的呼唤和对人性复归的渴望，席勒的思想带着浓厚的人本主义色彩穿越时代和国界重新进入国人的视野。但是站在马克思主义实践观的角度，人们希望能够迅速解决中国社会现实中的问题，渴望的是找到一个疗救社会发展中由于长期思想禁锢和人性压抑以及被欲望吞噬而导致的人性分裂的“济世良方”，人们在研究之后发现席勒的思想并不能解决所有的问题，那么对其进行否定性的批判也是自然。

2. 立足于人本主义美学基础，从现代性的角度来探讨席勒的美学思想，思考美学思想和社会和谐之间的关系，肯定其美学思想对社会和谐发展的积极作用。

《席勒的人本主义美学》一书通过对席勒美学思想中的重要命题和主要概念进行创造性的解读，为席勒美学思想奠定了人本主义的基础，凸显人的本质地位，以此来观照现实社会，但可惜这方面论述不多。张玉能在研究席勒美学思想方面成绩斐然，他的《审美王国探秘》和《席勒的审美人类学》从席勒美学的基本精神出发，还原了一个完整的席勒的人道主义美学体系。他的一系列文章探讨了各种审美形式的人类学功能及其审美教育特质。作者认为席勒美学的最终目的还是要以审美教育弥合分裂的人性来服务于现实，以促经社会的和谐发展。博士论文《席勒美育思想在中国的接受史研究》（张艳，南开大学，2007 年）则通过分析席勒美育思想在中国的传播肯定了席勒美育思想在中国社会的影响；博士论文《美与人性的教育——席勒美学思想研究》（卢世林，武汉大学，2006 年）对席勒的美学思想进行中规中矩的分析评点，并没有超出席勒的思想界限，但涉及“和谐社会理想的实现”问题，隐含着对席勒现实意义的肯定。由此，从美学、教育学、社会学、政治学、文化人类学等多学科交叉的综合研究使席勒美学思想的现实关联性大大增强，拓展了席勒美学思想的研究空间，席勒美学思想中对现代性的批判对我们现代化的社会建设也具有一定的警示作用。杜卫教授是较早关注席勒美学理论的审美现代性问题的学者之一，继《感性教育美育的现代性命题》（《浙江学刊》1999 年第 6 期）后，他的《美育审美现代性话语的创建——重读席勒美育书简文艺研究》（2001 年第 6 期）是探讨席勒美育思想的审美现代性问题的一篇重要论文。作者认为："就思想对时代精神和现实问题的敏感性以及所提问题（而不是结论）对后世的影响力来讲，席勒并不比上述二位逊色，从某种意义上讲，席勒可能比他们更重要，因为在他的美学（美育）理论中，包含着更多可以称作'审美现代性'的东西。"同时，还有一些论文通过理清席勒和马克思之间的思想联系来肯定席勒的美学思想的社会意义，例如《从席勒到马克思》（阎怀兰，《南京邮电学院学报》2005 年 2 月）、《席勒美育思想对马克思的影响及其当代意义》（李欣人，《理论学刊》2001 年第 1 期）、《论席勒的和谐思想》（杨家友，《 商丘职业技术学院学报》2006 年第 1 期）、《谈席勒美学与西方马克思主义美学的相似点》（李云刚，《东岳论丛》2006 年）、《人的异化和自由——席勒和青年马克思美学思想的比较》（汪树东，《新疆大学学报》2002 年）。还有一些论文，例如康艳、修雪枫的《走在整合人性的路上席勒的审美现代性思考一二》（《辽宁大学学报》2004 年第 2 期）、曹卫东的《从"全能的神"到"完整的人"——席勒的审美现代性批判》（《文学评论》2003 年第 6 期）、赵静蓉的《论卢梭与席勒的现代性批判》（《人文杂志》2004 年第 4 期）等，这些论文都以席勒美学思想的政治背景和思想背景为基础，重点探讨了以张扬感性为特征的审美现代性对塑造和谐人性的重要意义，从而指出人的和谐在建设和谐社会中的重要作用。

有很多研究席勒美学思想尤其是美育思想的论文都直接与建设和谐社会的现实联系起来，认为席勒的思想在现代社会发展和建设上具有前瞻性。例如彭青、肖向梅在论文《美育在和谐社会建设中的作用》（《德育园地》2007 年第 256 期）中就分析了美育在和谐社会中的四点作用，指出："只有人成为审美的人，才能为和谐社会建设奠定牢固的思想基础。和谐社会需要人的和谐发展，美育教育具有其独特的育人功能。"例如赵立如在《游戏与审美——席勒美育思想的内涵、时代性和现实意义》（《天水师范学院学报》2006 年第 4 期）中则认为席勒那种假道美学实现政治目的的做法在当时的社会背景下具有“乌托邦”色彩，但对当今人类而言，却具有十分重要的现实意义。文章在最后一部分专门论述“美育与和谐社会”，指出：“现代社会人的自我异化，在一定的范围与程度上，可以通过利己心与功利心的克服与扬弃而实现超越。而审美活动作为一种无私的和非实用的活动，就是个人自我超越的一种形式。”在《当代视域中的席勒生命美育思想研究》中，作者站在生命美育的立场上直接探讨了席勒美育思想对构建和谐社会的意义，指出教育应该从个体的全面发展出发，培养和谐的个体，并促进社会的健康发展。而《席勒的审美教育理论与素质教育概念》（陈增福《通化师范学院学报》2001 年第 6 期）就将席勒的美育理论与我国正在进行中的素质教育工程联系起来考察，具有较强的现实针对性。文章认为，席勒的审美教育理论与素质教育概念在实质性内容上也是相通的，“即二者都是关注人自身的教育，是人的或人性的整体和谐的教育，或者说是人的全面发展的教育”。《席勒美育思想与当前人文教育》（湛玉钊，《涪陵师范学院学报》2004 年第 3 期）是从席勒的美育思想中为我国目前教育体制的弊端和教育观念的缺陷找到一种可供参鉴的理论解释，是将席勒思想植入与社会发展息息相关的教育进程中。

总之，人们不再过多执着于席勒美学思想的抽象的人性论解读和否定性结论，开始从美学、伦理学、教育学、政治学等各个方面对席勒美学思想进行现实性的解读，重新思考其思想中的合理内核对于解决人性分裂和异化现象的有益借鉴。

3. 同时应当注意到还有一些论文从社会学或者政治学意义上对席勒美学思想进行了充分肯定，昭示出席勒美学思想对社会现实的观照意义。例如《“活的形象”与席勒的政治美学》（骆冬青《江苏社会科学》2005 年第 1 期）中指出：“假道美学解决经验之中的政治问题，最终使得政治通向了美学。席勒最重要的贡献就是明确地在政治之中引进了美学的维度，用美学的方法审理、思考政治问题。”认为美学就可说是政治的基础。在《美学的抗争》（《哲学研究》2003 年）一文中，他指出：“席勒的美学挑明了美学在政治治疗和人性治疗之间的关系。”另外徐敏在《政治美学：一个新的学术课题——“回归实事：政治美学与文艺美学”学术研讨会综述》（《南京师范大学文学院学报》2004 年）中则直接提出“政治美学”的学术话题并进行了各个方面的阐释，并且指出：“政治美学”可以建构在“理想化的政治”基础上研究；以审美理想来评价生活，其中包括对人自身的建构、社会制度的理想。而在《游戏化生存——社会学视野下的席勒美学新解》（周宗伟，《江苏社会科学》2005年第4期）则从后现代的社会语境出发来指出席勒的美学思想在调解社会学中的行动者与结构之间的恒久性矛盾中的作用，认为人在社会化的过程中选择一种“游戏化”的生存方式，一定程度上可以借以抵御制度的约束，并同时实现社会的良好联合。

综上所述，目前对席勒美学思想与社会和谐的问题研究中，人们多是从美学意义的角度侧重其美学思想在美学理论上的贡献，并针对和谐社会建设的现实指出了席勒美学思想的重要意义。但任何思想的产生都必须在其特有的背景下才能更显其意义，正因如此，深入席勒美学思想产生的背景中，才能更好地理解席勒的美学思想的深刻意义所在。

二 本研究意义以及创新点

约翰·克里斯托弗·弗里德里希·冯·席勒（Johann Christoph Friedrich von Schiller，1759年11月10日—1805年5月9日），通常被称为弗里德里希·席勒，18世纪德国伟大的诗人、剧作家、文艺理论家和哲学美学家，德国文学史上著名的“狂飙突进运动”的代表人物之一。作为一名与歌德齐名的德国文化巨人，席勒那追求自由的满腔热情和关怀整个人类进步的伟大思想，不但促进了人类在艺术实践、艺术理论和哲学美学方面的发展，而且也为人类文明的发展留下了光辉灿烂的一页。他的思想流传广泛而长久，曾深深影响了后世许多美学家、哲学家、政治学家、伦理学家，我们从黑格尔、马克思以及法兰克福学派中马尔库塞、哈贝马斯等人的思想中都能看到席勒思想的影响。康德—席勒—马克思的思想发展线索有迹可循。威尔逊还提出了席勒是否是“异化”观念创始人的问题，虽然这尚无定论，但也直接影响了对人的研究的方向性。同时席勒的美学思想也直接影响了中国现代美学的发展，他的审美教育虽无法解决政治自由的问题，但是二百多年来，席勒的美育理论都能若隐若现地影响社会发展进程，乃至中国和谐社会的建设和中国梦的实现。

1. 从西方美学思想发展看席勒美学思想的重要性

虽然人类从很早就开始进行关于美的思索，也形成了各种各样的美学理论，但是在席勒那个时代，美学才开始真正成为一门学科，鲍姆加登对美的定义为：美是感性认识的完善。这意味着随着哲学的转向，人类对美学的研究从以本体论为中心转向以认识论为中心的领域中来。但是在鲍姆加登那里，美学仅仅是认识论范围内对感性进行研究的科学，还不具备自己内在发展的基础，而后经过康德、席勒、黑格尔等德国古典美学家的理论才让西方美学不断走向完备，而在此，席勒美学思想就具有重要的意义。

席勒在考察18世纪以来美学理论的基础上，尤其是认真钻研康德美学思想以后，形成了自己的感性—客观的美学理论。席勒美学思想的鲜明特点是对感性的重视，这种重视既来自席勒从医的经历，也来自经验主义美学对感性的强调。经验主义美学家重视从主体的方面来探讨美的形成，将感觉、想象、情感等问题提到首位。他们相信感性认识，认为经验的观察和归纳是知识的来源，"这个美学学派感兴趣的是艺术欣赏主体，它努力去获得有关主体内部状态的知识，并用经验主义手段去描述这种状态。它主要关心的不是艺术作品的创作，即艺术作品的单纯的形式本身，而是关心体验和内心中消化艺术作品的一切心理过程"。而经验主义者对主体感觉器官的重视也为席勒思考美感的形成原因和特殊性提供了参照。同时，理性主义美学家在抛弃了上帝的统治地位后也让理性具有了至高无上的力量，笛卡儿的天赋观念和二元论思想让理性主义美学家相信这个世界上的万事万物存在着美的秩序，人们可以凭理性来把握和支配这个世界，因此，理性主义美学者表现出对完善与和谐的重视。席勒认为他们的观点都不完全正确，都是从部分的角度来看待整体，而康德美学则在席勒之前为二者做了调解。席勒承认自己的思想主要是承袭康德，因此，他的许多理论都与康德的美学理论类似，一方面表现为他对康德理论的直接继承，另一方面表现为他对康德某些观点的努力克服和偏离。康德在自己哲学分析的基础上，用美学来沟通现象界和物自体，提出了美的先验原则。康德通过对审美判断力四项范畴的考察，完成感性自然与超感性自然（伦理道德）之间的沟通联系，最终审美判断成道德的类比，也就是"美是道德的象征"。而席勒的美学思想中的审美无功利性、对形式的强调、对道德的人的追求都直接来自康德的美学思想。但是康德的"主观合目的性"的美的概念将这种沟通限制在主观精神领域，而席勒则是试图寻找美的客观基础，证明美是合乎感性的客观存在，使美学由主观精神世界面向了客观精神世界。同时，席勒美学中对比例、和谐的强调也是承接了古希腊以来人们的观点，因此，席勒的美学是对他之前美学观点的总结，他推动了主观唯心主义向客观唯心主义的发展，也开启了美学与人的现实状况之间关系的思考的方向。

席勒的美学思想是近代美学思想发展不可忽视的一个渊源。苏联学者阿斯穆斯说："在美学方面席勒是一个泰斗。他的美学思想的内容是意义重大的，而他的影响远远超过他的时代。歌德、谢林、黑格尔的美学思想的历史发展所遵循的方向，固然不是席勒所决定的；但是如果没有席勒，他们的思想内容，他们的影响力量就会是另外一个样子。"① 这种渊源关系不仅仅体现在他的美学思想成为沟通康德和黑格尔的桥梁，而且体现在后世美学家对于美学尤其是美育问题的讨论中，对后代美学思想产生了巨大的影响。在人类历史上，席勒第一次从理论的角度来对美育进行系统的阐述，确立了美育的历史地位，也让美通过现实活动与人的生存状态联系在一起，而他对文明时代的人性分析也开启了审美现代性批判的先河。尤其是他将美与现实社会的发展联系起来，扭转了美学侧重形而上学的思辨方向，我们几乎可以在从近代到现代直到今天的西方很多思想家身上发现席勒美学思想的这种影响，席勒的"给物质以形式"成为克罗齐美学原理的一条基本要义；尼采在抨击上帝的同时也选择了审美人生观，认为审美才能证明生活的意义。雷纳·韦勒克在《近代文学批评史》第一卷中所指出，卡尔·荣格关于人格的"内倾"、"外倾"说，萨特关于艺术的源泉"存在于人类的自由之中"的思想，以及苏珊·朗格的《感情与形式》等，都打上了席勒美学美育思想的印记。而在唯意志主义美学、生命哲学、存在主义美学，尤其是在法兰克福学派的中坚人物——马尔库塞的思想中，都能看到席勒的思想影子，尽管这种影响千差万别。但是从黑格尔、马克思、尼采、伽达默尔、海德格尔、马尔库塞、阿多尔诺、哈贝马斯等的关于批判资本主义的言论中都可以看作是回到席勒的观点上来。维塞尔在《活的形象美学——席勒美学与近代哲学》一书中指出："如果没有分界线的话，那么18世纪美学理论的焦点便是弗里德里希·席勒的

① ［苏］B. 阿斯穆斯：《席勒的美学观点》，《现代文艺理论译丛》第6辑，人民文学出版社1964年版，第186页。

理论见解。尤其是席勒的《美育书简》，有着无法估价的价值。”[①] 席勒的美学思想直接影响着同时代的谢林，“谢林对这些论文十分重视并有所借鉴，特别是在论述崇高时，有时就直接借用席勒的话来正面阐述自己的观点”[②]。黑格尔的艺术创作论与席勒的几乎完全一致，他也试图通过审美和艺术来消除社会矛盾，恢复人性的和谐，他的这种观点显然与席勒的美育思想一脉相承。马克思还对席勒的《美育书简》第23封信中所提出的“美的规律”的命题，进行了唯物主义的改造。朱光潜曾经指出席勒美学思想对社会改造的先导性和与马克思主义的联系，“要认识这种矛盾，最好的办法之一是就席勒的《审美教育书简》和马克思的《经济学—哲学手稿》来进行一番仔细的比较。马克思在这部名著里所讨论的问题，如‘劳动的异化’，人的全面发展，人与自然的统一，最高的人道主义以及艺术在人的全面发展中所占的地位之类的重大问题，正是席勒所接触到并且努力要求解决的。马克思在一些论点上可能受到席勒的启发……”[③]而柏拉威尔在他的《马克思和世界文学》一书中说：“不难看出马克思对当代人类困境的分析和席勒在《美育书简》在这方面的分析有许多共同之处。”[④] 朱光潜在《西方美学史》一书的下卷中，曾经猜测性地指出：“马克思在一些论点上可能受到席勒的启发”。[⑤] 因此，20世纪七八十年代，李泽厚在《批判哲学的批判》中大胆地提出康德—席勒—马克思的另一条进路，试图取代康德—黑格尔—马克思的传统路径，李泽厚说：“贯穿这条线索的是对感性的重视，不脱离感性的性能特征的塑形、陶铸和改造来谈感性与理性的统一。”[⑥] 正如美国学者维塞尔认为的：“在18世纪美学理论中构成一个关键性转折点的是席勒的美学理论，而不是康德的《判断力批判》。因为席勒的美学理论比康德的理论更多地指出了未来

---

① ［美］L. P. 维塞尔：《活的形象美学——席勒美学与近代哲学》，毛萍、熊志翔译，学林出版社2000年版，第2页。

② 曹俊峰、朱立元、张玉能：《西方美学通史》第4卷，蒋孔阳、朱立元主编，上海文艺出版社，第277页。

③ 朱光潜：《西方美学史》，人民文学出版社2003年版，第459页。

④ 毛崇杰：《席勒的人本主义美学》，湖南人民出版社1987年版，第32页。

⑤ 朱光潜：《西方美学史》，人民文学出版社2003年版，第459页。

⑥ 李泽厚：《批判哲学的批判》，生活·读书·新知三联书店2007年版，第435页。

的道路。”①

2. 从政治学意义上看席勒美学思想的重要意义

在人类的文明史中，每一个时代的社会动乱和不满随处可见，各个时代的哲人都没有停止过对于社会现象的分析，他们努力探索各种社会现象发生的原因，并谋求解决这些问题的方法。人类自觉的意志推动人类不断地寻求一个理想的社会的实现，尽管这种理想在不同的时代有着不同的内容。这种对未来的理想设计往往被当世认为是幻想或者是乌托邦式的想象，但是这种对社会的理想设计在时代的发展中被否定的同时，也作为人们经常借鉴的社会遗产的一部分而不断地被后世的人加以修正，或者说理想社会的设计唤醒了人们并最终导致社会改革的真正行动。纵观历史，社会的进步，大多是渗入到人民群众心中的新的思想所产生的结果，新的思想赋予人们以希望并激发人们的思考和行动，追求着更高更美好的社会形态。在鲍姆加登以前，西方的美学思想是和哲学思想融为一体的，美学思想同样具有着深刻的社会学的意义。

和谐作为西方美学思想的重要范畴，是一种美学的终极追求，也是一种社会的最高政治理想。和谐社会的具体内容虽然在不同的历史时期呈现出不同的理想形态，但是，人类对于和谐社会的思考和探索从来没有停止过。古希腊的毕达哥拉斯认为万物和谐的本质是“数的和谐”，这种“和谐”思想，是古希腊哲学由自然哲学转向社会哲学的中介，也奠定了西方社会追求和谐社会的思想基础。柏拉图就提出了著名的“有机整体说”，他探讨了导致和谐的动因，他认为和谐首先是一种内在的理念的和谐，是将杂多归一的整合，强调的是整合之后的统一的有机整体，这个有机整体包括了自然、人和社会生活，更是将社会纳入了和谐的理论范畴，也将“和谐”理念引入了政治领域，为后世勾画出一种和谐的社会理想存在，虽然这种理想有着强烈的唯心主义色彩。在《理想国》中他描述了有个建立在以他自己时代为背景的理想国家，他采用了为后世所期望与模仿的城邦外部形式，希望通过组织一种密集的、自给自足而又孤立的社会集团，来改变当时希腊的衰败形势，实现社会的复兴和改良。确切地说，柏拉图设计的理想国的目的是在于通过理性达到社会的团结。为此，

① ［美］L. P. 维塞尔：《活的形象美学》，毛萍、熊志翔译，学林出版社2000年版，第2页。

他对教育寄予了最大的希望，他认为防止无知的最好办法就是教育，教育可以造就好的人才，才能解决所有的问题。他的这种思想在后世的许多思想家那里都能看到或明或暗的痕迹。

在后世美学思想对于和谐的探讨中，人的主体地位逐渐地凸显出来，尽管在很长一段时间里，人们对于使人类或社会趋于完善的必要性和可能性依然是保持了相对的沉默状态，但是随着学术的复兴和不安定的现状，让人们一直构想一个不存在矛盾的稳定的理想社会的存在，人们的思想开始用于政治改革的方式上，致力于讨论人类的精神、思想和社会福利问题，柏拉图的理想国甚至成了理想共和国的样本。在西方出现了很多的乌托邦思想，它们都试图描述一个生活在合情合理的和谐的氛围中的国度，16 世纪早期英国的托马斯·莫尔的《乌托邦》就可以明显看到柏拉图的影子，这部作品也成为后来大多数人为的理想方案据以构成的模式。《乌托邦》里详细探讨了一种机会均等、非物质化的社会的存在状态以及对社会控制的方式。尤其值得注意的是乌托邦里的居民对于肉体和精神方面的重视，精神和肉体是同样不能忽视的，虽然肉体仍然是为精神服务，但都是为了得到一种明智而有道德的生活。在《乌托邦》里，莫尔开始注意到个体的身心和谐对于社会发展的巨大意义，为此他依然寄希望于广泛的教育运动。关于教育对于个体发展的重大意义的理念，在很多的乌托邦著作里都可以看到，例如康帕内拉的《太阳城》里就认为教育是国家的一种职责，哈林顿的《大洋国》也提倡普及教育，教育的目的是提高每个公民的素质，并将教育提高到关系社会延续发展的高度。总之，早期的乌托邦主义者都无一例外地强调教育的重要性，认为通过教育可以改变人们的思想和精神状态，最终则影响着国家的生存和发展。

我们从德国的历史发展中可以更容易看到这种倾向。从 17 世纪开始反抗封建专制的过程中，市民阶级一方面争取经济独立和政治自由，另一方面则开始从各个方面争取社会平等。在提升市民阶级的地位的同时，也通过人性来降低贵族的地位达到拉平的目的，而教育就是加强人性修养、充实丰富人性的主要手段之一。新兴市民阶级在取得物质飞跃的同时也带来了思想的觉醒，他们力求充实自己的知识，教育的需要日益提高，他们开始朦胧地意识到了个体的素养与类的发展之间的关系，而这可以从德国古典哲学中对于自由的探讨中窥见一斑。虽然德国的古典哲学家都有着唯心主义的特征，但是个体的觉醒却在德国哲学里以理论的形式在不断地发展，对于人的研究以及个体的自由与类的自由之间的关系成为很多哲学家的主题。席勒的美学思想是在康德美学思想的基础上向前迈进的，康德的哲学所要解决的是关于人的问题，而席勒则是以此为基点寻求政治问题的解决途径。他的《审美教育书简》提出了“美在自由之前先行”，以美育来解决社会政治弊端，来实现一个自由的王国。虽然他的这种思想因为缺乏现实基础而被人称为幻想的乌托邦，但是美育的作用却无法彻底否认，个体的素养与国家的命运也从此紧密相连。我们可以清醒地看到，在席勒逝世以后的二百多年里，在社会发生危机或者困难时期，例如国家发生深刻的宗教、政治或者经济变化的时期，美育往往成为关注的对象，这也凸显出个人素质与社会发展之间密不可分的关系。虽然席勒到最后也怀疑自觉的美育思想是否能在现实中实现，但是他的美育思想作为一种理想还是具有深刻的意义，它指出了人未来可能会具有的一种生存状态，这种理想作为我们用来评价现实状况的参照，并以此启发人们可以揭开社会变革的无穷序幕。

3. 从现代社会危机与和谐社会建设方面看席勒美学思想的重要意义

尽管中西方的社会体制不尽相同，但是存在着一个基本的共性，即对于社会和谐的追求，而对工业化和它的后果，全球每个国家都努力实现社会的和谐。现代社会的危机，实际上是思想精神文化和社会发展的双重危机。资本主义的工业革命的发展带来了生产力的解放，科技的进步更增强了人类征服自然的能力，人们在生产领域获得了空前的发展，生产效率得到极大的提高，物质生活也逐渐富裕。但是物质的充足并不能掩饰工业革命所形成的双刃剑的影响后果，一方面人们享受着物质带来的舒适生活，另一方面却不得不忍受劳动分工所造成的劳动破碎化，精神生活趋于单调、乏味，甚至陷入精神危机之中。如席勒所揭示的资本主义生产方式所造成的人性的异化不但没有得到解决，现代社会在社会生产、政治、文化等各个领域反而都出现了更多的精神疾病。如法国女思想家西蒙娜·韦伊（Simone Weil，1909—1943 年）所言，现代社会出现了很多精神疾病，例如官僚（管理）压迫、狂热的民族主义、法西斯主义、经济自由主义、功利主义等，现代社会也一度陷入经济和精神双重危机。为此，如何解决社会危机、寻求一个和谐的社会，不同国家、不同时代的社会学家们提出了不同的社会治理方案。应该说，和谐社会植根于哲学，但通过政治学、社会学和各种社会主义理论和实践中表现出来。针对 19 世纪欧洲剧烈的社会变迁所引发的社会冲突，法国著名社会学家迪尔凯姆在《社会分工论》一书中提出了“社会团结”的理论，探讨了个人与集体的关系以及相关的各种问题。帕森斯提出了社会整合均衡论，他以“均衡”“整合”作为社会系统运动的基础和归宿，探讨如何构成社会秩序的问题。但是诸多探讨都无法回避社会中个体的问题，个体的生存状态甚至成为判断社会形态优劣的最终标准。席勒在19世纪早期资本发展时期就指出了当时社会中存在的人性的分裂状态，并且卓有远见地在《美育书简》第六封信里指出在当时的现状里，“人永远被束缚在整体的一个孤零零的小碎片上，自己也只好把自己造就成一个碎片”，后世的思想家在对社会进行批判的时候，几乎都是回到了席勒的观点上来。黑格尔和马克思都不约而同地使用了“异化”这个词，并且认为这成了一种最严重的社会缺陷。在马克思的理论体系中，异化被看作是人的一种生存状况，在这种状况中，“他的劳动作为一种异己的东西不依赖于他而在他之外，并成为与他相对立的独立力量”①。而马克思则深入到社会和历史的内部结构中，从现实的人的物质属性及其劳动和交往入手，揭示了人的存在的本体论依据，提出了人的解放问题。马克思把人的发展同社会历史的发展紧密相连，曾精辟地概括“社会即联合起来的单个人”②，人是社会构成的起点。人的发展是社会发展的最终所求，“人类的全部力量的发展成为目的本身”。③ 马克思提出了“完整人”思想和“全面发展”的学说，并创建了科学和谐社会思想。马尔库塞将发达工业社会中的人称为“单向度的人”，倡导建立“新感性”，弗洛姆更是认为资本主义的生产方式里“人”至今没有成为“真正的人”。人的生存状态成为众多思想家关注的焦点。

虽然古今中外关于和谐社会的理论层出不穷，也进行过试验，例如欧洲三大空想社会主义理论的实验，虽然也按照和谐社会的理论来精心建造，但是由于缺乏深刻的哲学背景和现实基础，都以失败而告终。苏联时代的结束也给人留下深沉的思索。我们国家在进入社会主义建设过程中，也出现过诸多波折，人与人之间，人与自然和社会之间都出现了很多不和

---

① ［美］埃里希·弗洛姆：《健全的社会》，欧阳谦译，中国文联出版公司1988年版，第120页。

② 《马克思恩格斯全集》第46卷，第20页。

③ 《马克思恩格斯全集》第42卷，第486页。

谐的情况。在历史的经验和教训面前，对于人的个体的重视逐渐凸显，个体的人的研究也成为一个核心课题。和谐的人的存在也是建设社会和谐发展的必要基础。和谐的人的内涵很广，既包括人自身的身心和谐，也包括人与外界（包括他人、自然和社会）之间的和谐，也就是说，既包括人个体自身的和谐，也涵盖个体与外界的关系的和谐。人是和谐社会建设的出发点和归宿，而这当中，席勒的美学思想尤其是美育思想则对于和谐的人的塑造就显得意义深刻。虽然席勒对于美育的研究是出于哲学思索和政治现实的需要，但他指出了美育是人实现自我发展和完善的重要途径，为此，他在《审美教育书简》里指出："从感觉的受动状态到思维和意志的能动状态的转变，只有通过审美自由的中间状态才能完成。总之，要使感性的人成为理性的人，除了首先使他成为审美的人，没有其他途径。"席勒的美学理论不但影响了德国唯心主义的发展，而且席勒的美学概念"含有社会的、科学的、政治的和社会学的批判意义"。随着科学对生产力的解放，现代社会确立了理性的合法性地位，理性成为权威，感性和理性的分离使人性的分裂更为严重。文化哲学人类学者兰德曼曾这样概括当代社会的总体状况："今天，不仅是某些政治制度威胁着个人，竭力把个人简化为无所不包的操纵系统中的运算因子，而且技术文明本身也同样存在这样的危险。"① 对于当代社会人性的困境，人本主义心理学家马斯洛则一针见血地指出："我们时代的根本疾患是价值的沦落；这种危险状况比历史上任何时候都严重；关于这种状况存在着各种各样的描述，诸如颓废、道德沦丧、抑郁、失落、空虚、绝望、缺乏值得信仰和为之奉献的东西，等等。"② 现代社会里，理性与感性、历史与道德、真理与价值、人与人之间，乃至人与自然、人与社会都存在着尖锐的冲突，这种现象也制约着现代社会的文明进程，影响着人类精神的发展方向。

恩格斯曾经说过，任何哲学只不过是在思想上反映出来的时代内容。当代思想家对于人类状况的分析，暗含着对于社会和谐发展的一种强烈指向。在工业化的背景之下如何让社会有序健康发展是一个非常复杂的问题，它涉及社会体制的特征、社会生产力的发展程度、人类与自然的关系等方方面面。18 世纪末的席勒进行美学探索的目的就是解决一个同质的

① 转引自欧阳光伟《现代哲学人类学》，辽宁人民出版社 1986 年版，第 15 页。

② ［美］亚伯拉罕・马斯洛：《人类价值新论》，河北人民出版社 1988 年版，第 1 页。

政治问题，力图将那个时代的人从异化的生存状态中解放出来，他试图在感性和理性统一的基础上寻求超验与经验、理想与现实的一致性。因为在席勒看来，“整体的意志”也只有“借个体的本性”才能实现，以个体的自由满足为基础才能让秩序成为自由的必要条件，也才能实现一个真正的文明。席勒找到的唯一途径是审美，是通过美育来让游戏冲动调和感性冲动和理性冲动的对峙，进入美的自由王国。席勒美育理论固然有乌托邦式的幻想成分，但是却指明了人类走向解放的方向，启发了人们在内外的和谐中追求个体生命的完美。当然，席勒的美学思想虽然有很大的进步意义，但是也有很多让人指摘的地方，例如他的唯心主义思想、他思想体现的内在矛盾和美学概念的混乱等，这些也一直是研究者批判的话题。本书只是想揭示席勒美学理论的思路及其现实意义，要探讨席勒如何看人，如何看社会存在，他所想象的人类的美好生存方式以及实现的途径。也许更重要的是，在我们的现实问题上，在实现中国梦的社会建设中，从美学的角度看席勒思想对我们有启发之处，也算是有所裨益了。

三 本选题的目的、研究内容和方法

本选题意在全面梳理并研究席勒的美学思想及其现实意义，力图探究席勒美学思想对于建设一个和谐的社会实现中国梦的意义所在。席勒在戏剧、诗歌、小说、历史和文艺理论方面都有很多的著作，也基本上都得到了译介，尤其是2005年张玉书主编的六卷本《席勒全集》是比较全面的席勒著作的汉译本，值得借鉴。席勒的美学思想主要集中在《审美教育书简》《论美书简》这两部著作里，他以康德的美学思想为基础，对现实进行了深刻的哲学美学思索。席勒的美学和哲学思想是与他所生活的时代紧密相连的，他的思考多是针对德国的现实状况，所以对于席勒的美学思想研究脱离不了他的现实针对性。因此，本书的研究将遵循以下几点。

1. 本书将主要以《席勒全集》为原始资料和依据，参照席勒的其他版本的哲学美学著作，参考已有的研究成果，分析和总结席勒美学思想的内容，考察席勒美学思想的现实意义，以期对社会建设有所裨益。

2. 将席勒的美学思想放在西方美学思想的发展潮流中，尤其是放在18世纪末期德国美学思想发展的大框架中，分析他对古希腊美学思想的继承和改造，探究席勒对于康德美学思想的接受和背离，梳理出席勒思想对后世美学思想的影响和在现代社会的回音。

因此，本书分为四章，第一章，主要概述席勒美学思想产生的历史背景和思想来源，从思想史方面追溯席勒美学思想的源头；第二章，分析席勒生活的德国现实环境、人的生存现状以及席勒自身的经历，探讨席勒美学思想形成的社会现实背景；第三章，以席勒的人性观为基础分析席勒美学思想的主要内容，探索审美对于恢复分裂的人性的意义；第四章，从现实指向以及和谐社会的人类总体追求分析席勒美学思想中和谐个体与和谐社会的潜在要求，美学思想的现代性批判作用一直影响着后世的思想家，在社会和谐的建设以及最终中国梦的实现过程中，席勒美学思想具有积极的现实意义。

第一章 席勒美学思想产生的历史背景和理论来源

作为18世纪德国伟大的诗人、剧作家、文艺理论家和哲学美学家，席勒称得上是恩格斯所赞颂的文艺复兴时期的那种“巨人”，他的多才多艺以及远见卓识常人难以企及。不过，思想不是无源之水，任何一种思想理论的确立，都不是凭空创造出来的，都有其直接或间接的思想来源，都会受到之前思想家的影响，正如马克思所说：“人们自己制造自己的历史，但是他们并不是随心所欲地创造，并不是在他们选定地条件下创造的，像梦魇一样纠缠着活人的头脑。”① 席勒美学思想是在西方思想文化发展的基础上形成的，他结合西方已有的美学思想成果，又吸收同时代的康德等人的理论精髓而形成的。因此，席勒的美学思想体现出西方美学思想的承接性，使西方美学的发展具有更加严密的内在逻辑性。同时，西方人性论思想也是他美学思想的重要源泉，他从人性入手开始对时代的问题进行分析，人性问题贯穿在他美学思想的始终，而这为后世思想家提供了新的思考维度。因此，我们有必要对席勒美学思想的历史背景和理论来源进行溯源，才能更好地理解席勒的美学思想。

第一节 席勒美学思想形成的美学史背景

席勒美学思想是在西方深厚的美学思想背景中产生的。从古希腊开始两千多年的时间里，美学思想在历史的流逝中按照自己的内在逻辑不断丰富和发展，并且呈现出流派更迭、错综复杂的特点，但总体而言还是有迹可循的，正如朱立元所言：“时隐时显、时曲时直地贯穿着两条既相对立

---

① ［德］马克思：《路易·波拿巴的雾月十八日》，《马克思恩格斯选集》第1卷，第603页。

又相联系的发展主线”①，也就是在西方美学思想中贯穿着两种相异或者是对立的理论倾向：一种偏重理性的作用，重视逻辑思维推理；另一种则强调感性的作用，突出对感性经验的偏向。这两种理论倾向一直存在于美学思想的发展过程中，各自极端发展并呈现出互相交融的特点，形成西方美学理性主义和经验主义两大主要传统。虽然理性主义和经验主义是专指17世纪欧洲对立的哲学流派大陆理性派和英国经验派，但是作为哲学的一个分支，美学的发展同样也体现出这样的特点来，席勒美学思想就是在西方两大理论倾向互相对立、互相融合的背景下对以往美学思想的一个融合与总结。同时，他的美学思想深受康德思想的直接影响。他的美学思想是西方美学思想发展的一个环节，也是西方美学思想发展的必然结果。

一 西方美学思想发展的发展脉络

古希腊时期

社会的发展、文明的形成离不开人类赖以生存的环境，不同的生存环境也促成了不同的生存方式和思维方式。作为西方文化的源头，古希腊处于地中海东部的交通要道上，其海上贸易不仅促进了经济的繁荣，也形成了古希腊人对自由理性精神的推崇，更重要的是，不同的生存环境形成了中西方不同的宇宙观，而这也直接导致不同的美学思想的产生。作为西方乃至整个欧洲文明的摇篮，美国著名史学家威尔·杜兰（1885—1981年）在其《世界文明史》中这样评价：“在我们的文化中，除机械以外，几乎没有一样现世的事物不是自希腊流传下来的。”并且认为“希腊的文明无一不是我们今天文明的缩影”。美学思想也是如此。虽然鲍姆加登在1750年才确立了美学学科，但是从古希腊开始，人们就开始探讨美的问题，并形成了各种美学理论。希腊美学发源于前6世纪，极盛于前5—前4世纪的伯利克里时代，即柏拉图和亚里士多德的时代。在他们之前的早期希腊自然哲学家主张为美找到自然科学方面的解释，同时，苏格拉底等哲学家也从社会科学方面对美进行解释，而丰富的艺术实践活动为美学萌芽准备了现实的基础。随着哲学研究对象的变化，即从物理宇宙转向内心精神，哲学研究视角的转向在思维方式上为美学萌芽做了准备，也带来美学思想

① 朱立元：《论西方美学发展的两条主线》，《文艺理论研究》1999年第3期。

的变化，形成重视感性和重视理性两种美学思想的传统。“希腊精神特有的深度和广度在于，几乎每一个思想家都同时代表着一种新的普遍的思想类型。”[①] 雪莱也曾指出：“我们全是希腊人的：我们的法律，我们的文学，我们的宗教，我们的艺术，根源都在希腊。”而柏拉图和亚里士多德就代表着两种对立的美学思想倾向。

柏拉图是古希腊、也是西方理性主义美学的最大代表，他的美学思想是建立在他的哲学本体论的思想基础之上。柏拉图吸收了苏格拉底的“普遍性定义”学说，即通过思想来把握事物的本质，本质作为独立的客观精神实体与具体事物是分离的。在柏拉图看来，灵魂是第一位的，物体的存在是第二位的，现象世界存在的一切事物都有时间和空间的规定性，都表现为一种特定的存在方式，是不断变化的、可以感知的现实存在物，所以在现实世界只是对本体的一种模仿和分有，不能在现象世界寻找到世界的本原，柏拉图认为现实世界存在的本源在于“理式”（或者翻译为“相”），万物都因分享了这种独立于现实世界之外的“理式”而成为具体事物。柏拉图在《巴门尼德篇》中指出：“最多只能这样讲：这些相就好像是确定在事物本性中的类型。其他事物按照这个类型的形象制造出来，与这个模型相似，所谓事物对相的分有无非就是按照相的形象把事物制造出来。”[②] 在《斐多篇》的对话中，柏拉图明确指出理念和可感事物是两类不同类型的存在，在对理念的真实存在表示肯定的时候也对感性事物提出了否定。因此，在美学问题上，柏拉图提出了美的本体论问题，认为具体事物的美来源于或“分有”了理念的美即“美自身”。柏拉图在《会饮》篇中谈道：“美的理念也叫理念美，感觉的美是易灭的，不完善的……理念的美是永恒的，无始无终，不生不灭、不增不减的……一切美的都以它为源泉，有了它一切美的事物才成其为美。”[③] 美自身作为一种理念是绝对的美，是超越感官的最本质的美，是美的最高依据，其他一切美好的事物都是对它的分有。在《智者篇》里，柏拉图使用从具体到抽

---

① 卡西尔：《人论》，甘阳译，上海译文出版社 1985 年版，第 6 页。

② ［古希腊］柏拉图：《柏拉图全集》第 2 卷，王晓朝译，人民出版社 2003 年版，第 764 页。

③ ［古希腊］柏拉图：《文艺对话录》，朱光潜译，人民文学出版社 1963 年版，第 272—273 页。

象的分析方法把美进行分层：（一）美的人体，（二）多个美的人，（三）所有美的人体，（四）美的心灵，（五）法律与社会组织的美，（六）知识的美，（七）美本身。所以在柏拉图看来，前面六种美的根源都在第七种美本身上，这种美本身不存在现实世界，因此他否定人的现实感觉，认为理式是绝对的实体，而感觉只是一种幻影，他坚决反对智者派关于“美是视听引起的快感”的观点，他运用灵魂马车的比喻提出了灵魂回忆说，解释了人从现实感性事物出发通过灵魂回忆而超越感性世界，达到对美本身的认识，从而进入了理念（理性）的最高境界。因此，柏拉图美学也开启了西方理性主义美学的传统。

而亚里士多德对柏拉图理式的批判则隐含着他对理性主义美学的异议和否定，虽然亚里士多德在美学的基本思路和逻辑范畴等问题上还体现出柏拉图的理性主义的方向，但是亚里士多德否认柏拉图的“一般在个别之外”的观点，批判了柏拉图的“理式”说，表现了他经验主义的倾向。列宁对此有过很高的评价。亚里士多德认为理式说不能说明世界万物的存在原因，一般不能脱离个别而存在，“人虽然普遍地以人为因，但世上并无一个普遍人”。[①] 自然界一切事物的存在都是具体的、特殊的，事物都是质料与形式、普遍与特殊的统一体。而对于美来说，也不存在脱离现实世界的美的绝对存在，美的本源也不是那种独立的“理式”，美只能存在于现实具体事物之中，需要人们通过感性经验或感官感受去发现。这样亚里士多德就否认了美的理性存在，而启发人们对感性的重视。他认为人们在对美的发现过程中，个体的感官接受能力的作用不容忽视，“一个非常大的活东西……也不能美，因为不能一览而尽，看不出它的整一性”。[②] 因此，在亚里士多德那里，美不存在于客观现实世界，既与事物本身的特点有关，也与人的感性经验密切相连。

亚里士多德也信奉模仿说，但他是在现实生活（自然界、人生）基础上建立模仿说，肯定了现实生活的真实性。他认为艺术的本质就是模仿现实生活中行动着的人，写人的性格、情感和行为，这样他就将艺术的根源放在了现实生活中，而不是如柏拉图那样寄托于先验的理式中。在他的

① ［古希腊］亚里士多德：《形而上学》，吴寿彭译，商务印书馆 1959 年版，第 40 页。

② ［古希腊］亚里士多德：《诗学》，见《诗学·诗艺》，罗念生译，人民文学出版社 1982 年版，第 47 页。

美学代表作《诗学》中，“没有一字提及自然；他说人、人的行为、人的遭遇就是诗所摹仿的对象”①。这样亚里士多德就将美从神秘的形而上学拉到了现实经验的世界。在谈到艺术的真实性的问题上，亚里士多德的真理观虽然与柏拉图的理式论一致，但是他认为真理存在于具体事物之中，事物的普遍性和规律性无法脱离个别事物而存在。“关于真实的性质，我们必须认定每一呈现的物象，并不都真实；第一，即使感觉不错，——至少感觉与感觉对象符合——印象也并不一定与感觉符合。……再者，对于一个陌生对象与相当熟悉的对象，或者对于一个亲近的对象与官感相应的对象之间，各官感本身就不是同等可靠的……”② 亚里士多德本身就是一个医学家，他在思考美学问题的时候也注重了生物的感性存在。因此，他没有从抽象的理念中寻找美，而认为美具有客观的属性，在《政治学》中，他认为：“美通常体现在量和空间里”。而他的方法论更体现了对感性现实世界的重视。朱光潜先生曾经指出：“亚里士多德首先是个自然科学家和逻辑学家，他放弃了过去的主观的甚至是神秘的哲学思辨，对客观世界进行冷静的客观的科学分析。”③《诗学》很大程度上是当时创作经验的概括和总结，而不是抽象的概念思辨。因此，虽然亚里士多德仍然具有理性主义者的特点，其辩证法也不可避免地具有形而上学的性质，但是他对具有经验主义特征的观点和方法的运用却使他成为后世经验主义传统的真正起源。

因此，从古希腊柏拉图和亚里士多德开始，美学就开始了侧重感性经验和侧重理性思辨两种思维倾向的分野，但这种分野不是绝对的，只是相对而言，因为没有一个美学家的思想是完全思辨或者说是完全侧重感性经验的，而是体现为一种感性和理性思维的交织，只是由于当时人们对世界的认识所限，只能采取非此即彼的思维取向，因此就表现为对感性和理性的不同侧重。例如斯多噶派主张把人的美分为精神美（理性美）与感官美两种，认为理性美是居于首位的，精神美要高于感性美的，心灵之美也高于形体之美，很明显就是偏重于美的理性思辨的方向。而伊壁鸠鲁派则将感官上的感受作为判断美的唯一标准，认为“美如果不是令人快乐的

① 车尔尼雪夫斯基：《美学论文选》，缪灵珠译，人民文学出版社 1957 年版，第 144 页。

② ［古希腊］亚里士多德：《形而上学》，吴寿彭译，商务印书馆 1959 年版，第 75 页。

③ 朱光潜：《西方美学史》上卷，人民文学出版社 1979 年版，第 66 页。

就不会是美的"[1]，这就表现了对感性经验的看重。朗吉弩斯虽然将感性经验抬得很高，但也不否认理性的作用，因此，尽管在柏拉图和亚里士多德之后出现很多美学流派，但总体而言，西方美学思想就沿着柏拉图和亚里士多德开辟的道路在理性思辨和感性经验的方向上开始发展。

漫长的中世纪时期是基督教占统治地位的时期，基督教义成为制约人们的思想和实践的基础。上帝成为一种终极实在的造物主，是全能全知、尽善尽美的，世人的幸福不在经验世界，而在于能否与上帝合一。中世纪的美学理论就是以古希腊罗马美学的基础，在基督教文化的氛围中发展形成的，它的价值取向和形态特征都是以基督教神学为依据，因此是一种神学美学。在神学美学中，美始终是一个基本的概念，即"美在上帝"，美成为上帝的本性，上帝作为超验的存在，是美的依据，也是美和善的终极价值所在，美只是上帝和具体事物的某种关系。但是在中世纪美学家的思想里，虽然侧重理性思辨成为他们思想的主要特点，但是他们并没有对感性经验世界进行完全的否定，在思维倾向上表现出感性主义和理性主义的分离的同时，美学思想沿着感性经验的方向继续发展，并且成为进行理性思辨的基础。奥古斯丁建立了希腊教父们所难以企及的、更为完备的基督教美学。在皈依基督教之前，他对美做了这样的规定："美是事物本身使人喜爱，而适宜是此一物对另一事物的和谐。"[2] 他对美持一种很朴素的看法，肯定美的存在具有一定的客观性，这就很鲜明地体现出了美学思维中的感性主义倾向。但是在皈依基督教之后，奥古斯丁一切关于美的论述都是围绕着神——上帝。他认为虽然数是一切形式和美的根本所在，但也只是上帝无中生有的创造世界的原则之一，上帝按照数的原则去创造万物的美，"数适于一，一以其相等相似而美；其他各数皆依次附加于一"[3]。这样依次增殖，生生不已。他认为只有上帝才是美的本体，才是美本身，一切物质世界的美都来源于上帝。他说："天主是美善的，天主的美善远远超越受造之物。美善的天主创造美善的事物，天主包容、充塞着受造之

① 转引自［波兰］塔塔科维兹《古代美学》，杨力等译，中国社会科学出版社1990年版，第234页。

② ［古罗马］奥古斯丁：《忏悔录》卷四第十五章，周士良译，商务印书馆1981年版，第66页。

③ ［古罗马］奥古斯丁：《论音乐》，转引自《美学译文》（1），中国社会科学出版社1982年版，第183页。

物。”① 这样他又表现出对理性主义的偏重，甚至把柏拉图美学进一步引入神学领域，使美学具有神性的色彩。

在奥古斯丁美学思想那里，感性主义和理性主义的倾向并存，但最终是理性主义占了绝对地位。而对于上帝作为美的本质和来源的共同认识，使得托马斯·阿奎那的美学思想同样是服务于神学哲学美学的体系，理性主义的神学特征也很明显。但是他却部分吸收了亚里士多德重视感性经验的若干思想，强调美的感性和直接性。“凡是一眼见到就使人愉快的东西才叫作美的，所以美在于适当的比例感官之所以喜爱比例适当的事物，是由于这种事物在比例适当这一点上类似感官本身”②。这里就指出了美与感官之间的关系。首先，美是通过感官来接受的，感官之所以能感受到美是因为美具有与感官类似的比例，因此，美必然是具有感性的。其次，美感不是来源于某种外在的精神，而是来源于感官对美的事物产生的愉快的感觉，这种感觉具有直接性，是不用做任何功利计算的。所以，托马斯·阿奎那的美学思想中更多的是继承了亚里士多德强调经验的传统。因此，在漫长的中世纪里，虽然神学占据统治地位，但在理性主义的天空下，感性经验依然成为美学家不可忽视的重要因素，美学思想的发展依然体现出感性主义和理性主义既分离又交融的特点来。

而随着文艺复兴中人的地位的提升，神的权威开始逐渐消解，人性开始复苏，对此，乔万尼·比科说：“人就像上帝，人是整个世界的中心和关键，人是大自然的解说者。”③ 人成为时代的主题，科学理性和感性经验同时得到高扬。文艺复兴时期重视自然，艺术创作中也主张“师法自然”，自然甚至是宇宙最大的和谐整体，也是最真的存在，更是美的原因所在，因此真实和自然成为美的最高要求。这种真实既指自然界万物的真实存在，也包括人的现实世俗生活的真实。因此，文艺复兴时期，对于肉体的看重，即使是传统宗教题材的基督、圣母画像也开始用现实生活中的人的形象来表现神性，圣母也由完全不食人间烟火的“上帝之母”变成

① ［古罗马］奥古斯丁：《忏悔录》，周士良译，商务印书馆 1981 年版，第 118 页。

② 北京大学哲学系美学教研室编：《西方美学家论美和美感》，商务印书馆 1980 年版，第 66 页。

③ 转引自《西方美学史》第 2 卷，汝信主编，彭立勋、邱紫华、吴予著，中国社会科学出版社 2005 年版，第 20 页。

袒露乳房哺育自己儿子的人间母亲。美学关注现实、崇尚感性经验的倾向更为强烈，体现出对比例、尺度的强调，以达到真实、自然的目的。达·芬奇把比例推崇为“神圣的比例”，终生寻找完美的数学尺度和比例，并且认为“美感完全建立在各部分之间神圣的比例上，各特征必须同时作用，才能产生使观者往往如醉如痴的和谐比例”①。这种和谐比例也就是美。也就是说，和谐来自比例协调的整体。“美不在某一特殊部分的闪烁，而在所有部分总起来看，彼此之间有一种恰到好处的协调与适中，没有一部分突出到压倒其他部分，以至失去其余部分的比例，损害全体结果的完整。”② 达·芬奇强调画家应当以自然事物为范本，用心体悟，他充分发展了经验主义的研究，“一切知识都来源于我们的感觉”，“更切实的办法还是面向自然的物体，而不是去跟随那些拙劣地模仿自然的东西”③。达·芬奇把传统的文艺摹仿自然说进一步发展为“镜子说”，认为画家的作为“应当像镜子那样，如实反映安放在镜前的各种物体的各种色彩。做到这一点，他仿佛就是第二自然”④。但是文艺复兴艺术家在从感性经验出发来阐释自己的美学思想的时候，理性主义的思想倾向并没有被否定，而是在理性指导的基础上强调对经验现实的重视。达·芬奇指出：“正确的理解来自以可靠的准则为依据的理性，而正确的准则又是可靠的经验，亦即一切科学于艺术之母的女儿。”⑤ 应当说，在文艺复兴时期，美学思想中的感性倾向得到高扬，而科学理性也同样受到人们的重视。这两种思想倾向随着哲学思想的发展和自身内在逻辑的演进在17—18世纪形成两种思潮的对峙：经验主义美学和理性主义美学。

在17世纪，根植于古希腊的理性主义在不同的领域和学科中具有了权威性和独立性。“我们可以适当地把17世纪称为‘理性主义’时代，因为几乎所有这一时期的伟大哲学家，都试图把数学证明的精确性引入知识的所有部分，包括哲学本身。”⑥ 笛卡儿的“我思故我在”确立了自我、

---

① 《芬奇论绘画》，戴勉编译，人民美术出版社1979年版，第57页。

② 北京大学哲学系美学教研室编：《西方美学家论美和美感》，商务印书馆1980年版，第80页。

③ 《芬奇论绘画》，戴勉编译，人民美术出版社1979年版，第183页。

④ 同上书，第41页。

⑤ 同上书，第52页。

⑥ ［德］S. 汉姆普尔希：《理性的时代》，陈嘉明译，光明日报出版社1989年版，第8—9页。

上帝、物质的三种实体的存在，指出了物质和心灵各自独立、互不依赖的“心物二元论”。在认识论领域，笛卡儿也重视理性和演绎法，认为整个哲学必须建立在这个原则之上，感官所获得的外界事物的印象是不可靠的，依赖感性经验的归纳是得不到真理的。人对真理的认识只能来自直觉和演绎，这种直觉就是心灵所产生的一种概念，它来自人类的“天赋观念”。这就为理性至上的理性主义美学奠定了理论基础。布瓦洛的新古典主义美学集中体现了笛卡儿的理性主义观点。他强调一切作品都要以理性为准绳；他所说的“理性”是指人天生的辨识是非、善恶、美丑的能力，这是普遍人性中的主要部分；作品只有遵循了理性，才有普遍性、真实性，才通向真理。他还紧跟笛卡儿对作品提出的文思明晰、文辞纯洁的要求，劝告诗人“要喜爱纯洁”、“学习明晰”①，这些都是典型的理性主义美学命题。莱布尼茨也承认以先天理性为基础的“天赋观念”，认为只有理性才是认识的根本来源，单靠感觉经验是得不到完全的知识的。他把审美鉴赏放置在“清晰的认识”即理性认识中的初级阶段——带有感性因素的模糊认识阶段，虽开始注意到审美的特殊性，但仍坚持了理性的主导作用，维护了理性主义的立场，因此，仍然是理性主义的思想倾向。

经验主义美学以经验主义哲学为基础，强调感性认识和感觉经验，主张经验的观察和归纳，力求通过对经验的分析和归纳形成对于美学问题的理解和认识。“我们的一切知识都是建立在经验上的，而且最后是导源于经验的。”② 因此，审美经验或者美感以及与之相关的感觉、思想、情感等问题的研究就称为主要问题。舍夫茨别利提出了审美的“感官说”，认为人自身有“内在的眼睛”、“内在的节拍感”，这是人天生就具有的审辨善恶美丑的能力，这种“内在的感官”是人的五种外在感官之外的一种特殊感官，也叫“第六感官”。哈奇生则发展了这种“内在感官”说。总之，经验主义美学的共同特点是强调了感觉经验和感官愉快在审美中的基础地位和主导作用，与理性主义美学形成了鲜明的对峙。

因此，在18世纪启蒙运动之前，美学中的感性主义和理性主义倾向都各自发展并呈现出一种交融的态势，这是西方美学思想发展的两大特点，美学家们在阐述自己的思想的时候，已经不能单纯地用感性或者理性

---

① 朱光潜：《西方美学史》，人民出版社2003年版，第190页。

② ［英］洛克：《人性理解论》上册，关文运译，商务印书馆1983年版，第68页。

来解释美的问题，而是深深地意识到了感性和理性互相融合的必要性。席勒美学思想就是在西方美学思想发展的大背景下产生的，美学思想发展的内在逻辑已经迫切要求解决感性主义和理性主义的极端片面发展问题。席勒在总结 18 世纪中期以来人们关于美的观点的时候，就深刻意识到“这些理论中的每一种自身都有经验的部分，显然也包含着真理的部分，似乎错误可能就在于，把与该理论相符合的那种美的部分当作了整体的美本身”[①] 都没有完全理解美的概念。因此，一种新的美学思想必然会随着席勒的深刻思考而产生。

二 康德的批判美学思想

席勒声称自己的思想大部分受到康德的启发，他的美学论文也是在研究了康德思想的基础上才完成的，席勒本人曾直言不讳地承认自己是一个康德主义者，“顺便提一下，我在这里更多地是作为康德主义者在讲话，因为我的理论归根到底可能难免于这种责难”。[②] 这正说明了康德与席勒美学思想之间的渊源关系，甚至很多人都将席勒称为康德思想的门徒或者附庸。英国学者 E. 歇泼在他的《康德美学研究》一书中曾用整整一章来讨论席勒与康德美学的关系，认为席勒比康德走得更远。吉尔伯特和库恩的《美学史》中指出“由于席勒拥有有力的道德主义，他注定要成为康德的学生，而由于才能上的对立，他又注定要成为康德的批评者”[③]。这就指出了席勒对康德美学思想的继承和超越。

康德美学思想是康德哲学思想的副产品，他是在构筑自己的哲学体系的过程中提出自己的美学思想的。一般认为，康德的哲学思想是在综合欧洲大陆唯理论与英国经验论的基础上形成的，这只是从认识论的角度而言，并没有包括美学方面。实际上，“与其说，康德是大陆唯理论与英国经验论的结合者，还不如说，他是机械论和目的论，同时又更是牛顿与卢梭的批判的结合者。但这个结合又是由上述唯理论、经验论思想及其错综复杂的参与，和推翻莱布尼兹—沃尔夫的形而上学的‘哲学革命’而实

① ［德］席勒：《秀美与尊严》，张玉能译，文化艺术出版社 1996 年版，第 36 页。

② ［德］席勒：《论美书简》，转引自《秀美与尊严》，张玉能译，文化艺术出版社 1996 年版，第 41 页。

③ K. 吉尔伯特、H. 库恩：《美学史》，夏乾丰译，上海译文出版社 1989 年版，第 473 页。

现的”。[①] 在康德看来，无论是唯理论还是经验论，它们都是从人类的理性出发来认识问题的，但是却产生两种针锋相对的思考问题的结果。康德认为必须从人的理性本身来进行考察才能寻找到原因所在。因此康德哲学的起点就是作为主体的人本身，由主体的人本身来说明主体关于客体的知识，这就与以往从客体出发的研究方式不同，也成为他三大批判的中心，因此，从哲学上说，康德实现了客体性向主体性的转变。

康德将自己研究哲学的独特方式称为“先验逻辑”，“先验”作为一种认识对象的方式，是一种“普遍必然”，康德认为，人在认识具体对象之前已经具有了认识对象的能力，这种认识方式先于经验而存在，与实际的对象毫不相关。因此，在《纯粹理性批判》中，康德探讨了人的认识能力，他认为，感性是人的认识的开始，感官受到外在现象的刺激，产生感性印象，在知性和理性的参与下，形成了知觉经验，获得了对对象的认识。但这种认识只能限定在现象界，知性必须在经验的基础上才具有自己的实际存在意义。在物自体的范围内，知性没有任何作用。康德在《实践理性批判》中对人的实践方面即道德意志进行了分析，认为人的意志应彻底摆脱经验、感性欲望的干扰，完全服从人们心中那种先天的道德律令，这是认识能力所不能达到的，无法用经验加以验证。由于《纯粹理性批判》只涉及人的悟性和自然界的必然，《实践理性批判》只是涉及人的理性和精神界的自由，二者都是独立成为一个系统，这样康德发现在主体人自身之中的两大领域之间就存在着巨大的鸿沟，一个是认识所能达到的，一个是认识所不能达到的；一个对应着自然，一个对应着自由。但是精神界的自由却要作用于自然界的必然，“自由概念应该把它的规律所赋予的目的在感性世界里表现出来；因此，自然界必须能够这样地被思考着，它的形式的合规律性至少对于那些按照自由规律在自然中实现目的的可能性是互相协应的”[②]。因此如何在二者之间实现沟通是康德必须解决的问题。康德正是在这个基础上进行美学思考的，他的美学一开始就是为着主体的人自身的同一为出发点的。而席勒走的是同一方向的道路。

① 李泽厚：《批判哲学的批判：康德述评》，生活·读书·新知三联书店 2007 年版，第 19 页。

② ［德］康德：《判断力批判》上卷，宗白华译，商务印书馆 1964 年版，第 13 页。

康德是从主体的机能方面来解决这个问题的，他对人的心理结构进行先验的划分，认为人的心灵具有三种能力：认识机能、愉快及不愉快的情感和欲求机能，也就是通常说的知、情、意三种机能。其中，知性与认识相关，理性与欲求相联，要实现知性与理性的统一，必然是在愉快及不愉快的情感这里实现。康德认为判断力“将做成一个从纯粹认识机能的过渡，也就是说，从自然诸观念的领域达到自由概念的领域的过渡，正如在它的逻辑运用中它便从悟性到理性的过渡成为可能”①。康德将这种过渡称为“判断力”，它是认识能力的组成部分，既与知性有关，也与理性有关，但它并不是一种独立的能力，不可能像知性那样提供概念，也不可能像理性那样提供理念，它只是人的一种特殊的心理机能。康德指出判断力有两种，一种是决定的判断力，一种是反思的判断力。决定的判断力是一种天赋的能力，它只能通过实际活动和实际例证来训练培养。而反思的判断力不是从既定的、现成的普遍规律出发去判断事实，是从既定的特殊事实出发去寻找普遍。这种反思的判断力有两种：审美的判断力和目的论的判断力，它们都以合目的性作为先验原理，但审美的判断力只涉及对象的某种形式，由于这种形式与人的主体的某种心理功能相符合，因此主体的人就产生某种合目的性的愉快，所以属于主观的合目的性；而目的论的判断力是自然界的事物的形式符合自己的内在本质，只是与自然所表现的合目的性有关，因此，属于客观的合目的性。康德认为反思的判断力属于审美判断，审美判断既是想象和理解的结合，也是表象与情感的结合，它对所有的评判者都有效，就具有普遍有效性。康德就是在这个意义上展开对美的分析，提出自己的批判美学思想，完成从自然到自由的过渡。

康德对美的分析是从审美经验开始的，也就是对主体的人的审美心理进行分析，更多地包含了各种心理因素。他从质、量、关系、情状四个方面对审美判断进行分析。从性质方面，康德主要是把审美愉快与其他几种愉快进行区分。他认为审美愉快与感觉上的愉快、善的愉快是不同的。感觉的愉快与人的一定生理欲求有关系，如吃喝等动物性官能的满足；而善的愉快也就是道德的愉快只是与一定的伦理道德有关，是对象适合理性的要求而通过单纯的概念使人满意，如做了好事之后的精神愉快。这两种愉

① ［德］康德：《判断力批判》上卷，宗白华译，商务印书馆1964年版，第16页。

快都与对象的存在有关。而审美愉快则与对象的实际用途或者存在价值没有关系，只是与对象的形式有关，它不以概念为基础，也不以概念为目的，超脱了自己与对象之间的任何利害关系，因此审美判断的第一个性质就是审美无利害关系。从量的方面看，康德认为，美可以不凭借概念而能普遍地引起愉快，审美的量是一种主观的量，它虽然只是发生在主体与对象之间，由于这种审美愉快是自由的，因此，主体在进行审美判断的时候，就要求一种普遍的有效性，但是这种普遍有效性不是来自知性的范畴和概念，而是一种人们主观上的感性感受状态，是主体的人的多种心理功能的共同运动的结果。因此，康德将美的这种特点称为“无概念而又有普遍性”，也解释了审美心理形式的特殊性。从关系上看，美是没有目的的合目的的形式。本来，是否合目的是以一定的概念为依据的，是一种客观目的，只是由于审美判断与伦理、功用、欲望无关，因此就没有一定的目的性。但是另一方面，它又要求审美对象的外在形式符合人的诸心理功能的自由活动，即从情感上唤起一种觉得愉快的主观的合目的性。这种无目的指的是没有实质性的主客观目的。康德将“无目的的合目的性”视为一种主观设定的“先验情感”，审美判断就是按“无目的的合目的性”这一先验假定。康德指出存在两种美的概念：纯粹美和依存美，他提出了“美的理想”的问题。康德又从情状上对美做了第四个规定：“美是不依赖概念而被当作一种必然的愉快的对象”。[①] 指出审美判断如何可能的问题。康德指出，必然存在一种先验的“共通感”，这种“共通感”是审美成为必然的根据。共通感是人类的内在能力，不可以用经验实体证明，所以它的存在是一种经过推论的假设。但是“共通感”有两种，一种属于情感方面，一种属于普遍的知性，康德假设的“共通感”是属于情感方面的，他认为这种情感和情感能力是可以普遍传达的，因此，虽然每个个体情感都是相异的，但是在审美判断中却可以认为这种判断应该是与其他人一致的。康德举出“被抛弃在孤岛上”的个人不会专门为自己去打扮自己和修饰环境为例子，说明了这种共通感的存在。重要的是，康德在这里将共通感与人类的理性联系在一起，指出了共通感不是自然生理性质的，而是具有一定的社会性，这样他就把审美判断与社会伦理联系起来，

① ［德］康德：《判断力批判》上卷，宗白华译，商务印书馆 1964 年版，第 79 页。

具有了历史性的意义。康德通过审美将感性和理性结合在一起，虽然他最终还是归于理性，但是他通过对美的分析抓住了美的本质，在主体与客体、人与自然、感性与理性之间找到了一种自由和谐的对应关系，逐渐实现从认识论到伦理学的过渡，为从自然过渡到自由做好了准备。

美的分析并不是康德美学思想的目的，而只是构筑他从自然通向自由的桥梁，实现理论理性到实践理性的过渡。康德又对崇高进行分析，虽然仍然是在审美判断力的总的范围之内，但是已经有意识地由客体对象转向了主体的精神，由自然走向了人，审美的人只是道德的人的中介，道德的人才是康德的最终目的。如果说康德在美的分析中对形式的强调还使得审美对于客体对象有所要求的话，那么在康德看来，崇高则完全摆脱了注重限制，即使没有客体对象的存在，对崇高的鉴赏也同样可以进行。因为崇高的根源在于人的道德情感，这种情感是内存于人的心中，人的心意活动就可以产生崇高感。康德指出：“崇高不存在于自然界的任何物内，而是内在于我们的内心，当我们能够自觉到我们是超越着心内的自然和外面的自然—当它影响着我们时。一切在我们内里引起这类情感的（激动起我们的自然力量的威力属于这一类），因此唤做崇高（尽管不是在原本的意义里）。并且只是在那前提下，即那观念在我们内里和对这观念的关联中，我们能够达到那对象的崇高性的观念，这就是：那对象不单是由于它在自然所表示的威力激动我们深心的崇敬，而且更多地是由于我们内部具有机能，无畏惧地去评判它，把我们的规定使命作为对它超越着来思维。”① 因此，这种崇高突破了形式对于审美判断的限制。同时，康德指出崇高与人的不确定的理性概念相关，属于理性范围。这样，崇高就具有更多的主观性而与人的精神密切相关。康德将崇高分为数量的崇高和力量的崇高。数量的崇高是主体理性对对象形式的“无限”的整体把握，而力学的崇高是指面对对象的威力。主体的人在精神上所产生的优越于对象的力量，显示出人类的人格的崇高性，所以从本质上说，崇高不在客体对象，自然界所存在的崇高的对象只是为了说明崇高在于主体心灵，这样，康德就将自然引入主体的主观意识当中，也就潜在地完成了从自然到自由的过渡，而“美是道德理念的象征”的命题也就概括出了康德的意图所

① ［德］康德：《判断力批判》上卷，宗白华译，商务印书馆1964年版，第104页。

在。席勒也是沿着这个思路进行自己的美学思想的，只是对于康德只是终结于人的主观世界的做法，席勒提出了自己的意见。席勒所寻求的是美在客观世界的属性，是在现实世界为这种自然和自由的统一寻找可能。因此，他的美学思想就自然比康德在现实层面要前进一步。

在《判断力批判》中，康德还阐述了艺术在人类审美活动中的作用，讨论了美的艺术及其与天才、鉴赏之间的关系，提出了关于艺术的很多观点，这些都对席勒的美学思想的继续发展指出了方向。康德首先指出艺术不同于自然，艺术是人类的创造物。但不是所有人类的创造物都是艺术，艺术既与科学相区别，更与手工艺有着本质的不同，因为艺术是自由创造的结果，是自身令人愉快的。康德提出“没有关于美的科学，只有关于美的评判；也没有美的科学，只有美的艺术”①，就将美与艺术紧密地联系在一起。美的艺术是如何出现的呢？康德认为，这必须要依靠天才，美的艺术就是天才的作品，天才是艺术家天生的创造机能。它具有四个特性：独创性、典范性、自然性、神秘性，康德指出“天才就是：一个主体在他的认识诸机能的自由运用里表现着他的天赋才能的典范式的独创性”②。康德的“天才”是静态的，不可复制的，它只能存在于艺术领域中，它的特性决定了它的封闭性。但在席勒的美学思想中，天才概念的内涵已经发生变化，在《论素朴的诗与感伤的诗》一文中席勒指出存在着素朴的天才，也存在感伤的天才，但还存在着更高层次的天才，即实现素朴与感伤的统一。这样“天才”的内涵被艺术史发展的二元论代替，并且将艺术发展与人类社会的发展联系在一起，具有更深刻的现实性。

康德非常清楚自己美学思想中存在着诸多的矛盾，这种矛盾很多就是审美活动中存在的矛盾。例如他一方面认为美是形式，是无利害关系的，也不存在概念的问题，更没有目的性；但是另一方面他又认为美是涉及目的、概念的。这和他综合理性主义和经验主义的观点有关，因此，在《判断力批判》中就分为两个部分，第一部分是对审美判断力进行分析，而第二部分审美判断的辩证论则是对审美判断力中存在的矛盾的解决，即提出二律背反及其解决方法，这实质上是判断力的辩证法问题。康德认为二律背反虽然看起来是处于对立的，但是这只是表面的现象，康德相信在

① ［德］康德：《判断力批判》上卷，宗白华译，商务印书馆 1964 年版，第 150 页。

② 同上书，第 164 页。

超感性的主体身上是可以实现这种矛盾的解决的，虽然康德并没有真正解决二律背反，但是他实现了一种过渡，即从美在形式向内容方面转变，逐步实现由自然的必然向精神的自由过渡，因此，在“辩证论”的末尾，康德提出了“作为道德性的象征的美”，这样，康德就将审美判断作为自然—审美—道德的中介环节，将感性与理性、主观与客观的矛盾统一在主体的主观精神中。当然这是一种主观唯心主义，但是他的这种思想走向启发了席勒，使席勒开始注重对审美的功能进行现实领域的探讨。

第二节　席勒美学思想的人性论来源

我们知道，人类思想史上几乎所有的人文社科方面的理论是围绕着“人”这个话题展开，最终也都服务和归宿于“人”这个问题。对人的认识，或者说对人性的假设是其思考问题的首要前提，几乎所有的思想理论都建立在一定的人性认识和假设上，或者说每一种意识形态都不仅仅是一种思想理论，更是以某种方式指明行动方针的人性论，体现着一定的人性认识，只不过对于建构自己理论的人性论或者说对于蕴涵在自己理论中的人性论的认识程度有所区别。有的思想家是自觉地进行人性的分析与建构，而有的思想家则是自发地在一定的人性预设的基础上进行自己理论的探讨。但不可否认的是，对人性论的认识往往都决定着理论的基本走向。例如，中国和西方文化传统的重大区别在于各自有着不同的宗教人文背景，从中体现的人性观也自然迥异。两种异质的人性论作为重要的精神力量，反过来以不同的方式影响着人们对人生和世界的思考，这也是中西方理论发展走向不同的重要原因。所以对人性的不同信念，常常反映在不同的生活方式和政治经济制度当中。席勒是从人性开始对时代的人进行分析，从而发现人性的分裂现状的，他的美学思想也是针对人性分裂现状而进行的思索，并指出了疗救的方案。因此，人性作为席勒美学思考的出发点，成为贯穿于席勒的美学思想体系中的一根主线。我们有必要对人性稍做探讨，对西方人性史做简单的梳理。

要理解一个词语的意义所指，首先要明白这个词语的一般意义或者特定意义。人性是哲学研究的重要范畴，但更多时候是作为伦理道德的重要概念而存在。人类虽然一直没有停止过对人性的探讨，但是人性的答案仍然呈现出多意和巨大的差异性。因此我们先从根本上来认识人性这个词。

在古希腊、罗马时代，智慧的哲人最早提出了人性观点。海德格尔、雅斯贝尔斯在探究人性一词的真正语源时发现这个词实际来自拉丁文的“Paideia”——开化、教育、教化。而在汉语里，人性，按照字面意思去理解，就是指人的本性。我们从“人性”这个词的辞源来理解，或许更有助于对其意义的表述。“人性”这个词由人和性两个字组成。关于“人”这个字我们可以从生物学、精神和文化等多个角度去进行定义，在汉语词典里“人”的解释是这样的：由类人猿进化来的，能制造和使用工具进行劳动，能用语言进行交际的高等动物。也就是说，人在这里是一种物种的全称，指人的一种共同体的存在，它具备每一个个体的共同特征，能代表个体的存在。而“性”字在汉语词典里也有多重含义，但是基本的解释为：人或事物的本身所具有的能力、作用等，例如性质、性能等，也就是说“性”是不能独立存在的，是附属于人或者事物之中的。对此，中国古代的思想家也有过这样的解释，例如《简易道德经》里所述：“观物观性，有谓：万物有性，万事亦有性，先类之再别之，性可属也。类类不同，别别不同，绝无仅有之处，性也。”荀子也指出：“生之所以然者谓之性”，“凡性者，天之就也，不可学，不可事……不可学、不可事而在人者，谓之性”①。这些说法都说明万事万物虽然都有性，但是这种性无法单独存在，而必须附庸在物体之上，使物体区别于其他而存在。对此，我们可以称之为“属性”，人性就是人的属性，是指一切社会中的一切人所具有的共同的属性，它不会随着社会的变化而变化，而是意味着在每一个社会里都会表现出来的必然的、不变的属性。

人类很早就开始对人性进行探索，并且在各种各样的答案中体现出了人性的复杂含义。孟子在《孟子·公孙丑上》也指出了这种相近的人性是“人皆有不忍人之心”，并且认为这种“不忍人之心”包括恻隐之心、羞恶之心、辞让之心和是非之心。道家也提出自己的超越人性论。西方对于人性的探讨是从苏格拉底开始的，他认为人要“认识自己”，要以与人相关的灵魂、知识、道德等为研究对象，将人性作为一个重要的理论问题来探讨。而亚里士多德则宣称，“求知是人类的本性”。人类一切知识都来自人类本性的一种基本倾向，这种倾向可以在人的各种最基本的行为和

① 王先谦：《荀子集解》，商务印书馆1988年版，第435—436页。

反应中都表现出来。西方人性论的发展中过多地具有了神学的色彩，尤其是中世纪的人性论——原罪说，夏娃和亚当因偷吃禁果而明善恶，这被称作人类的原罪，原罪说也就是中世纪基督教所理解的人性观。近代欧洲的哲学家们分别用理性、感性、情欲、情感、良心等去说明人性。弗朗西斯·福山从社会学和生物学角度告诉我们："来自于生命科学研究的越来越多的证据表明，标准的社会模型不能充分说明问题的；相反，人生来就具有认知结构和别的习得能力，使我们能够很自然地步入社会。换言之，人性这东西的确是存在的。"① 因此，我们看出，一方面是由于每个学科都有自己的研究角度，从而使它们对人性的研究比较局限在自己的学科范围之内，对人性的研究成果虽有深度但却流于片面；另一方面也正反映了人性存在以及其存在的复杂性和多层次性。人类对人性的认识也伴随着对自我的认识，与社会发展有密切的关系。

但是任何一种思想理论的确立，都有其直接或间接的来源，席勒的人性观也不例外。从表面上看，席勒的美学思想的确是深受康德的影响，海涅就曾经指出："席勒是一个猛烈的康德主义者，他的艺术观点便孕育着康德哲学的精神。"② 但是更深层次地说，席勒的人性观是西方人性思想发展的必然结果，是他那个时代特有的产物。只有在西方人性观的传统之下，我们才能更好地理解席勒的人性思想。

一 西方人性观的传统

社会的发展、文明的形成离不开人类赖以生存的环境，但是不同的生存环境也促成了不同的生存方式和思维方式。作为西方文化的源头，古希腊处于地中海东部的交通要道上，其海上贸易不仅促进了经济的繁荣，也形成了古希腊人对自由理性精神的推崇。更重要的是，不同的生存环境形成的迥异于东方的宇宙观，也直接导致不同人性观的产生。古希腊人没有像古代中国那样一开始就把人和社会作为自己思考的对象，而是关注自然，力图从自然界中寻找到存在的本源和基础，水、火、数等都曾被古希腊一些哲学家认为是万物的存在之源，直到古希腊中期智者学派的创始者

① ［美］弗朗西斯·福山：《大分裂》，刘榜离等译，中国社会科学出版社2003年版，第199页。

② ［德］海涅：《论德国宗教与哲学的历史》，海安译，商务印书馆1972年版，第113页。

普罗塔戈拉提出“人是万物的尺度”的著名命题后，人才成为哲学思考的对象，也才开始触及人性的问题。作为西方乃至整个欧洲文明的摇篮，美国著名史学家威尔·杜兰在其《世界文明史》中这样评价：“在我们的文化中，除机械以外，几乎没有一样现世的事物不是自希腊流传下来的。”并且认为“希腊的文明无一不是我们今天文明的缩影”。雪莱也曾指出：“我们全是希腊人的：我们的法律，我们的文学，我们的宗教，我们的艺术，根源都在希腊。”虽然有很多学者指出，西方是从文艺复兴以后才开始真正研究人性，但这并不意味着古希腊没有关于人性的思考，或者说，正是古希腊才开启了西方对人性的思考。在18世纪之前的西方社会人的精神世界里，虽然对于人性的探讨观点繁多甚至互相对立，总体而言还是有一条基本的主线贯穿其中，那就是对于理性的关注逐步深化，最终把丰富多彩的生命个体归属于一个不断抽象化的精神实体之中。主要体现从关注人的自然属性到关注人的精神属性，从肯定人的自然欲求到追求灵魂神圣最终否定此岸世界的现实性生活，甚至认为只有禁欲修行才能得到来世幸福。这条主线基本上贯穿于文艺复兴之前的西方思想史中，体现为人的自然欲求逐渐被压抑而精神欲求不断被强化，人们不断地朝着心中的“天国”走向“神圣”，直至人在神的映照下消失了自身存在的现实意义。可以说欧洲中世纪的统治就可以看作是这种趋向的尽头。直到文艺复兴时期，人性的真正含义才重新被人们审视和思考，人才重新作为一个主体性的人而存在，也开启了西方历史发展的新篇章。综合看来，西方的人性观按照其实质内容可以分为古希腊、古罗马和中世纪三个时期。各个时期的人性观呈现出不同的理论取向。

1. 理性和自由——古希腊的人性观

西方从原始宗教脱胎而出的时候，表现出的是对自然哲学的关注，思考宇宙的本源问题。人并没有马上进入古希腊人的视野。希腊人最初关注的是神，希腊人仍然是保持着有神论，只是在古希腊神话里，希腊人的“神是诞生出来的，穿着衣服，并且有着与他们同样的声音和形貌”①。人神共处，神人同形，神也具有人的特点，不过是人生活的另一种形态。”希腊人是“不愿使他的神带有令人敬畏的性质，他也根本不去捏造人是

① 《古希腊罗马哲学》，北京大学哲学系西方哲学教研室编译，商务印书馆1961年版，第46页。

恶劣和罪孽造物的概念”[1]。所以在古希腊，对神的认识也体现着人类对于世界和人生的最早认识，人性和神性就有意无意地结合在一起，在西方历史中以不同的维度发展。这也是对人性的研究总是要回复到古希腊社会的原因所在。总体看来，古希腊人对人性的关注呈现出循序渐进的特点，即从关注人的自然属性到关注人的文化和社会属性，对人性的认识表现出善和恶的、肉体和精神对立的观点，虽然体现了理性至上的古希腊人的思维的特点，但也萌生着对和谐自由个体的追求。其中伊壁鸠鲁主义、斯多葛学派、苏格拉底、柏拉图和亚里士多德等对人性的看法对西方文化有着深远的影响。古希腊的灭亡随之而来的是古罗马的崛起，古希腊文明中的理性精神、民主政体、法制精神与东方的宗教精神、专制主义在古罗马帝国里互相交融。帝国的权威和专制主义的统治使人们都在一个抽象的意志统治之下，人民失去了精神上的自由，虽然也相对地维护了希腊的理性精神，但是人的自然性和世俗性却在古罗马得到了最大的释放。残酷的现实也使古罗马人被迫从外面的现实世界返回到自身，从个人出发寻求存在的合理性。这种内省性表现为人退回到自身，并在内心里去寻找现实世界里已经再也找不到的和谐。这种内在性的开掘为后来的基督教发展奠定了基础。

总体来看，古希腊的人性观有如下几个特点：

（1）确立了人在宇宙中的主体地位。宇宙的本原和万物的起源是古希腊人最先思考的对象，古希腊人对于人的认识是在对自然的认识的基础上开始的，对人的自然属性或者说是物质的人的认识是古希腊人认识人的第一步。当时很多自然哲学家开始猜测人类的起源，并作出不同的解答，例如阿那克西曼德（约公元前611—前546年）认为“人最初的时候很像鱼”；毕达哥拉斯认为人的灵魂和感觉是由热的蒸汽产生的，而灵魂是由“表象、心灵和生气”三部分组成。可以说古希腊早期虽然也出现灵魂和肉体的思考，但是灵魂还是物质性的，是身体的组成部分。人和自然还是处于一种混沌的整合状态中。希罗多德（公元前484—前430年）撰写的《历史》是西方第一部“人”的历史，在这部著作里，虽然也涉及神，但人第一次成为历史的主体，人也是一种理性的存在物，人的活动不是盲目的，而是在理性指导下进行的。当时大多数都把人看作是自然相对立的一

---

① ［美］爱德华·麦克诺尔·伯恩斯、菲利普·李·拉尔夫：《世界文明史》第1卷，罗经国等译，商务印书馆1987年版，第216页。

种存在。普罗泰戈拉（公元前481—前411年）提出“人是世间万物的尺度，是一切存在的事物之所以存在，一切非存在事物所以非存在的尺度”①。这也说明人的主观视角和感受已经成为考察一切问题的出发点。学者们普遍认为，苏格拉底是西方人性的真正始作俑者，他提出“认识你自己”的命题，表明古希腊人开始真正把目光从自然转向了人自身，从关注人的自然属性到关注人的精神属性。而柏拉图和亚里士多德则将人置于社会之中，认为只有借助于社会这个共同体才能实现自身的类化。

（2）人性善恶的争论。被马克思誉为“经验的自然科学家和希腊人中第一个百科全书的学者”的德谟克里特认为人与人之间总是相互敌视、相互倾轧和相互嫉妒的，正是由于人性中这种恶的本质，所以他提倡法治，这也许是人性恶论的开始。苏格拉底主张性善论。他认为理性才是人的本质，真理不在自然中，而存在于理性之中。他提出“美德就是知识”，而罪恶的产生就是由于无知，或者说是由于人们缺少善的知识。“第一个方面是，没有人愿意做恶事，那些作恶的人都不是自觉自愿的；第二个方面是，美德就是知识，那些做非正义之事和犯错误的人都不是自觉自愿的。”② 苏格拉底的性善论中的善蕴涵在知识的掌握之中，这种善是一种普遍的、不变的、绝对的东西，存在于肉体和灵魂之中，但是灵魂的善高于肉体的善。柏拉图也认为一个人一旦具有善的知识，就会自觉从善，就会只跟随善的引领而不作恶。但是柏拉图在《理想国》中对灵魂进行了三重区分，认为灵魂包括理性、激情和欲望三个部分。柏拉图认为人性完善与国家完善是联系在一起的，基于人性三部分而分配的社会三个阶层各司其职，国家才能和谐完善。但是理想和现实的冲突，使他的人性观体现出由“善”逐步地倾向于“恶”，他说：“人类的本性将永远倾向于贪婪与自私、逃避痛苦、追求快乐而无任何理性，人们会先考虑这些，然后才考虑到公正和善德。”③ 而亚里士多德则进一步发展了人性恶的理论，他认为人的本性中具有恶的性质，做恶的人并不是出于无知，而是明

① 周辅成编：《西方伦理学名著选辑》上卷，商务印书馆1987年版，第27页。

② 严春友：《人，西方思想家的阐释》，中国社会科学出版社2005年版，第42—43页。

③ 法学教材编辑部《西方法律思想史编写组》：《西方法律思想史资料选编》，北京大学出版社1983年版，第25页。

知故犯，“倘若由它任性行事，总是难保不施展他内在的恶性”①，所以必须要靠法律和道德的约束，人才不至于成为最恶劣的动物。

（3）肉体和精神趋于分离。古希腊时期人性论的一个显著特点，就是对人进行灵魂和肉体的分离，认为灵魂可以独立于肉体之外而存在。毕达哥拉斯就曾经详细而系统地探讨了灵魂问题，认为灵魂是独立的，不是由一般的物质而产生，而是由热的蒸汽产生，同时灵魂中的理性是不死的，即使肉体死亡，灵魂依然可以在空中游荡。虽然他们认为“灵魂是由最根本的、不可分的物体形成的”，依然具有物质的特性，但是已经包含了肉体和精神分化的萌芽。苏格拉底强调理性轻视肉体，而柏拉图则彻底把肉体和精神对立起来，认为肉体和灵魂分属两个世界，灵魂高于肉体，灵魂统摄肉体，并且规定着人的本性，灵魂是不朽的，而肉体是变化的、死亡的。灵魂的归宿是个看不见的、神圣的、不朽的、有智慧的世界，柏拉图的人性理论可以说是典型的“身心二元论”，这对后世人性理论产生了重大影响。他的学生亚里士多德则否定了柏拉图关于灵魂独立存在的学说，认为灵魂和躯体是不能分离的。他不否定肉体的快乐，认为它们是随着肉体的产生而产生的。亚里士多德认为躯体是灵魂的质料和载体，而灵魂是它的形式，灵魂才是身体的统治者。从总体上来说，虽然亚里士多德在一定程度上纠正了柏拉图对于人性的看法，但是依然改变不了肉体和精神分离的观念。

2. 神性下的人性——中世纪的人性观

根据西方传统的历史阶段划分，中世纪是指古罗马灭亡到近现代社会的1000多年的时间。古罗马帝国的灭亡使原有的理性、世俗、商业、文化消亡殆尽，基督教开始盛行，思想文化的一切部门都掌握在教会僧侣手里，基督教神学具有至高无上的权威。无论是“教父哲学”还是“经院哲学”都是脱离现实生活，用各种抽象或者推理等方式来论证基督的存在，以取得人们对基督的信仰。所以在中世纪，基督教垄断着整个文化领域和人们的精神生活，无论在人的精神世界还是在人的物质世界，都被西方人称为黯然失色的“黑暗时代”。整个中世纪的文化都是为了论证并阐释基督教的，因此在中世纪，关于人性的观点是与基督教神学紧密联系在

① ［古希腊］亚里士多德：《政治学》吴寿彭译，商务印书馆1997年版，第319页。

一起的，只是随着基督神学的进一步传播和发展，在一定程度上，中世纪对于人性的理解也存在着一定的差异。主要体现出如下特点：

（1）人性之上的神性。整个中世纪的每一个领域都充斥着上帝的神性。中世纪对人性的看法最初出现在《圣经》当中，《圣经》宣扬上帝造人说，认为上帝是人世间一切的主宰，而人只是一个有限的存在物，不能完全理解这个世界，而只有神才能做到对世界的理解和完全把握，所以人应当对神表示敬畏和服从。托马斯·阿奎那认为上帝作为一种永恒的存在，是万物存在的根基。虽然人也和其他动物一样有着肉体的存在，但是“说到人，也就意味着人的本质，他是一个像上帝的东西，是按照上帝的形象造成的”[①]。所以人就具有了上帝的某种神性。但一切的荣耀都归于上帝，上帝是至高、至美、无所不能的，上帝也是至仁、至意、至隐、无往而不在的。

（2）灵肉的根本对立。中世纪和古希腊一样认为人是有理性的动物，但是中世纪由于神的存在，灵魂和肉体走向了彻底的对立。基督教认为人是上帝创造的最高级别的动物，但也承认人是由肉体和灵魂构成的，也就是说人既有神性的一面、也有兽性的一面。所有的罪都来自人的肉体的各种欲望，人摆脱罪恶的唯一办法就是依靠上帝。只有摆脱肉体、走向上帝，才能变成一个高尚和善的完人，才能得到这种自由。所以，人存活于世上，就是为了赎罪，可以说，中世纪对于肉体采取的是一种敌视的态度，否定人的物质存在，这样《圣经》在一定程度上张扬了人性中精神的一面，让人性获得了神性的提升，但同时也否定了人的个体的自然性存在，这样就将人的自然性和精神性抽象的对立起来，并且精神彻底压倒了肉体。虽然托马斯·阿奎那认为灵魂和肉体不可分，人是由灵魂和肉体组成的物质实体，但是灵魂还是单一的精神实体，这样使人保持着精神活动的纯粹性和独立性。为此，托马斯·阿奎那说：“灵魂被肉体的质料个别化，在与肉体分离之后仍保持个别性……肉体不是灵魂存在的全部原因，但灵魂的存在与肉体有关。同样，肉体不是灵魂个体性的全部原因，但这一灵魂的本性能与这一肉体相结合。”[②]

（3）人性善恶论。中世纪认为神是万能而善的，但是对于与神类似

① 严春友：《人，西方思想家的阐释》，中国社会科学出版社 2005 年版，第 101 页。

② 赵敦华：《基督教哲学 1500 年》，人民出版社 1994 年版，第 389 页。

的人的善恶则出现不同的观点。在《圣经》中，人性是恶的，“除了上帝之外，没有一个可称为善良的”。[①] 人的肉体的各种欲望就是恶的根源，摆脱肉体的欲望才能走向神的善。中世纪提出了人的“原罪说”，即人由于人的始祖亚当是有罪的，所以“我们所有的人生下来就是有罪的——在罪恶中被怀孕和被产生出来；罪恶把我们从头到尾浸渍了；从亚当起，人们就怀有一个意图，这个意图总是不断地反抗着上帝”。[②] 而且人一生下来就有情感、欲望，而这些都是邪恶的，所以人人都有原罪，人的本性就是恶的。对于《圣经》中人性恶的描述，奥古斯丁主张，万物皆善，人性也本善，当然他所理解的善是如柏拉图类似的事物各司其职，遵守上帝的法则。但是事实上存在着很多的恶，对此奥古斯丁认为都是后天“浸染了恶习的缘故”，因为上帝不可能造出一个恶的事物，没有一个人生下来就是恶的，傲慢自大是一切罪恶的根源，而对于物质、权力和性的非理性占有则是人性堕落的表现。中世纪对于人性善恶的争论其实并没有实质的不同，因为所有的说法都要归结为神学，达到对上帝的认识，以证明上帝的至善和无所不能。

总之，中世纪的人性论承接着古希腊罗马的人性观点进一步走向人性的分裂，无论是性善还是性恶，人性都在神性光芒的笼罩之下而丧失了人的丰富性，尤其是对肉体的敌视更压抑了人的自然性而导致人性的扭曲。对理性的推崇也使人性中精神性进一步高扬，人性或被解释为理智，或者被解释为欲望、情感，但最终目的是取消了人的尊严和力量，更扼杀了人的自由天性，使人成为上帝恭顺的奴仆。

3. 高扬自然性——文艺复兴时期以来的人性观

文艺复兴的实质是人文主义，人文主义就是以人为中心而不是以神为中心来考察一切。中世纪的宗教神学宣扬“一切为了神”，否定人的价值和尊严，随着工商业的不断发展，新兴的市民资产阶级开始发起了反对封建制度和宗教神学的思潮运动，他们提出“我是人，凡是人的一切特性，我无不具有”，主张重建并尊重人的尊严。当时各国的思想家提出了各种各样的人性观点，但是其共同特点就是充分肯定人的主体地位，肯定人的欲望的合理性，将人性定义为人的欲望，这就将人的自然性从神学的桎梏

---

① 周辅成编：《西方论理学名著选辑》上卷，商务印书馆 1987 年版，第 328 页。

② 王元明：《人性的探索》，南开大学出版社 1993 年版，第 158 页。

中解放出来，去抨击中世纪以来以基督教神学为核心的封建宗教文化，从根本上改变着人的思维方式和生存方式。所以这时期的人性体现出如下特点：

（1）人的主体地位的回归。基督教宣称：人是上帝的杰作，上帝按照自己的形象创造了人类。神是高高在上的，人只是神的仆人，为了赎回自己的“原罪”而必须压抑自己。而文艺复兴时期西方社会对“人的发现”并不是简单意义上对人的发现，而是经历了中世纪对人性的压抑之后，人们开始觉醒，追求人的解放和挖掘人的潜能。人不再是受到神驱使的仆人，人生的目的也不是为了赎回原罪，而是要追求现世的幸福。尤其是随着科学的发展，人的潜能开始显现，人主体性地位自然也得到了前所未有的提升。例如但丁在《神曲》中指出，世界应当是以“人”为本的世界，而人天生具有自由意志，所以人是上帝最伟大的杰作。但丁说：“人的高贵，就其许许多多的成果而言，超过了天使的高贵。”西班牙著名人文主义者斐微斯（1492—1540 年）在寓言中就将人神并列，并且人成为故事的主角，从而歌颂了人的力量。艺术作品中世俗生活和世俗人物取代了圣经故事成为主要题材，也反映了这种思想上的巨大变化。霍布斯坚持唯物主义的反映论，认为“一切观念最初都来自事物本身的作用，观念就是事物的观念。当作用出现时，它所产生的观念也叫感觉，一个事物的作用产生了感觉，这个事物就叫做感觉对象”①。霍布斯否定神的存在，是一个彻底的无神论者，认为所谓的“神是无形体的实体”以及“灵魂不灭”的说法是荒谬的。乔万尼·比科也说：“人就像上帝，人是整个世界的中心和关键，人是大自然的解说者。”② 反映在文学艺术创作中的变化则是世俗人相成为表现人体美的主要题材。而 16 世纪的宗教改革运动中，马丁·路德提出“因信称义”的新教思想，否定了天主教会的思想，将信仰置于每个人的内心，激发了人的主体意识的觉醒和个人主义的生长，使人发现了自身的价值与力量，这也奠定了西方人本主义的思想基础。

---

① 《十六—十八世纪西欧各国哲学》，北京大学哲学系外国哲学史教研室编译，商务印书馆 1975 年版，第 85 页。

② ［德］凯·埃·吉尔伯特、赫·库恩：《美学史》上卷，上海译文出版社 1989 年版，第 234 页。

（2）自然性成为人性的主要内容。文艺复兴时期反对基督教的神性的方法是对人的自然性的推崇，肯定现实生活的价值和尘世的享乐。在人文主义者看来，人的本性就是自然，只是这个自然不是上帝创造的，也不是人造的，而是人自身具有的本性。人的肉体的存在必然要求自然欲望和情感的实现，所以人的感性方面的要求是正当而合理的。彼得特拉在《秘密》中说："我不想成为上帝，或者居住在永恒之中，或者把天地抱在怀抱里。属于人的那种光荣我就够了，这是我所祈求的一切，我自己是凡人，我只要求凡人的幸福。"① 针对教会宣扬人生在世就要禁欲受苦去赎罪的做法，人文主义者宣称人们有享受现世生活快乐的权力，具体的、与肉体关系密切的东西才是唯一实在的东西，而"基督徒们费尽千辛万苦追求的幸福，不过是一种疯狂和愚蠢而已"②。伊拉斯谟（Desiderius Erasmus，1466—1536 年）曾经这样问道："如果把你生活中的欢乐去掉，那么，生活成了什么呢？它还配得上称作生活吗？"③ 霍布斯就完全摆脱了神学的观点，认为"人是一个物体，它是活的，有知觉的，有理性的"④。他强调了人的物质欲望以及趋乐避苦的自然行为，"……欲望终止的人，和感觉与映象停顿的人同样无法生活下去"⑤，认为人类的欲望和其他激情都没有罪。但是人要在这个世界上生存下去，就需要理性的力量来约束，人们为了避免利益相争，就需要道德戒律的"自然法"来限制"自然权利"。而这就需要理性的作用。

（3）人性善恶的争论。人性善恶的争论伴随着西方社会的每一步进程。随着文艺复兴以来对人的发现，在反对上帝和封建专制的同时，基督教关于人具有原罪的说法也得到了驳斥。蒙田、伊拉斯谟都指出原罪说是用宗教谎言欺骗群众，人的本性不是邪恶的，而是善良的。这种性善论一直成为文艺复兴艺术家、启蒙运动思想家、浪漫主义文学家的内在情怀。

---

① 《从文艺复兴到十九世纪资产阶级文学家艺术家有关人道主义人性论言论选辑》，商务印书馆 1971 年版，第 11 页。

② 王元明：《人性的探索》，南开大学出版社 1993 年版，第 153 页。

③ 《从文艺复兴到十九世纪资产阶级文学家艺术家有关人道主义人性论选辑》，商务印书馆 1971 年版，第 29 页。

④ 《十六—十八世纪西欧各国哲学》，北京大学哲学系外国哲学史教研室编译，商务印书馆 1975 年版，第 77 页。

⑤ ［英］霍布斯：《利维坦》，黎思复、黎廷弼译，商务印书馆 1985 年版，第 72 页。

但是在人性的探索方面，把人的欲望、情感说成是人的本性，肯定人的自然性，虽然这比中世纪的人性观前进了一些，但是他们把人的本性归结为自我保存，尤其是霍布斯力图从自然科学的研究方法研究人，认为人不过是一架活动的机器，人的行为不过是人体的机械运动的体现，这种机械运动产生了人的所有情欲需求和感官快乐。同时，由于人人平等，平等的人为了自我保存就要排斥以至于消灭别人，霍布斯认为，人性本身是单纯的，但是人的天性中“有三种造成争斗的主要原因存在，第一是竞争，第二是猜疑，第三是荣誉”。这样使人实际上处于恶劣的状况，需要人依靠激情和理性来约束。在西方人的思想深处，看待人和宇宙大致分为三种模式：第一种是超越自然的模式，这种模式聚焦于上帝，人和物质世界皆为神所创造，神是人和世界的来源和最内在的精神；第二种是人文主义模式，这种模式聚焦于人，以人的经验作为人了解、认识自己和外部世界的出发点，认为人在宇宙中具有独特的地位，人有其特殊的价值，而不单纯是神的奴仆和神的意志的体现者，如果世界存在着神，神也应该为人服务；第三种是自然的模式，这种模式把人看成是自然秩序的一部分，与其他有机体完全一样，没有什么独特之处。第一种模式在中世纪占统治地位；第二种模式形成于文艺复兴时期；第三种模式到了17世纪才形成。17世纪以后，这三种思想模式都继续存在，相互间处于竞争、并存的局面，[①] 西方人性观的形成就在于这三种模式的共同作用之下。古希腊的人性思想是西方人性观的主要源泉，也奠定了西方在人性问题上的理性主义倾向。为了对抗中世纪的封建专制和宗教统治，文艺复兴时期思想家都从理性的角度去论证人性的基本内容，去阐明人性的根本追求。人性观中的理性至上主义也就不难理解。在席勒之前以及与他同期的许多思想家，都各自分别提出了系统的人性理论模式，尽管众多的人性理论模式存在着很多的分歧，但究其理论论证的方式和所坚持观点的理论特质，却不外乎两大类：经验主义人性理论模式和理性主义人性理论模式。前一类是从人的自然状态和自然本性出发，以感性欲望为前提来论证人性的自私或善良，论证国家权力的必要性或社会制度的合理性。后一类是从人的理性本质和理性力量出发，以自由意志为前提来论证人性的内在规定性，论证人的自

① ［英］阿伦·布洛克：《西方人文主义传统》，董乐山译，生活·读书·新知三联书店1997年版，第12—13页。

由和幸福。前一类理论的代表，首推霍布斯的经验主义人性论；后一类理论的代表，当数笛卡儿的理性主义人性论。席勒的人性观虽然重视了感性的需求，但是从本质上看仍然是体现了理性主义的特点。所以说，从古希腊以来的人性观是席勒人性思想的背景和源头所在。

席勒从人性入手进行美学研究以解决政治自由的做法不是突发奇想。从文艺复兴以后的相当一段时间里，人成为哲学研究的主题，人类存在所具有的伟大意义自动地促使人类更为深刻地去研究自己的人性，也由此提出了人性的口号，提出每个人都要拥有天生就有的不可剥夺的人权。正如德国文学史家赫尔曼·赫特纳尔（Hermann Hettner）所描述："1750 年前后，德意志的国家学说发生了重大变化……当德意志资产者从三十年战争的悲惨结局中恢复过来，重新开始富裕和有文化的生活之后，便自然产生这样一种感觉，即君主和国民之间的关系不仅仅是锤子和铁砧之间的关系。王室和贵族那种懒散、暴虐、对人民敲骨吸髓的寄生生活，以前一直被认为是无法改变的气数，甚至是直接的天命。而现在人们则感到这是一种可卑的放肆和非法的恶行，因而加以谴责。起初的反抗是缓慢和胆怯的，但在当时条件的推动下很快就加强和传播开来了。"① 实际上，在法国大革命之前，对于革命的呼声很高，这从席勒的早期戏剧作品中可以看到时代的精神和对暴力革命的呼吁。例如维兰德就明确支持尼德兰反对西班牙的起义，并且认为具有通过革命改变自己受压迫的权力。而席勒青年时期所写的剧本完全是暴力革命的呼唤，在他的《强盗》的戏剧中，主人公卡尔·莫尔说："呸！这个软弱无力的阉人世纪！它只会反复咀嚼往日的业绩，只会用评论来折磨，用悲剧来糟蹋古代的英雄！……我想象有一支像我遮掩过的好汉组成的大军，德国应变成一个共和国，而相形之下罗马和斯巴达简直是修女院。"不过，当时新兴的市民阶级虽然有了自我觉悟，反抗封建贵族、要求政治地位的意识有所增强，但是在现实社会中他们的力量比较弱小，无力与反动势力进行正面的交锋，没有也不可能产生如法国大革命一样的运动。随着法国大革命的爆发和随后的专政流血事件的发生，德国的思想家开始放弃对革命的要求，甚至开始为自己的软弱寻找理由，"由于某些众所周知的原因，特别是在我们德意志帝国……日

① ［德］莱·奥巴莱特、埃·格哈德：《德国启蒙运动时期的文化》，王昭仁、曹其宁译，商务印书馆 1990 年版，第 131 页。

子还比较过得去。而除了外表上过得去以外，任何人都无权向生活要求更多的东西……”① 1793 年，席勒在给丹麦亲王奥古斯丁堡的信中说：“法国人民的尝试……不仅使那些不幸的人民本身而且也使欧洲的一个重要的部分以及整整一个世纪倒退到野蛮与粗暴之中。”② 他甚至还准备为法国国王路易十六起草辩护词。可以说当时的德国思想界都试图寻找另外的自由之路，以迂回实现政治的变革。

赫尔德在谈到政治问题的时候，总是本着这样的精神：“必须在头脑里改善，而不是在手、脚上改善。”③ 所以或者我们可以说，某种程度上，政治，在康德看来就是道德的附庸，在席勒看来，就是人性的附庸，而这正是那个时代的资产阶级所认可的做法，也是德国唯心主义的表现所在。即通过对人性的强调来达到社会平等和间接的政治自由。为了取得同贵族阶级相等的社会地位，德国市民阶级为取得社会平等而采取的措施之一就是对人性的强调。他们宣扬人权神圣不可侵犯，充分强调自己做人的权利，席勒在《唐·卡洛斯》中借波沙之口指出：“人比您想象的更为高尚、更为优越；他将从长睡中觉醒过来，而且会要求他的神圣的权利。”市民阶级通过提高自己的地位和降低贵族的地位的方式来实现一种所谓的平等，而人性就是降低贵族地位的一个有力的手段。在当时通行的做法是将贵族和资产者置于“人”的共同基础之上，这样就似乎抹杀了二者之间的区别。这种对人性的极端重视使人们更为深刻地去研究自己的人性并将它运用到每一个领域，所以这种重视人性的思想也自然而然地导致一种主观主义的精神，这种主观意识主宰着德国的思维方式、生活方式和创作方式。18 世纪下半叶，所有的生活领域都表现了对人性的善的呼唤，所以在席勒的思想中，感性与理性、物质与形式、有限与无限、客观与主观等每一对矛盾的揭示其实都是朝着预示着一个最高统一状态——道德人和道德国家的存在。这种思想很明显带有唯心主义的观点，却也正是 18 世纪德国思想界的现实。不过由于现实中人性的恶劣现状，莱辛对人性的改

---

① ［德］莱·奥巴莱特、埃·格哈德：《德国启蒙运动时期的文化》，王昭仁、曹其宁译，商务印书馆 1990 年版，第 105 页。

② 毛崇杰：《席勒的人本主义美学》，湖南人民出版社 1987 年版，第 11 页。

③ ［德］莱·奥巴莱特、埃·格哈德：《德国启蒙运动时期的文化》，王昭仁、曹其宁译，商务印书馆 1990 年版，第 119 页。

造寄希望于人类的杰出人物，在18世纪下半叶，德国知识分子都热衷于秘密结社，而试图“将每一个具有适当天分而值得尊敬的人，不问其市民阶级地位的差别”，都聚集到一起的“共济会”更是吸引了莱辛、歌德等人参加，他们号召所有人在博爱和平等的基础上团结起来，以教育和自我修养品德为途径，来实现改造社会的目的。而席勒和这个组织也很接近。

在当时德国市民阶级提倡人性来反对专制以提高自己政治地位的过程中，一开始还只是限于本民族、本阶级的，市民阶级维护人道的思想本质也是维护本阶级的利益，为了他们最终追逐的利润，不受法律保护的犹太人是被排除在这人性之外的。但是莱辛的《智者纳坦》被搬上舞台，在对基督徒批判的同时也强调了一种超越宗教、民族的、真实而神圣的人性，是人之为人的一种本性，这种普遍人性的存在虽然是一种宽容的表示，但是实际上也促进了当时很多思想家对于人性改良的兴趣，将希望寄托在对青年一代进行新式教育上，这种建立在普遍人性基础上的教育运动在德国得到了很多人的支持，包括康德和莱辛等，康德甚至把这个运动称作教育学的一次革命。这种宣扬博爱和人类和睦相处的“对人类的教育”使得人民相信，只有改变人性，才能改变社会，尤其是法国大革命爆发后，这种观点就被很多人接受。这虽然促进了对人的研究和对个体的重视，但是将人性看成唯一能改变社会的手段却是一种唯心主义的做法。这样的人性撇开了人的社会性和具体的现实性，也不承认人性的历史演变和分化，用这样一种似乎为全人类所共有的永恒标准的人性来完成社会的变革和进步，认为人性是历史发展的动力，这样就直接否定了经济、政治等因素在社会发展中所起到的作用。对此，唯物主义认为，社会存在决定社会意识，不是人性决定历史发展，而是社会历史发展决定人性。马克思曾经指出，任何人类历史的第一个前提无疑是有生命的个人的存在。“可以根据意识、宗教或随便别的什么来区别人和动物。一当人们自己开始生产他们所必需的生活资料的时候（这一步是由他们的肉体组织所决定的），他们就开始把自己和动物区别开来。”① 人体现出某种人性，都取决于他进行生产的物质条件。所以无论人的人性是什么，都是历史的产物。没有

① 北京大学哲学系编：《人道主义和异化问题研究》，北京大学出版社1985年版，第57页。

社会的约束和限制，就不会有真正的人性存在，正如吉尔兹所说，我们一出生，就是“不完整的或未完成的动物，我们是通过文化交往才得以完整或完善的”①。如果一个婴儿完全不和人类社会接触，即使生存下来，也不会有区别于其他物种的独特的人性，印度的狼孩就是一个很好的例子。因此人性和人一样都是社会的存在物。同时，人性也不是永恒不变的，在不同的历史发展时期以及由于不同的生活环境、文化教养、心理特征等因素的影响，人性就表现出具体性和可分化性。

需要注意的是，德国市民阶级在重视人性的同时，也从各个方面来加强人性的修养，对于感性的强调就突出地表现了出来。自从沃尔夫和莱布尼兹区别了人的智性和感性后，感性一直是作为一种低级的认识能力而存在的，没有受到过多的重视。鲍姆加登1750年指出美就是感受到的完善，但是他只是认为在沃尔夫的清晰的逻辑学认识方法之前，应该有这样一种感觉的或者朦胧的认识方法，这种认识方法“亦即以感觉形态出现并且一直保持在这种形态中的认识”。② 他虽然肯定了感性，认为每个人都不可能摆脱感性，但是对感性他还是持贬低的态度的。为此，他的学生迈埃尔就谴责道：“你们改善着自己心灵的智性部分，而却完全忽略了低级的感性和兽性的部分。你们有些什么优点！你们都变成了畸形怪胎，有着一个无比庞大的脑袋，其余的躯体却似乎只是脑袋的附属物。”③ 这就证明了在当时的德国对于感性的强调开始逐渐上升，人们意识到了作为人来说，感性和理性都是人不可忽视的部分，只有感性和理性并行甚至是只有通过感性的自由发展和支配才能完整地反映人的本性，才能成为一个完全的人，也才能让整个人类焕发出生机和活力。

正是在西方人性观的这种历史传统和客观现实的背景下，席勒才以人性为起点来对人进行分析，并将人性作为解决社会现实问题的突破口，建构起了自己的美学理论。

---

① ［英］肖恩·塞耶斯：《马克思主义与人性》，颜利译，东方出版社2008年版，第9页。

② ［英］鲍桑葵：《美学史》，张今译，商务印书馆1985年版，第241页。

③ ［德］莱·奥巴莱特、埃·格哈德：《德国启蒙运动时期的文化》，王昭仁、曹其宁译，商务印书馆1990年版，第276页。

二 卢梭和康德人性思想的直接影响

从西方美学思想的发展来看，席勒的思想受到很多人的影响，除了西方传统的大背景之外，卢梭、温克尔曼、康德、歌德等对他的思想产生了一定的作用。不过，对席勒的人性观产生直接影响的，应该是卢梭和康德。席勒在卡尔学校时期就接触卢梭，终身敬爱追随卢梭，甚至将卢梭视为自己精神上的领袖。卢梭的思想也直接影响了康德哲学研究的方向，而在很多著作里，席勒都是作为康德思想的信徒而存在的，尤其是康德的哲学思想直接影响了席勒对于人性的分析和美学思考。因此，席勒的人性观就是在卢梭和康德的直接影响下而形成的，或者说康德是席勒与卢梭之间的媒介。所以要探询席勒的人性观，既要考虑康德与席勒的直接作用，也要注意卢梭与席勒思想之间或显或隐的关系。

1. 卢梭对席勒人性观的影响

在近代法国启蒙运动中，卢梭是最特殊的一位思想家。在当时，启蒙运动如火如荼，科学发展、理性主义作为启蒙运动的主旋律高歌前进。卢梭推崇感性，他以自己独特的情感体验和敏感的思维回溯人类的起源，反思文明的形成，继而向理性提出了质疑，提出了对科学和文明的不同看法，对当时的文明社会提出了强烈的批判。当然，作为启蒙运动中的一分子，卢梭主要从事于社会政治生活的研究，他的著作也大多是论述社会政治方面的问题。他的思想中影响最大的是天赋人权的人性学说和主权在民的社会契约论。但是正如伏尔泰所言，谁不具备他的时代的精神，便要遭受那个时代的所有不幸。卢梭也因此一生饱受诽谤非议和颠沛流离之苦，“独自活着，且又孤独地作战”①。用他自己的话说就是“我在世间就这样孑然一身了。既无兄弟，又无邻人和朋友，也无可去的社交圈子。最愿跟人交往、最有爱人之心的人竟在人们的一致同意下遭到排挤”。虽然卢梭生前不容于当时的时代，但其深邃的思想却深刻地影响着启蒙运动的重心，乃至影响后来的社会的发展方向，从某种意义上来说，卢梭开启了一个时代。“卢梭是另一个牛顿。牛顿完成外界自然的科学，卢梭完成了人的内在宇宙的科学，正如牛顿揭示了外在世界的秩序与规律一样，卢梭则

① ［法］罗曼·罗兰：《卢梭传》，陆琪译，华岳文艺出版社1988年版，第1页。

发现了人的内在本性。”① 席勒是卢梭的精神追随者。在卡尔学校的时候，卢梭对自由的渴求、对当时社会的批判深深影响了席勒。年轻的席勒就决心追随卢梭，1781 年，席勒专门以《卢梭》为题写下诗歌：“我们这个时代的耻辱的墓碑，墓铭使你的祖国永远羞愧，卢梭之墓，我对你表示敬意！和平与安息，愿你在生后享受！和平与安息，你曾白白地寻求，和平与安息，却在此地！何时才能治愈古老的创伤？过去黑暗，所以哲人们死亡！如今文明了，哲人依旧丧生！苏格拉底死在诡辩家手里，卢梭受尽基督徒折磨而死，卢梭—他要把基督徒改造成人。”② 在卢梭去世不久，席勒就在诗中赞叹道：“卢梭之墓，我对你表示敬意！”③ 卢梭提出的很多问题都深深吸引了席勒，如人类的自由和解放、文明与道德的冲突、知识与人性的改造等，席勒沿着卢梭提出的问题进行自己的思考并作出自己的回答，其实质只是同一个问题的不同层面。

（1）卢梭的性善哲学对席勒人性思想的影响

康德曾说：“牛顿第一个把十分简单明了的秩序和规则性带入了人们以前只看到混乱和无联系的杂多现象的外部自然界里，卢梭则在人的五光十色的表现里发现了深藏着的人的本性。”④ 卢梭政治学说是建立在其对人性的独特认识之上的。卢梭渴望建立一个人人平等的社会，但是卢梭认为首先必须要认识人类自身，“我觉得人类的各种知识中最有用而又最不完备的，就是关于‘人’的知识”⑤，只有重新认识人性，才能解决社会上人与人的不平等问题。从人性的方面入手来思考解决政治问题，席勒也正是沿着这条思路开始自己的美学思想的。

性善论是卢梭哲学思想的根本原则和精髓，也是其自然学说的基本前提。卢梭在《社会契约论》中说道：“人生来是自由的，但却无往不在枷锁之中。”这表达出卢梭对于社会禁锢人性的不满。在卢梭看来，人性是至善的，尤其是自然状态中的人是天性善良的，自由是人的根本天性，只

---

① 李凤鸣、姚介厚：《十八世纪法国启蒙运动》，北京出版社 1982 年版，第 201 页。

② ［德］席勒：《席勒全集》，张玉书选编，人民文学出版社 2005 年版，第 16 页。

③ ［苏］洛津斯卡娅：《席勒》，史瑞祥、董政民译，上海译文出版社 1992 年版，第 35 页。

④ ［苏］阿尔森·古留加：《康德传》，贾泽林等译，商务印书馆 1981 年版，第 125—126 页。

⑤ ［法］卢梭：《论人类不平等的起源和基础》，李常山译，商务印书馆 1962 年版，第 62 页。

是随着社会的发展，迫使人性也发生改变，人性才表现出了虚伪、狡诈等恶的倾向。为了说明人性本善的特点，卢梭采用的方法是跨越文明社会的所有东西去探求自然状态中的人，也就是没有被私有制和文明污染过的自然的人。这种“自然状态”下的人是最能够友好相处的，“由于自然状态是每一个人对于自我保存的关心最不妨害他人自我保存的一种状态，所以这种状态最能保持和平，对于人类也是最为适宜的”①。不过卢梭的“自然状态”不同于霍布斯的“自然状态”，霍布斯认为由于人人平等，每个人为了自我保存就会造成彼此侵犯的恐惧不安状态，也就是说霍布斯的自然状态是一种存在普遍争斗的混乱的战争状态，“最糟糕的是人们不断处于暴力死亡的恐惧和危险中，人的生活孤独、贫困、卑鄙、残忍而短寿”②。卢梭反对这种充满战争味道的自然状态。在卢梭这里，“自然状态”是他预设的一种人性的完满的标本，是在私有制和文明社会出现之前的人类的原始社会时期，在那时候，人们“没有农工业、没有语言、没有住所、没有战争，彼此间也没有任何联系，他对于同类既无所需求，也无加害意图”③。由于不存在任何经济或者政治的依赖，人与人之间就只是具有对同类的同情心和怜悯心，“我相信在这里可以看出两个先于理性而存在的原理：一个原理使我们热烈地关切我们的幸福和我们自己的保存；另一个原理使我们在看到任何有感觉的生物、主要是我们的同类遭受灭亡或痛苦的时候，会感到一种天然的憎恶。我们的精神活动能够使这两个原理相互协调并且配合起来”④。卢梭认为，原始人的欲望不是很强烈，同时又受到怜悯心等有益的约束，所以原始人之间不容易发生十分危险的争执，“人类天生是善良的”。但是卢梭也指出在自然状态中的人由于没有道德上的关系，所以是无所谓善恶的，但是就是这种无意识的善恶状态才产生了人类整体的善。卢梭在《论不平等》一文中对自然状态以及自然状态中的原始人进行了详尽的描写，在卢梭看来，自然状态非但不是充满了混乱和战争，而是真正的没有战争、没有农业和工业的和谐与平等，

---

① ［法］卢梭：《论人类不平等的起源与基础》，李常山译，商务印书馆 1962 年版，第 98 页。

② ［英］霍布斯：《利维坦》，黎思复、黎廷弼译，商务印书馆 1985 年版，第 95 页。

③ ［法］卢梭：《论人类不平等的起源与基础》，李常山译，商务印书馆 1962 年版，第 106 页。

④ 同上书，第 67 页。

自然状态中的人，或者确切地说是原始社会中的人，完全属于大自然的一部分，完全受自然控制，有着不受工具理性支配的天性的美德。卢梭认为这才是真正的完满的人性，这与我们古人所说的“人之初，性本善”意思类同。

卢梭的这种性善论不但动摇了基督教的性恶论，也带来了他对原始社会的推崇和对文明社会的批判。卢梭对原始人生活的自然状态大加赞美，在卢梭所描绘的自然状态中的原始人，生理上要比现代人更协调，心理上比现代人更加高尚、质朴，他们没有现代人所具有的不道德的现象。人们依靠自身和自然，平等相处，过着简单、健康、和平的生活。相对于原始人，卢梭认为现代人是退步的。这种对现代人的轻视和对原始人的礼赞使他受到了同时代人的一致指责。对此伏尔泰读完《论人类不平等的起源和基础》，致信嘲讽卢梭说：“我收到了你反对人类的新著，我感谢你。没有人会动用如此心力来教唆人类返回动物状态。读尊著，使人渴慕四脚爬行。”① 的确，卢梭对原始社会的这种自然状态的推崇确实给人一种复古的嫌疑，但是，康德理解了卢梭的真实用意：“他的著作……其实并没有提出人们应该返回自然状态去，而只认为人们应该从他们目前所达到的水准去回顾它。”② 如果复原卢梭所处的时代，我们就能明白，这其实也是对当时法国社会不公正现象的不满。正如卡西尔所说：“卢梭试图把伽利略在研究自然现象中所采取的假设法引入到道德科学的领域中来，他深信只有靠这种‘假设的和有条件的推理’方法，我们才能达到对人之本性的真正理解。卢梭关于自然状态的描述并不是想要作为一个关于过去的历史记事，它乃是一个用来为人类描画新的未来并使之产生的符号建筑物。”③ 的确，卢梭的思想不是关于既成事物的理论，也不是描述现成事实，他笔下的自然状态也不是人类历史中的真实的原始社会，卢梭自己也认为这种自然状态可能从没有出现过，但是卢梭的这种假设正证明他对人的真正关注，他将人性与历史的发展联系到了一起，表达了他对于一个公平社会的渴望与梦想。“让我们抛开事实来讨论，因为它们对于问题的解

① 朱学勤：《道德理想国的覆灭》，生活·读书·新知三联书店 1994 年版，第 23 页。

② ［德］卡西尔：《卢梭·康德·歌德》，刘东译，生活·读书·新知三联书店 1992 年版，第 11 页。

③ ［德］恩斯特·卡希尔：《人论》，甘阳译，上海译文出版社 2004 年版，第 85 页。

决没有作用。我们将研究的…必定不被当作历史真理来处理，而是仅仅被视为条件的以及假设的推论。"① 卢梭的所有思想都是从这个人性假设开始的。卢梭认为人生来是平等的，天性都是善良的，同时人也具有与动物相区别的自我完善能力，这种自我完善能力使人类不断克服困难而实现自我保全，也因此使人类的理性趋于完善，在理性和智慧的作用下，人类通过技术而走向了文明，"这就是走向不平等的第一步，同时也是走向邪恶的第一步"，② 这也导致人类出现了私有制和人类不平等现象的出现。卢梭虽然对于文明社会中的人性予以批判，他却相信通过自然教育，通过对现存社会的改革，人们就可以恢复纯净的心灵、美好的性格和质朴的情感，可以"取得人品"，人类依然可以恢复"完美人性"。他的这种思想向前可以追溯到柏拉图，而后则在席勒身上更深刻地体现了出来。

席勒对于社会的批判和对公平社会的渴望和卢梭的精神如出一辙，在对当时德国社会现状进行分析之后，席勒也是从人性分析入手，试图从人性的角度来思考政治问题的解决。与卢梭将目光投向原始社会的自然状态寻找自然人性的完满类似，席勒是从早已经消逝的古希腊社会中找到完满人性的存在的。当然，席勒对古希腊的推崇是和当时德国在温克尔曼的影响下对古希腊的狂热分不开的。歌德曾经指出，是温克尔曼帮助德国人打开了古代的窗口，发现了古希腊这个国家。温克尔曼从古典艺术的发源地—古希腊那里寻找到了"和谐"、"宁静"的艺术理想，"希腊艺术所塑造的形象，在一切剧烈的情感中都表现出一种伟大的平衡心灵。表现这样一个伟大的心灵远远超越了描绘优美的自然"③。在当时，德国社会掀起了对希腊文化的研究热潮，连席勒的好友洪堡也对古希腊文化推崇备至。"希腊人对我们来说不仅是一个需要从历史角度去认识的民族，而且是一个理想……希腊人在我们心目中的地位，一如众神在他们心目中的地位……没有任何现代之物堪与古典时代相并论。因为，现代必定缺乏古典文化的气息，这种气息乃是一种独一无二的精神，它并非属于某一时代的

① ［美］威尔·杜兰：《卢梭与大革命》，东方出版社 1998 年版，第 50 页。

② ［法］卢梭：《论人类不平等的起源和基础》，李常山译，商务印书馆 1962 年版，第 118 页。

③ ［德］温克尔曼：《论古代艺术》，邵大箴译，中国人民大学出版社 1989 年版，第 41 页。

创造者，而是为整个民族和时代所有。”[①] 由此可见当时德国学界对于希腊文化的狂热程度。席勒也不例外，早在1785年，席勒在给一个丹麦旅游者的书信——《曼海姆的古代艺术珍品陈列室》[②] 中，他就对曼海姆古代艺术珍品陈列室里的古希腊艺术珍品给予了极高的评价，称其是最高的真和美的典范，“希腊人绝望地进行哲学探索，同样绝望地信仰着和行动着——确认没有比我们更高尚的人。人们深思着他们的艺术作品，而疑问也就自行化解。希腊人仅仅是把他们的神当作比较高尚的人来描绘，同时他们的人也就接近神了”[③]。因此，在1788年创作的《希腊诸神》中，席勒也用自己热情洋溢的语言赞颂了古希腊人神和谐的时代。席勒在思索人性的时候，和卢梭一样，他预设了一个完美的人性存在，只是和卢梭回归原始不同，席勒选择了西方文明的发源地希腊，认为只有希腊人身上才体现着完整和谐的人性。“他们既有丰富的形式，又有丰富的内容；既善于哲学思考，又长于形象创造，既温柔，又刚毅，他们把想象的青春和理性的成年结合在一个完美的人性里。”[④] 席勒并没有如卢梭一样详细地描述自然状态下的人的各种表现，席勒用自己的诗歌和哲思来为世人描绘出古希腊和谐美好的场面。他和卢梭一样看到了现代社会对人性的分裂，只是卢梭意图建立一个契约型的社会来调整人与人之间的关系，而席勒注意的是人的内在天性的分裂导致人的不和谐状态的事实，“人的天性和内在联系就要被撕裂开来。一种破坏的纷争就要分裂本来处于和谐状态的人的各种力量”[⑤]。因此他呼吁人们以古希腊的人性为范本来塑造人性、改造社会。他和卢梭一样坚信，通过一定的教育手段，人性是可以回复完满，是可以达到至善的。

（2）卢梭的自然学说对席勒人性观的影响

“自然”是卢梭所有思想的基本出发点。“自然”一词在古希腊时期

---

① 姚小平：《洪堡特——人文研究和语言研究》，外语教学与研究出版社1995年版，第27页。

② 1767年由德国选的帝侯卡尔·特奥多尔公爵创建的，歌德也曾访问参观过，并在他的自传《诗与真》第二卷中有记载。

③ 蒋孔阳：《德国古典美学》，商务印书馆1997年版，第183页。

④ ［德］席勒：《审美教育书简》，冯至、范大灿译，上海人民出版社2003年版，第44页。

⑤ 同上。

的含义是："涌现和无蔽状态，是指事物充分真实显现自身。"[①] 后来多指的是自然物总和的自然界。按照丹麦著名史学家霍甫丁的说法，卢梭使用"自然"这个词的时候，是从神学、自然历史和心理学这三种不同的层面上交错使用这一概念的，人的感性也是属于卢梭自然学说中的一部分。卢梭抛弃了霍布斯自然学说中的性恶论，也剔除了洛克自然学说中的理性作用，卢梭的自然说中的自然可以理解是一种充满感性的存在，是理性产生作用之前的一种无意识的和谐状态；也可以理解为没有人类参与的事物本来的面目。其实卢梭所说的自然状态一般都认为是人的史前状态，而人在史前状态的种种活动中表现出来的自然人性是至善而完满的。这也是席勒对文明社会进行批判的基础和参照物。以此为起点，卢梭对理性至上产生了质疑，对人的感性存在给予了充分的关注。

卢梭认为人是感性和理性的结合体，在人的身上充斥着这两种不同的取向。"其中一个本原促使人去研究永恒的真理，去爱正义和美德，进入智者怡然沉思的知识的领域；而另一个本原则使人故步自封，受自己的感官的奴役，受欲念的奴役；而欲念是感官的指使者，正是由于它们才妨碍着他接受第一个本原对他的种种启示。"[②] 卢梭在对人进行考察的时候，做得比前人更加彻底，他直接剥除了人"所能接受的一切超自然的天赋"和"仅因长期进步才能获得的一切人为的能力"，将人与动物进行了对比，找到了人和动物的根本区别——自由。"在禽兽的动作中，自然支配一切，而人则以自由主动者的资格参与其本身的动作。禽兽根据本能决定取舍，而人则通过自由行为决定取舍。"[③] 也就是说人的理性是人区别于动物的主要特点。但是，卢梭发现，欲念是人和动物作为自然界的生物所共有的，在这点上人和动物没有什么区别，都是要顺从本能的驱使，这点类似于中国古代庄子所说的"'道'通为一"。把人看作感性和理性的结合体，这种观点向上可以追溯到古希腊，向下我们可以在席勒的人性观里清楚地看到回应。但是卢梭所处的时代并不是不存在对欲望的追逐，相反，欲望无度，用同时代的孟德斯鸠的话说："在这个国家里，所有的情

① 曹孟勤：《自然与自然界》，载《自然辩证法研究》2005 年第 4 期，第 17 页。

② ［法］卢梭：《爱弥儿》，李平沤译，商务印书馆 1978 年版，第 397 页。

③ ［法］卢梭：《论人类不平等的起源和基础》，李常山译，商务印书馆 1962 年版，第 82 页。

欲都不受约束；憎恨、羡慕、忌妒、对发财致富出人头地的热望，都极为广泛地表现出来。要不是这样的话，这个国家就要像一个被疾病折磨的人，因为没有力气，终于没有情欲。”[①] 而卢梭所认为的感性不是这种技术理性支持下所产生的人性的恶劣状态，而是一种自然的、本能的感性存在，是最原始的、纯洁无瑕的、最自然的人性显现。之所以如此推崇感性，是和当时社会理性至上的现状有关。

作为18世纪启蒙运动中的一员和浪漫主义运动的先驱，卢梭和其他思想家一样反对封建专制和宗教神权。西方自古希腊开始，就有对于理性的力量的认识，恩格斯在对《反杜林论》正文所作的补充和修正中指出：“阿那克萨哥拉第一个说，……理性支配着世界。”马克思在关于伊壁鸠鲁哲学的笔记中指出：“从诡辩学派和苏格拉底起，潜在地以阿那克萨哥拉起，情况就发生了变化。观念性本身通过自己的直接形式即主体精神而构成了哲学的原则。”[②] 而在18世纪的法国，理性是当时思想家批判专制统治和宗教迷信的强大武器，理性被认为是实现政治民主、权力平等和个人自由的唯一武器。这种呼吁来源于自然科学给人类带来的进步和当时人们对于科学理性主义的乐观。整个18世纪的人们都对理性充满着不容置疑的坚信，认为通过科学的理性，人类可以充分认识自然和推动社会的进步，理性是人们行为的唯一尺度。当时很多的思想家，如伏尔泰、孟德斯鸠、狄德罗、霍尔巴哈等都是理性的坚定信奉者，他们相信理性是引导人们去发现和确立真理的独创性的力量，它能使人穿透一切迷雾，认识一切未知，使任何形式的专制暴政都维持不下去。[③] 但是由于当时大多数的启蒙思想家代表的是资产阶级的利益，所倡导的理性也就既包含有反对世俗与神权专制的一面，又不可避免地带有功利主义的一面，因此如雪莱便批评这种理性主义为自私自利的哲学，指出它会导致富者越来越富，穷者越来越穷。卢梭在对文明进行批判的同时，也对理性至上的状况进行了强烈的批判，认为启蒙思想家们夸大了理性的作用，“他们不承认任何外界的权威，不管这种权威是什么样的。宗教、自然观、社会、国家制度，一切

---

① ［法］孟德斯鸠：《论法的精神》，张雁深译，商务印书馆1982年版，第320页。

② 温纯如：《康德和费希特的自我学说》，社会科学文献出版社1995年版，第161—162页。

③ 肖雪慧：《理性人格——伏尔泰》，长江文艺出版社1996年版，第204页。

都受到了最无情的批判；一切都必须在理性的法庭面前为自己的存在作辩护或者放弃存在的权利。思维者的悟性成了衡量一切的唯一尺度”①。在当时的启蒙运动中，理性取代启示、科学取代神学成为人类知识和行为的最终仲裁者，除此之外，没有任何其他权威，一种新的以理性为核心的世界观在逐渐形成。对此，卢梭站在理性主义盛行的时代却深刻地洞察了理性的局限，指出虽然理性不断地解放人们的生产力，给社会带来了巨大的物质财富，人们的生活前所未有的富足，但理性的高扬也造成了人们对技术理性的依赖，压抑人的意志、情感和内在的体验，人成为理性的工具，面临被异化的危险。针对启蒙思想家试图用自然科学的规律来解决一切人和事物的态度，卢梭对理性的扩张深表忧虑。他以警世者的口吻大声疾呼：“科学与艺术乃是诞生于我们的罪恶。”梯利在《西方哲学史》中指出：“在卢梭那里，道德和宗教不是推理思维的事，而是自然的感情问题。人的价值不在于他有智慧，乃在于他有道德的本性，这种本性本质上是感情：唯善良的愿望具有绝对的价值。卢梭强调情操作为精神生活因素的重要性，否定理性的发展能够使人完善。”②

卢梭对理性批判的武器是对感性的推崇。他说“身体是社会的基础，精神就是社会的装饰”。当然，卢梭所指的感性多是指自然和情感，“我作了一番大概从无先例的最热情、最真诚的探询之后，我决定在我的一生中选择感情这个东西”。在当时启蒙运动时期，被誉为“浪漫主义的开山之作”《新爱洛绮丝》中，卢梭极力赞美了乡村的自然风光和农民的淳朴生活方式，他以极为充沛的感情描写了阿尔卑斯山脉的美，巍峨的山峦、优美的湖岸、宁静的村庄、纯朴的农夫，将一幅人与自然和谐相处的画面展现在读者面前，以至于法国文学理论家圣勃夫说：“卢梭是第一个使我国文学里充满了青翠绿意的作家”。③ 除了自然风光外，卢梭特别注重人的情感，他所理解的情感和当时法国上流社会流行的放纵的情感不同，而是人类向善的一种纯洁的感情，例如爱情。在卢梭看来，爱情是人类最美好的一种情感，是无法用理智来衡量的。针对当时启蒙思想家认为理智指

---

① ［德］恩格斯：《社会主义从空想到科学的发展》，中共中央编译局译，人民出版社 1972 年版，第 35 页。

② ［美］梯利：《西方哲学史》，葛力译，商务印书馆 1979 年版，第 155 页。

③ 伍厚恺：《孤独的散步者：卢梭》，四川人民出版社 1997 年版，第 116 页。

导人的一切活动的说法，卢梭指出了感性在人的行动中的巨大作用，他认为在人的一切官能中，由于理智是由其他各种官能综合而成，因此发展最慢。而人的心灵是以感觉为门户的，理性来自感性经验的综合，因此，用理性去对人进行教育，就是把目的当成了手段，是一种本末倒置的做法。这里我们需要明确的是，卢梭反对的是当时启蒙思想家将理性奉为生活的绝对尺度的做法，认为理性的冷漠算计使现代文明人不仅对同胞的苦难视而不见，缺少同情心而且毫无内疚地在“他人的不幸中追求自己的利益”。[①] 所以卢梭在自己的著作中都充分表现自己的情感，字里行间都洋溢着热情，感染着读者，拉马丁说：“卢梭是法国第一位情感作家。”[②] 这种突出个人情感的写法鲜明地突出了人的主体地位，体现了情感自由和对自然的礼赞，也直接影响了德国 18 世纪七八十年代的“狂飙突进运动”。德国古典哲学的创始人康德就深受卢梭的影响，并从对自然的研究转向对人性的研究。康德也认为人是感性的存在，但是康德的感性终究还是淹没在理性的天空中，席勒才是全面接受并且批判了卢梭的关于感性的学说。曾经做过军医的席勒和卢梭一样重视人的感性存在，只是和卢梭的“活着的自然”相比，席勒的自然变得观念化了，“对自然的兴趣基于一种观念，它只能在观念敏感的心灵中出现”[③]，但是席勒为感性在现实世界里开辟了一条出路。

2. 康德对席勒人性观的影响

德国诗人海涅曾说，法国人发动了一场政治和社会的革命，而德国人则在思想领域发动了另一场革命，而且其意义不亚于法国大革命。西方哲学数千年来致力于对世界本原的寻找，也形成了一个强大的形而上学的传统，而康德则将研究对象从外界回归人类自身，考察人的认识能力本身，这样就直接移动了哲学研究的重点，人才真正成为研究的对象。产生于英国和法国的启蒙运动认为人具有理性，理性可以让人对自己负责而不必依靠外界。英国人培根的名言：“知识就是力量”就反映了时代的精神。作为启蒙运动中的一员，康德深谙启蒙运动的精神实质，他在《什么是启

① ［法］卢梭：《论人类不平等的起源和基础》，李常山译，商务印书馆 1962 年版，第 102 页。

② 伍厚恺：《孤独的散步者：卢梭》，四川人民出版社 1997 年版，第 99 页。

③ 毛崇杰：《席勒的人本主义美学》，湖南人民出版社 1987 年版，第 93 页。

蒙运动》一文中说："鼓起勇气去使用你的头脑！这就是启蒙运动的座右铭！"这句话充分展现了启蒙运动的本质——让理性统治世界，也注定了康德必然以理性的目光来看待人的一切，包括人性。康德早期深受欧洲唯理论和经验论哲学的影响，但是"真正决定康德哲学，使其具有积极内容的，并不是唯理论或经验论这些哲学派别，也不是任何哲学家，而是以牛顿为代表的当时自然科学思潮和以卢梭为代表的当时法国的革命浪潮，牛顿和卢梭才是真正影响康德的两个最有力量的人"。[①] 牛顿的科学试验曾和卢梭的丰富的感性理论都是康德哲学产生的土壤，尤其是卢梭，在康德思想形成过程中为他指明了终生不渝的那个方向，康德在对卢梭的吸收和阐发中形成了自己的伟大体系。"卢梭纠正了我，盲目的偏见消失了；我学会了尊重人性，而且假如我不是相信这种见解能够有助于所有其他人去确立人权的话，我便应把自己看得比普通劳工还不如。"[②] 所以康德提出"人是目的"，"无论是对你自己或对别的人，任何情况下把人当作目的，决不只当作工具"[③]。康德开始致力于对人的本质、命运的考察和探究，把人的问题、伦理道德问题放在其哲学体系的主导地位，但是康德很少在自己的著作中直接论及人性，他的人性观来自其批判的哲学体系。众所周知，康德的《纯粹理性批判》《实践理性批判》和《判断力批判》构成了一个真、善、美统一的先验哲学体系，康德哲学的目的是要确立人的最高本质，确立"人"在自然界和在社会中的主宰地位。康德把人的心理机能三分知、情、意，也就是认识机能，愉快及不愉快的情感，欲求机能。他运用先验综合的方法，从知、意、情主体功能出发，力图在自己的哲学体系中体现人的全部认识能力，也就是解决人能认识什么、人应该做什么、人可以希望什么这三大经典哲学命题。在康德的哲学里，人的这种认识能力就是认知能力、评价能力和意志能力，但它们不是来自人的经验认识中，而是一种来自人的心灵的先验的能力，是一种主观的设定，康德的三大批判就阐明了这种能力存在的先验的原则，认为只有人的理性才

① 李泽厚：《批判哲学的批判：康德述评》，生活·读书·新知三联书店 2007 年版，第 17—18 页。

② ［德］卡西尔：《卢梭·康德·歌德》，刘东译，生活·读书·新知三联书店 1992 年版，第 2 页。

③ ［德］康德：《道德形而上学基础》，孙少伟译，九州出版社 2007 年版，第 43 页。

能保证这些先验原则具有普遍性、必然性乃至绝对性，这也就是康德哲学对人的定位——理性才是人的本质。

康德对人性的认识是康德哲学思想的前提和基础。在康德看来，生活在世界上的人都具有两重性，即一方面，人和其他的动物一样，存在于现象界，必须受到自然规律的约束和支配，这一点使人和动物一样都具有生物的物性，或者说是感性。这种感性是人在自然界存在的物质根基，它直接表现为人的现实物质的依赖。作为自然界的一分子，人首先需要满足的就是自己物质性的生存，所以他永远不能完全摆脱本能所决定的欲望和自然界的规律，也不会自发地与具有完全不同的来源的道德法则相符合。[①]所以这种感性是没有独立性可言的，更不存在自由可言，在这种感性层面上，人和动物没有根本的区别，都是感性现象界的一种存在，都只不过是自然机械系统的一个部分，受到因果规律和时间的支配。康德的这种观点可以看做是承袭卢梭，卢梭在《社会契约论》第6章就指出，单纯欲望的冲动乃是奴役，服从自己制定的法律才是自由。这也启发了康德通过人的思维的能动性来囊括一切的观点。但是人又和动物相区别的是人可以不受时间的控制，可以通过理性来超越现象界的确定性和必然性，凭借自由意志成为自己行为的主宰，去追求自己生存的价值，实现自由的存在，所以理性是人之为人的内在依据。"自然中万事万物均依照法则而活动。只有理性的存在者有能力依照对法则的概念而行为，也就是按照原则而行动。这就是说，有一个意志。"[②] 所以康德哲学中的人性从本质上说是一种理性主义的人性观，这种理性观源自古希腊，是西方社会对人性的传统认识，就是从人和动物的比较中发现人的理性的独特能力从而确定人的本质，理性甚至被认为人的根本存在。但是在康德之前，这种理性是具有形而上学性质的独断的理性，而康德的理性是能够对自身反思批判的理性、先验的理性，是包含经验在内的批判的理性，人就是一个包含感性的"有限的理性存在"。通过理性，约束规范可能混乱的感性就成为可能。其实，在康德看来，理性不是多么高深的学问，而是指控制了感性的道德即意志。这里需要注意的是，康德的哲学中人作为一个具有二重性的理性存在物而存在的，感性和理性是一直真实地处于对抗状态。虽然康德对理

---

① ［德］康德：《实践理性批判》，邓晓芒译，人民出版社2003年版，第114—115页。

② ［德］康德：《道德形而上学基础》，孙少伟译，九州出版社2007年版，第27页。

性偏爱，但是他深刻的意识到感性存在的强大力量和相对价值，也无法将感性剔除出去，所以他试图用理性来驾驭和统领感性，以此来解决二者之间的对立，来实现“人是目的”这样一个普遍有效适用于任何经验条件的先验原理。康德说：“人类，就其属于感性世界而言，乃是一个有所需求的存在者，并且在这个范围内，他的理性对于感性就总有一种不能推卸的使命，那就是要顾虑感性方面的利益，并且为谋今生的幸福和来生的幸福（如果可能的话），而为自己立下一些实践的准则。”① 而这点，康德对人的先验认识能力的理解和心理结构的划分都深深影响着席勒，从某种意义上说，席勒的人性观就是康德人性学说的翻版，影响其形成有关人性、审美等基本思想的形成。人是一种两重性的存在，这同样也是席勒人性观的出发点，因为“在动物和植物身上，自然只表现规定，并且自己已使它具体化。自然却把规定赋予人，让他自己去体现。只有这才使他成为人”②。席勒将感性和理性在观念里抽象化为状态和人格，二者必须有机组合、相互依存、完整统一才构成完整的人性。但是在其中起主导作用的，仍然是人格，也就是康德的理性。所以从本质上说，席勒、康德一样都是一种理性主义的人性观，只是，席勒早年学医的经历使他对于人的感性的认识比康德更为深刻，在他的第一篇医学论文中，他就表现出对精神和肉体统一性的认识，甚至认为人的感性活动和认识也可以达到科学的真理，虽然他并没有就此继续深入下去，但是他在这方面还是比康德更多地接近了现实世界，而不是仅仅用思维来囊括一切。

在康德看来，由于人的二重性存在，人就必然存在着不同的追求：人作为感性的存在物，必然要求欲望的彻底满足，而作为理性的存在物，人不受感性支配，只是听从自由意志的支配。这样，一个必须在感性范围内实现，另一个就必须离开感性，二者无法在现实世界中结合在一起。“我们纵然极其严格地执行道德律令，也不能因此就期望幸福与德行能够在尘世上必然地结合起来。”③ 这种矛盾让康德觉得困难重重，因此，康德构筑一个“至善”的无矛盾的境界的存在，力图消解或解决人性中这种感性和理性的矛盾，使二者达到统一。康德认为感性的人要求的是实现幸

① ［德］康德：《实践理性批判》，关文运译，商务出版社 1960 年版，第 61 页。

② 张玉能：《秀美与尊严》，文化艺术出版社 1996 年版，第 124 页。

③ ［德］康德：《实践理性批判》，关文运译，商务出版社 1960 年版，第 117 页。

福，而理性的人所追求的是道德，这种“至善”就是幸福和道德的绝对统一，人依照德行来配享幸福。但是由于康德的感性世界都必须到理性世界去寻找最终原因，理性才是最终的实现者，所以在康德那里这种“至善”是很难在人的现实世界中达到，“至善”只是一个道德理想，是先验必然性的概念。因为在康德的道德哲学里，道德的善是来自于人的先天的理性（实践理性），这种先验性就保证了其普遍必然性，善之所以为善，不在于是否满足人的某种欲望，也就是“无利害”原则，这种善的行为发端于自由意志，使“他律”转化为“自律”，从而体现了人的自由。但是，这个“至善”是属于先天综合了幸福和道德的统一体，它无法在感性的世界里得到实现，“因为我不但有权利把我地存在也思想为知性世界中地一个本体，而且我还在道德律令中有一种关于我地（在感性世界中）原因性地纯粹理智地决定原则，所以意向地道德就不见得不可能作为一个原因，而与幸福（作为感性世界中地一个结果）发生一种纵非直接、也是间接（通过一个睿智地造物主）、并且确是必然地联系”①。所以这种只能在超感世界实现的至善只能是一种理想，也是人性完善的最高目标。人只是无限地靠近至善而无法在现实世界里达到至善。席勒虽然用抽象的哲学语言表达出这方面的意思，但是他认同康德的结论，他在 1794 年的《审美教育书简》中就说：“在康德体系的实践哲学中居主要地位的那些思想，只在哲学家当中有不同的看法，而一般人的意见——我自信能够证明——从来就是一致的。如果把这些思想从它们的专门术语中解脱出来，它们就成为一般理性的至理名言与道德本能的事实；而道德本能是智慧的自然为监护人类而设置的，直到人类有了明澈的认识而变得成熟为止。”②这种至善的理想也在席勒的美学思想里体现了出来。

善恶的问题是康德伦理学《实践理性批判》的核心，因为所有的理性都必须在现实中得到体现，涉及现实行为，这就涉及善恶的问题。只是康德不同意经验主义、幸福主义的善恶观，也不同意 18 世纪法国的一些哲学家所宣扬的自利主义的观点，康德认为他们把善恶同快乐、痛苦联系起来，是将行为本身与行为结果混淆在一起。康德将善恶看作来源于主体本身并且与主体意志相关，理性法则决定着主体意志该如何行为，这样，

---

① ［德］康德：《实践理性批判》，关文运译，商务出版社 1960 年版，第 117—118 页。

② ［德］席勒：《审美教育书简》，冯至、范大灿译，上海人民出版社 2003 年版，第 15 页。

行为的善恶就在于行为的方式和行为本身，康德对善和恶做了规定，认为善恶是“作为通过自由而可以得到的一种结果来看的那一个客体观念……意志对可以实现那个对象（或其反面）的那种行为的关系”①。也就是说在康德这里，善或者恶不涉及对象的具体内容，而只是实践理性的对象概念，“善恶乃是自由在决定人的行为时所产生的效果”。② 所以善恶的来源还是来自于康德所说的先验理性。但是对于人性是善还是恶，康德并没有如以前的思想家那样偏执一端，而是在看到二者的片面性后进行了刻意的调和。康德认为，人性是善恶共存的，既具有向善的禀赋，也具有恶的倾向。善的禀赋是生而具有的，康德将其概括为人的动物性禀赋，人性禀赋，人格性禀赋，这是作为生命体存在的自然资质，或者说这种善也不是真正的善，只是一种最初的存在，并不与理性相冲突。人性中也存在恶的倾向，当然，康德用“倾向”与“禀赋”相区别，指出了人性的可塑性和易变性，这也为后来的教育留出了空间。这种思想也类似于儒家的“人之初，性本善，性相近，习相远”。当然，二者在善恶的问题上是有本质上不同的。康德指出，人性中的趋恶倾向也是有层次的，人性的脆弱、人心的不纯正和人心的恶劣使人可以表现出恶的不同程度。但是这种恶的倾向只是一种可能，而不是一种得到肯定的现实。现实中的恶是一种行为表现出来的结果，而人性的恶只是恶的一种主观依据，要成为现实必须通过人的主观行为来表现。而按照康德的说法，人的行为是受实践理性的支配，而人在善恶的表现中就体现出人的自由意志的特性，体现了人的主动性和理性的本质。

人性中有自然之善，虽然存在恶的倾向，甚至社会中也会表现出各种各样的恶，但是康德依然很乐观，他相信通过理性，通过人的自由意志，最终人会趋于至善。虽然他的善多指的是伦理层面，但是这种自然之善→伦理之恶→伦理之善的运动将人放到了主动的主体地位，将力量放在人的内心，让人自己成为拯救自己的天使，通过人的自律来实现从恶到善的转变。这样，人就扮演了此前神所扮演的角色，人成为自己命运的主角，而不是将命运托付给神或者上帝。可以说，康德的人性观虽然没有太多的详

① ［德］康德：《实践理性批判》，关文运译，商务出版社 1960 年版，第 58 页。

② 李泽厚：《批判哲学的批判——康德述评》，生活·读书·新知三联书店 2007 年版，第 316 页。

细叙述，但是在他的哲学批判思想里，他通过思辨的逻辑演绎，凭借理性的力量完成了人的能动性的重新确定。康德将决定权交到每个人的手中，使人人成为自己的救世主，自我的拯救就成为可能。我们必须看到，康德虽然也重视感性的作用，但是他主要还是在认识论的框架中探讨感性问题，而审美作为沟通现象与自由、主观与客观的途径，也仅仅是一种心理功能。在康德的审美本体论中，道德本体是康德最为关注的，在康德看来，善才是人性最后的统一，善才是康德最后的目的所在。而对于席勒来说，人性的分裂也同样可以通过自我来实现弥合，但是必须突破康德的对美学的这种限制，将人性和美放在主客观统一的基础之上。虽然二人实现人性至善的路途并不一致，但是人性中的主动都不再属于外在的任何东西，而只是属于人自己，属于人的理性。

第二章　席勒美学思想的德国现实社会基础

现实是席勒美学思想的出发点，这是我们研究席勒美学思想的前提。他之所以进行哲学和美学研究，是在看到自己所推崇的暴力革命无法实现既有目的的情况下而寻找的另外一种革命方式，为苦难的德国寻找一条可能的出路。因此，席勒并不是为美学而进行美学思考，而是隐含着明显的现实目的，即实现德国的政治发展问题。这也是那个时代一切先进的德国人所致力于追求的目标。因此席勒思想的起点很高，处于时代的高峰，他思想中所包含的许多现代性的内容体现着他思想的前瞻性，对后现代文化思潮产生深远的影响。因此，我们对席勒美学思想的理解，不能仅限于单纯的美学问题的范围，必须立足于他所处的时代和他自身的经历来探询其美学思想的深刻意义。

第一节　18 世纪的德国状况

席勒的美学思想来自于对德国现实的关注。在席勒所生活的 18 世纪的德国，政治上四分五裂、经济衰微、阶级分散。恩格斯曾对其时的德国历史状况有一段综述："这是一堆正在腐朽和解体的讨厌的东西，没有一个人感到舒服。国内的手工业、商业、工业和农业极端凋敝。农民、手工业者和企业主遭到双重的苦难——政府的搜刮，商业的不景气。贵族和王公都感到，尽管他们榨尽了臣民的膏血，他们的收入还是弥补不了他们日益庞大的支出。一切都很糟糕，不满情绪笼罩了全国。没有教育，没有影响群众意识的工具，没有出版自由，没有社会舆论，甚至连比较大宗的对外贸易也没有，除了卑鄙和自私什么都没有；一种卑鄙的、奴颜婢膝的、可怜的人习气渗透了全体人民。一切都烂透了，动摇了……因为这个民族连消除已经死亡的制度的腐烂尸骸的力量都没有了。"[①] 这也是席勒所生活的那个时代的缩影。席勒自身的生活经历以及他对与时代的人的观察让他意识到必须寻求个体和国家的政治自由。但是德国的社会基础决定了启蒙运动不可能产生法国大革命式的革命运动。随着启蒙运动在德国的开展，席勒等一些知识分子掀起了狂飙突进运动，他们重视感性，崇尚自然。席勒意识到必须改变人的"破碎化"的生存状态。就是在德国这种特有的社会现实背景下，席勒开始了自由的道路的探求。

一　18 世纪德国的政治和经济状况

神圣罗马帝国建立时就埋下了离心的种子，"德意志民族神圣罗马帝国"是由许多发展不同的部族和部落拼凑起来的，在不断的对外战争中，王权一直没有得到加强，各个部落首领们多依靠自己组织力量来抵御来犯之敌。同时借机扩大自己的势力，提升自己的地位，各部封建贵族在御敌之时也伴随着内部的权力争斗。独立的封建领主权力十分强大，拥有很大的自治权力，可以和国王权力不相上下，甚至可以实际上控制王权。因此，德意志王国一开始就没有建立起统一的国家中央集权制度，国王只是通过"承认公国所保留权力的封建契约"，利用各公爵之间的姻亲关系把各大公国连接在一起，以保证各公爵对自己的忠诚。因此，在德意志民族国家的形成问题上就出现了一个悖论，即虽然一开始德意志神圣罗马帝国就开始四处作战，甚至将罗马、法国等宣布为自己的领土，但始终没有从制度上保证这个国家的中央集权统治。19 世纪法国思想家托克维尔的《旧制度与大革命》中就从国家制度本身以及这种制度对人们的影响的角度来分析了法国大革命爆发的原因，指出中央集权制度所具有的重要因素。由于法国的制度是"由一个被置于王国中央的唯一实体管理全国政府；由一个大臣来领导几乎全部国内事务；在各省由一个官员来领导一切大小事务；没有一个附属行政机构，或者说，只有事先获准方可活动的部门"。因此在法国，中央政权成为公共社会生活所必需的一个代理人，只有通过国家的介入，社会才能正常运转。因此，"法国没有一个城市、乡镇、村庄、小村、济贫院、学院能在各自的事务中拥有独立意志，能够照

① 《马克思恩格斯全集》第 2 卷，人民出版社 1972 年版，第 633—634 页。

自己意愿处置自己的财产”。[1] 因此，法国大革命之前，中央行政集权所具有的至高无上的权力是德国所缺少的，这是德国无法产生法国那样激烈的革命的重要因素。席勒所生活的时代可以称为德国历史上的“开明君主时代”，但德国正处于三十年战争之后的萧条和专制时期，国土被分割，外国势力插手德国内政，重要的是，通过《威斯特法里亚和约》德意志诸侯完全独立，享有内政、外交上的完全主权，获得了近乎完全的“国家主权”。皇权进一步受到削弱，因此在18世纪的德意志，处于内外夹击的困境中，虽然政治上仍然保持着君主制度，但统一国家仍然是一个梦想。到19世纪初，德国还有360个全主权和1500多个半主权的国家实体，最小的大概要算莱茵角城堡，城堡的伯爵在18世纪时统治着“12名臣民和一名犹太人”。歌德曾经作过这样的无奈的描述：“我们没有一个城市，甚至没有一块地方可以使我们坚定地指出：这就是德国！如果我们在维也纳这样问，答案是：这就是奥地利！如果我们在柏林提出这样的问题，答案是：这里是普鲁士！”

德国在政治上的四分五裂也导致经济上发展的滞后状态。由于各公国、侯国或伯爵领地、男爵地都彼此独立，各有自己的内政、外交、军事，经济活动更多地受到了政治格局的影响，因此，在18世纪的德国，封建主义生产关系仍占统治地位，到处关卡林立，没有统一的度量衡，没有统一的市场，这都严重阻碍了资本主义的发展。而三十年战争使德意志人口大大减少，据估计，仅奥格斯堡的人口由8万人减少到18000人，德意志的人口总体减少了三分之二，“需要二百年的时间才能恢复到三十年战争开始时的经济水平”[2]。席勒所生活的时代可以称为德国历史上的“开明君主时代”，在“国家利益至上”的原则下，弗里德里希二世推行重商主义，鼓励开办手工工厂，不断将新的技术发明应用到工业上以扩大生产，提高生产效率，普鲁士作家亨利希·劳贝（Heinrich Laube，1806—1884年）写道：“一切发明都享有特权和保护。国王的钱柜好像就

① ［法］托克维尔：《旧制度与大革命》，冯棠译，商务印书馆1992年版，第74页。

② ［德］弗兰茨·梅林：《中世纪末期以来的德国史》，张才尧译，生活·读书·新知三联书店1980年版，第53页。

摆在市场上和道路旁等着，谁一有什么发明，就付给报酬。”① 18世纪中叶，德意志从英国引进了第一台蒸汽机，也由此引发了德意志巨大的工业革命和技术革命。而工业发展的同时，商业也得到了一定的发展。工商业发展中利益的追逐使国家制定出一套完整的、敲骨吸髓的税收制度，连当时英国驻普鲁士公使都证实说：“这一新的税收制度真正扼杀了人民对其君主的好感。”为了体现国家对商业的重视，当时很多的著作都是讲授重商主义的“原理”和“措施”，腐化、欺骗和弄虚作假是司空见惯的事情，几乎所有的官职都可以用金钱来买到，甚至贩卖士兵也成为敛财的一个手段。席勒对这一罪行尤其愤慨：“当前，贩卖人的诱惑，虐待者的狂热，比起任何其他丧失理智的行为来都更应该加以讽刺和鞭笞。”② 德克尔在他的讽刺诗《赞美财欲》中说：“过去有人劝政治的阿里斯蒂：做点不那么正大光明然而有利可图的事，被他一口拒绝。如今他可是表现不同了，这又何必讳言？通过利润的诱饵可以看到国家的机密。”③

另外，从社会横向方面看，虽然法国和德国社会中同样存在资产阶级贵族，但各自在国内的地位是完全不一样的。“在英国从十七世纪起，在法国从十八世纪起，富有的、强大的资产阶级就在形成，而在德国则只是从十九世纪初才有所谓的资产阶级。”④ 在17世纪，法国路易十四平定“投石党之乱”，打败了贵族、特权等级的挑战，剥夺了他们的特权，加强了中央集权制度的君主的权力，这样，法国的贵族就处于无权化的地位，对王权的不满与日俱增，也加剧了法国革命的剧烈程度。18世纪的德国却恰恰相反，独立各公国首领拥有很大的自治权利，德意志国家的立国是建立在强大公爵势力相互妥协的基础之上，国王一开始是由公爵推举产生的，因此，各公爵都想尽办法加强自己的实力，并开始逐渐脱离王权的统治。在自己的诸侯国内，公爵享有至高无上的权力。因此，在德国由于贵族依然享有特权，就不具备法国贵族资产阶级的革命性。德意志境内

---

① 丁建弘、李霞：《德国文化：普鲁士精神和文化》，上海社会科学院出版社2003年版，第115页。

② ［德］莱·奥巴莱特、埃·格哈德：《德国启蒙运动时期的文化》，王昭仁、曹其宁译，商务印书馆1990年版，第127页。

③ 同上书，第13页。

④ 李泽厚：《批判哲学的批判——康德述评》，生活·读书·新知三联书店2007年版，第4页。

贵族、资产者、农场主、农民彼此互相依存互相斗争的复杂的社会状况，各个阶层之间分散孤立，“居民的各个等级和各个阶层之间没有共同点，贵族和平民，平民同移民，移民同市民，市民同农民都没有共同点，人们在互相排斥、相互回避，每个人都自成一家，关在自己的圈子里”①。简言之，这种所有人与所有人斗争，既维护自己的利益也损害自己的利益使德国政治、经济、文化都远远落后于其他国家，车尔尼雪夫斯基在一篇文章中把德意志各国的这种情况与古埃及等国家相提并论：“贵族看不起官吏，但也受到朝臣的蔑视。官吏在世袭贵族面前卑躬屈膝，却又傲睨商人，而商人则鄙薄手工业者。最后，谁都瞧不起的老百姓又妄自菲薄。”②而当时资本主义经济发展而产生的德国资产阶级成长艰难，力量分散，经济地位的低下，还没有政治地位和影响，甚至在一定程度上还依附于封建主，造成了他们在政治上的软弱性、妥协性。因此这就能说明德国资产阶级在法国大革命的血腥面前的软弱与退缩，他们对法国大革命的矛盾态度也就能不难理解。席勒在法国大革命之后的态度也是德国资产阶级的典型代表。席勒开始对他之前戏剧作品中所宣扬的暴力革命手段表示了怀疑，这一点可以从他中断戏剧创作投入历史研究得到证明。对法国大革命的这种反应在当时的德国是很普遍的。曾经和席勒一样获得法兰西共和国公民证的诗人克洛普施托克，积极拥护法国大革命，在其诗歌《是他们而不是我们》中公开呐喊：“啊！不是我的祖国而是法国，登上了自由之峰，给各国民众做出了榜样！我的祖国没有享受到这种无上的光荣，没有折取这一不朽的圣枝。”而在1793年雅各宾党人的断头机开始制造流血事件的时候，他创作《我的错误》将法国称为“吃人的民族”，并且为自己当初的选择而后悔。曾经赞同法国大革命的康德在雅各宾专政之后也动摇了，“我们亲见这场极有才华的民族的革命在我们面前进行，它可能成功或失败。它充满如此的悲惨和恐怖，以致任何善于思索的人决不会再以这样的代价来决心从事这样的试验了。就是这场革命，我要说，它再未卷入其演

① 丁建弘、李霞：《德国文化：普鲁士精神和文化》，上海社会科学院出版社2003年版，第124页。

② ［苏］洛津斯卡娅：《席勒》，史瑞祥、董政民译，上海译文出版社1992年版，第4页。

出的观察者心上，却唤起一种几乎是狂热的同情”[①]。席勒也未能免俗。德国的学者保尔·弗理德伦代尔说得好：“席勒只能站在远处品评着革命舞台，因为他生活在德国，生活在一个由于经济的落后性和政治上分裂状态而缺乏强有力的资产阶级的国家”。[②] 所以康德、费希特、黑格尔等“所有这些当初为革命欢欣鼓舞的朋友现在都变成了革命的最疯狂的敌人”[③]，也是同样的原因。席勒放弃了对暴力革命的推崇，开始重新寻找卢梭提出的问题的答案。

二 启蒙运动和狂飙突进运动

在17、18世纪的欧洲，启蒙运动是主流的思想文化运动，这也是欧洲政治、经济等社会矛盾在思想上的反映。17世纪启蒙运动最先在资本主义经济发展迅速的英国的一些思想家那里形成，然后在法国形成运动的高峰，并迅速影响到德国、意大利、西班牙等欧洲各国，使欧洲各国走向了思想革命的高潮。因此，从发生的时间上看，德国启蒙运动要比英国、法国晚一些，自然就受到了这两个国家启蒙运动的影响。由于各个国家的社会政治经济状况不同，德国的启蒙运动在追求目标和表现形式上也就与英法两国不同，民族统一成为德国启蒙运动的目标之一。由于德国的封建主义势力异常强大，资产阶级本身软弱，缺乏担负起反封建的实际革命任务的能力，因此，虽然在现实无法实现革命反抗，但这种反抗意识却深深体现在知识分子的思想意识里。德语的兴起和对法国文化的反抗就是这种民族统一意识在文化上的反映。因此，德国的启蒙运动不是英法启蒙运动的翻版，而有着自己独立的目标和特点。同时，思想家们的理论深度使德国启蒙运动的发展超出自身而走向了对自身的反思批判，引发了哲学上历史性的革命，也导致了文化上狂飙突进运动的产生。席勒生活的年代，正是德国启蒙运动的末期和狂飙突进运动的兴盛时期，他的思想自然深受时代精神的浸染，席勒热情地投身到了这场文化运动的时代洪流中，以自己

① 《系科之争》第2篇，转引自《批判哲学的批判——康德述评》李泽厚，生活·读书·新知三联书店2007年版，第7页。

② ［德］卡尔·马克思：《马克思1844年经济学哲学手稿》，编译局译，人民出版社2000年版，第79页。

③ 毛崇杰：《席勒的人本主义美学》，湖南人民出版社1987年版，第9页。

的文艺创作成为德国狂飙突进运动的健将，既把德国文学从狭隘的范围引入广阔的社会生活，也促进了德国美学的新的发展。因此，席勒美学思想的形成与德国启蒙运动与狂飙突进运动的社会文化背景是分不开的，只有在这个广阔的文化运动的背景下，才能更好地理解席勒美学思想的意义所在。

康德曾经解释启蒙运动的本质道："启蒙就是人结束他咎由自取的未成年状态。所谓未成年，就是说一个人如果不假他人的引导，就不能使用自己的头脑。倘若其原因不在于缺乏头脑，而在于没有他人的引导就没有决心和勇气使用自己的头脑，那么这种未成年就是咎由自取。鼓起勇气去使用你的头脑。"① 这句话充分展现了启蒙运动的本质——让理性统治世界。启蒙运动认为人具有理性，理性可以让人对自己负责而不必依靠外界。英国人培根的名言："知识就是力量"就反映了时代对理性的肯定和呼唤。自然科学和唯物主义哲学的发展使启蒙运动高举理性的旗帜，矛头直指封建社会的种种传统，反对教会和迷信，倡导文化的教育普及和思想解放，对人权、自由和平等提出了更多的要求，幻想建立一个合乎理性的国家。但是在理性主义的共同旗帜下，英国和法国的启蒙运动的却有着不同的内容。英国启蒙主义者崇尚理性，但更推崇科学，注重科学对现实生活发展的实用和效益，因此，更多地从经验领域通过试验对所有的经验事物进行分析。他们的理性更多地接近感官和经验现象，牛顿的巨著《自然科学的数学原理》更启发人们去从事物本身出发，在现象本身的内在联系中去发现具有普遍性的自然规律，而这种对事物的认识既是依靠理性，同时也是理性的逐步增长。他们主张在经验领域以科学理性的方式来探索道德、宗教和政治等可能性条件，因此，从根本上说，英国的启蒙思想那里就体现着从一般转向特殊、从原理转向现象的思想重点的转移，但并不是将理性与现象界分开。而法国的启蒙运动则在接受英国启蒙思想的同时也将这种思想向更深度方向推进，他们推崇人的生物性，否认人的理性的进步作用，甚至否认理性在人身上的存在，这也导致了法国彻底的无神论的出现。虽然这只是启蒙理性的一个思想方向，但是其中所包含着的价值取向和道德判断的因素影响着德国。卢梭对人的平等的追求和人性的

① 李伯杰：《德国文化史》，对外经济贸易大学出版社 2002 年版，第 123 页。

要求在德国影响很大，康德曾经说“卢梭纠正了我，盲目的偏见消失了；我学会了尊重人性，而且假如我不是相信这种见解能够有助于其他人去确立人权的话，我便应把自己看得比普通劳工还不如”①。很长时间里英法两国的思想尤其是法国的启蒙思想在德国成为时代主流，在这种启蒙精神的综合渗透影响下，启蒙运动德国以特有的形式在继续发展，影响了德国历史文化的进程。

德国在启蒙运动之前，虔敬主义神学或信仰主义独断论在思想上占有统治地位，但莱布尼兹接受并发展了笛卡儿的理性主义思想，提出了单子论的形而上学体系。他否定了物质实体本身，认为人的精神和意识是一种普遍存在，理性并不是来自经验而是来自天赋，他指出：“感觉对于我们的一切现实认识虽然是必要的，但是不足以向我们提供全部认识，因为感觉永远只能给我们提供一些例子，也就是特殊的或个别的真理，然而印证一个真理的全部例子，不管数目怎样多，也不足以建立这个真理的普遍必然性。”② 沃尔夫则将莱布尼兹这种极端唯理主义发展成一种形而上学的独断论，这种对理性极端强调的“莱布尼茨—沃尔夫体系”既推动了德国启蒙运动的发展，也造成了理性的专制局面，甚至被推广到感性的知识领域。因此，英法两国的启蒙思想极大地促进了德国进步思想家的思想发展。他们既认识到了理性的力量，更意识到感性在现实世界不可忽视的存在，而对感性的重视也直接导致了美学学科在德国的产生。虽然鲍姆加登还是在理性主义的前提下来进入感性世界的，但是由于感性总是被主观接受具有个别性的特点，而理性认识则是要把个体的主观感性的局限性消灭，以实现在个别与一般的统一，因此，一定意义上说，感性和理性如何实现统一就摆在了德国思想家面前。莱布尼兹—沃尔夫学派将理性作为人的高级认识，而把感性作为低级认识。康德则从人本身探讨了实现这种统一的可能，既将人作为社会和自然的焦点，也为席勒对美学的发展铺平了道路。同时，德国的启蒙运动更多地与民族独立和国家的统一联系在一起。

---

① ［德］卡西尔：《卢梭·康德·歌德》，刘东译，生活·读书·新知三联书店1992年版，第2页。

② ［德］莱布尼兹：《人类理智新论》上册，陈修斋译，商务印书馆1982年版，第3—4页。

启蒙运动前的德国的社会基础决定了启蒙运动不可能在德国产生法国大革命式的革命运动。启蒙主义者没有像英法等国的启蒙思想家那样广泛探讨政治社会法律问题，积极投身于社会政治斗争，而是不敢直接去敲政治自由的大门，因此他们无法在政治和社会维度如法国大革命一样找到突破口，只把自己实现的理想和意识伪装起来。很长一段时期，德国的自由斗争都主要是针对宗教、道德、礼仪、习惯、风俗和规矩等，他们将希望诉诸法律和道德，所以甚至会在 1750 年前后出现一系列法律法规，甚至是国际法，意图以此来限制君主的特权。而对于道德的追求影响了整个 18 世纪的文化和社会生活。人性甚至成为历史编写的主要内容。很长一段时间内，德国的思想家都致力于国民素质的改善，在《不来梅论坛》（1745—1748 年）第一期中甚至把道德都看成是诗的唯一任务：上帝的使者提出了道德的美名，我们的职责是赋予这艰巨任务以诱人的外表；以幸福的巨大威力从深渊中解脱，难以探测的心灵和我们缺乏的动力，使迷途的民众去除虚假的幻想，让他们学会高尚地思考，步向可靠的目标。因此，在德国启蒙运动的发展和成就多集中在艺术、哲学、文学等文化领域，由此也导致德国狂飙突进运动的开始。

所以说狂飙突进运动并不是启蒙运动的对立面，实际上是启蒙运动在德国文化上的发展，其实质是一股资产阶级的文艺思潮。作家们通过自己的创作表达了对个性解放的呼唤和高扬德意志的民族意识。他们以“天才、精力、自由、创造”为口号，希望在德国能发生狂飙一样地推翻阻碍历史发展的封建势力的运动，以实现国家的统一和民族团结，因此在很多作家的作品里，这种反封建的意识和国家独立的倾向非常突出，席勒早期的戏剧创作就代表了这种时代的倾向，《强盗》《阴谋与爱情》，就是狂飙突进运动的代表作。同时，狂飙突进运动更深入地发展了启蒙运动的人道主义倾向，对早期启蒙理性主义片面强调理性的做法提出了异议。在对民族性强调的同时，他们更注重感性在个体的人生存中的重要性，因此，他们崇尚自然，并形成德国特有的“天才观”。当然，它不可能将其变为现实中的政治革命，但却在法国大革命之后将这种倾向推向了更高的阶段，因此，德国诗人海涅曾说，法国人发动了一场政治和社会的革命，而德国人则在思想领域发动了另一场革命，而且其意义不亚于法国大革命。谙熟欧洲和德国文化的意大利专家齐亚法多纳这样概括德国启蒙运动的特征：“它导致文化持续地世俗化：不再像 16 世纪那样，是存在及其最高使命位于思想的中心，而是人、人的本质和人的需要位于思想的中心。最优秀的科学不再是神学或形而上学，而是关于人的理论。这决定了18世纪的特征，因此可以言之有理地把德国启蒙运动称为‘苏格拉底世纪’。”①

因此，席勒的思想深受启蒙运动和狂飙突进运动的影响，在他的身上，非常突出地体现着这两种运动思潮的走向，他的国家概念、人性观念以及对自由的理解都是他那个时代思想的鲜明反映。他戏剧作品中对暴力革命的呼唤以及法国大革命后对美学思想的探讨都与他所处的时代密切相关。

第二节　社会个体的“碎片化”生存状态

一直生活在德国市民之中的席勒在对生活深有体会，从内心感到改造现实的必要性，因此，席勒在自己的戏剧作品里对于时代的丑恶现象给予了无情的揭露，活生生地暴露了当时社会的黑暗和丑恶。他对社会现实的描述使他直接将斗争的矛头对准了封建制度，甚至也对准了上帝。在戏剧作品中，席勒揭露的是罪恶的现实，而在接触康德哲学思想后，在他的美学论文里，他指出了当时人们所处的“碎片化”的生存状态，开始思索事实背后的客观规律，即从哲学美学中找出时代的弊病以便寻找更好的疗救方法。这种对现实的深刻思索使席勒的美学思想具有了强烈的现实感，也打开了美学向社会理论转向的大门。

在席勒的眼里，18世纪末期的德意志在法国大革命的影响下是有所进步的，毕竟，德意志的君主们迫于压力不得不改变他们的统治形式，进行了一些有利于资产阶级的改革，“偏见的威望倒了，专制已被揭开了假面具，它虽然还有势力，可是再也不能诈取尊严”②。但是席勒认为这是远远不够的，根本达到自由的实现，现实的社会表现依然是令人失望，席勒对于时代有着清醒的认识：“自然国家的大厦摇摇欲坠，它枯朽的基础正在崩溃；好像已经有了物质的可能性，法则可以登上宝座，人最终可以作为自我目的受到尊重，真正的自由可以成为政治结合的基础。这是徒劳

① 转引自张慎《德国启蒙运动和启蒙哲学的再审视》，《浙江学刊》2004年第1期。

② ［德］席勒：《审美教育书简》，冯至、范大灿译，上海人民出版社2003年版，第38页。

的美梦。"[①] 席勒不是对某个社会阶层进行批判，而是把整个时代的人的状况放在历史的发展维度上进行分析，这就让他的思想具有更普遍的意义。

一 古希腊人完整的生存状态

"碎片"是与整体相对应的，只有在二者的比较中才能显示其存在的意义。"碎片化"是席勒对当时时代社会中个体人的生存状态的一种比喻化说法，他并不是指人的具体身体结构而言，而是就人对世界的感觉方式和生存状态来说的。与之形成鲜明比较的是席勒所描述的古希腊人的完整的生存状态。在法国大革命后，席勒对自己在法国大革命之前所提出的暴力革命手段表示了怀疑，他重新从另外一条道路寻找卢梭提出的问题的答案。席勒和当时同时代的人一样有着"希腊情结"，他推崇古希腊，将古希腊人的生存状态作为现代人的范本，以对照残缺的现实状况。但他并不是想回到古希腊，而只是"借用它们的名字、战斗口号和衣服，以便穿着这种久受崇敬的服装，用这种借来的语言，演出世界历史的新场面"。[②] 因此席勒所推崇的也不是真正的古希腊的社会现状况，而是他所希望达到的人的生存状态的理想的一个投射。席勒用"整体"和"碎片化"的对比与其说是古代人与现代人的对比，更准确地说是席勒心目中未来理想的人与时代现实的人的一种对比。席勒更多的是为时代的人指出了一种理想，这种理想超越了他的时代和国度，启发着后世的人不断地为此而努力。

席勒对古希腊的推崇来自温克尔曼所掀起的对古希腊文化研究的狂潮的影响，温克尔曼认为希腊艺术是人类所创造的不可逾越的最高的美的典范，而希腊人也处于人性完满自足发展的阶段，因此，希腊人的生活世界充满了安详、完美、个体自由与幸福，人与自然融为一体，个体健康自由地生活着，人性得到充分的发展。温克尔曼从希腊的雕塑和绘画中认为其伟大的艺术成就就在于希腊人的自然性，"无论是就姿势还是就表情来说，希腊艺术杰作的普遍优点在于高贵的单纯和静穆的伟大"。这种宁静和平衡的状态之所以能够存在，不是由于简单和粗糙，而是由于置身于各

① ［德］席勒：《审美教育书简》，冯至、范大灿译，上海人民出版社2003年版，第39页。

② 《马克思恩格斯选集》第1卷，人民出版社1972年版，第603页。

种力的对抗之中，单一的力在对抗中得到消解，而想象和知性却可以在不压制对方的同时得到最高发展。这就是古希腊人对美所持有的理想，这种理想的美体现了伟大的人性思想，代表了人类的所有优秀品质和美好追求，而这些都可以从希腊人格化的众神和英雄们身上可以看到。

古希腊之所以能引起德国人如此大的兴趣，是和当时德国缺乏自己的民族文化分不开的。德国一直受到外来文化的侵扰，16 世纪开始，法国文化就侵入德意志。到 18 世纪，法国文化开始大规模侵入德意志并成为德国的主流文化，从生活方式到思想文化都表现了对法国文化的模仿和追随，约翰·冯·霍内克尔在《论德意志的手工制品》这本书中向我们描述了这种社会风气。他说："在德意志，已经到了这种地步，人们只羡慕法国的物品，德意志没有一件合适的衣服，除非它是在法国生产。甚至用法国的剃刀刮胡须，剪刀修剪理发也都比我们的好。如果钟表是由德意志人在巴黎制造也走得准，发型、服装、丝带、项链、鞋子、袜子甚至内衣都是法国的好，因为法国的空气使之散发着香味。法国的四轮马车也比德国马车跑得快。法国的假发也比德意志的头发更适合德意志人的头，同样，德意志人的头发除了用法国的梳子外不能用其他梳子来梳，粉脂也是如此。德意志的黄金只能用法国的纸牌来赌，或只用法国的钱包和首饰盒来保存。法国的膏药贴在德意志人的脸上也比我们的好。像这样一些物品还有其他数千种之多。"① 因此，德国的先进知识分子就开始强烈呼吁反对模仿、接受法国文化，净化德意志民族语言，关注本民族的历史、文学、习俗，以便发展起德意志民族自身的文化。他们对古希腊的崇拜也正是表现了对法国文化的抗拒以及振兴本民族文化的强烈愿望。即使是历史编写也强调主要是写"一个民族的起源、成长、道德的变迁和精神状态；最后还有由于其他人在此期间所取得的成败而足以加强智性的一切东西，以及足以推动后世免蹈覆辙和学习典范的一切东西"②。同时，法国大革命的后果也让很多知识分子丧失了对暴力革命的乐观态度，希腊就成为很多德国学者思想避难的"桃花源"，人们将希腊看成是一个理想的王国加

---

① 转引自李宏图《民族精神的呐喊——论 18 世纪德意志和法国的文化冲突》，《世界历史》1997 年第 5 期。

② ［德］莱·奥巴莱特、埃·格哈德：《德国启蒙运动时期的文化》，王昭仁、曹其宁译，商务印书馆 1990 年版，第 264 页。

以憧憬和赞美，以图摆脱对现实的无奈感。席勒也是沉浸在对希腊的幻想中，他通过古希腊的艺术作品来想象古希腊的人的完整存在状况。只有在这个意义上理解当时德国人尤其是席勒对古希腊的崇拜才能明白席勒的真实意图所在。

同时，在对古希腊的崇拜中，德国思想界也将艺术与国家现实政治状况联系起来，这直接影响着席勒美学思想的现实发展方向。在这个问题上席勒深受温克尔曼的影响。作为一名社会活动家，温克尔曼有着反抗专制统治的鲜明革命立场，他曾经写道："我是一棵野草，我听凭自己依照本能自由自在地成长，而且我相信，当要为杀死专制暴君的人树立纪念碑的时候，我是能够牺牲别人，也能牺牲自己的。"在对古代艺术史进行详细考察后，温克尔曼就把艺术创作的成就与当时社会的自然条件和政治条件结合起来，揭示一个时代和民族的文化精神，并且将国家的政治制度与自由思想的兴衰联系在一起，认为专制的政治体制是与自由相互对立的，"在自由中孕育出来的全民族的思想方式，犹如健壮的树干上的优良的枝叶一样"①。更重要的是他得出结论，即自由是艺术发展的推动力。"从希腊的国家体制和管理这个意义上说，艺术之所以优越的最重要的原因是有自由"，② 这直接影响了席勒美学思想的产生，也让席勒将政治与艺术活动联系在一起。这点从席勒美学思想中以自由为基点来进行审美教育就可以看出同样的思路。

席勒并没有从政治经济等方面来描述古希腊人完整的生存状态，历史上古希腊的真实状况并不是他探讨的重点，古希腊完美状况更多的是他的幻想或者是虚构。在《给友人》一诗中他指出："有过比我们时代，亲爱的友人，更美的时代——这毋庸争论！还有过一个较为高贵的民族。尽管在历史上面没有记载，可是人们从地下挖掘出来无数石块，就是确凿的证据。"因此，席勒只是从艺术的角度对古希腊人进行了想象。在 1785 年，他参观曼海姆的古代艺术珍品的时候就认为"希腊人仅仅是把他们的神当作比较高尚的人来描绘，同时他们的人也就接近神了"③。席勒从陈列

---

① ［德］温克尔曼：《希腊人的艺术》，邵大箴译，广西师范大学出版社 2001 年版，第 111 页。

② 同上书，第 109 页。

③ ［德］席勒：《席勒散文选》，张玉能译，百花文艺出版社 2005 年版，第 17 页。

室的雕塑中感受到2000年前的古希腊信奉真和美，艺术家在那里就实现着自己的理想，所以才会产生那一座座不朽的艺术作品。席勒通过自己的诗歌和一些散文描述了人性完美存在时人的一种生存状态。在1788年，他在《希腊群神》中就直接对古希腊的审美世界表示了他的热爱，在这首诗里，席勒描绘了古希腊是一个充满了真和善的美的世界，席勒心目中的古希腊，人神和睦相处，人们相亲相爱，缔结着美满的婚姻，“每一颗心都要幸福地跳动，因为幸福者就是你们的归宿”，在那个和谐美好的时代里，社会、国家和个人的利益是一致的。辛劳获得报酬，成功与幸福相伴，但只有美才是最神圣的，赐人欢乐与美的美惠女神统治着人间，所以那是一个和谐的真善美的世界。席勒在自己的诗歌里描绘出的这个古希腊的世界其实就是一个他理想的生活世界，那里真善美是统一的，感性与理性是和谐的，形式与质料是一致的，在美的前提下，人与人之间、人与社会之间、人与自然之间是一种和谐自由的关系，“万物都注满充沛的生气，从来没有感觉的，也有了感觉，人们把自然拥抱在爱的怀中，给自然赋予一种高贵的意义，万物在方家们的慧眼注重，都显示出神的痕迹”①。古希腊就成为他理想的生活时代，古希腊的人就是他理想人性的范本。在希腊人那里，人的感性和理性是平衡的，人处于各种力发展均衡的中心，人就可以获得自由的生活状态。幸福、快乐和美都可以在人的身上体现出来。这种生活状态就是一种自由的体现：“那时，精神力正在壮美地觉醒，感性和精神还不是两个有严格区分地财物，因为还没有倾轧去刺激它们彼此敌对地分离，各自划定自己的界限诗还没有去追逐机智，抽象思辨还没有沾染上吹毛求疵地毛病。两者在必要时可以交换它们的任务，因为任何一方都尊崇真理，只是方式不同。理性虽然升得很高，但它总是怀着爱牵引物质随它而来；理性虽然把一切都区分得十分精细和鲜明，但它从不肢解任何东西。理性虽然也分解人的天性，放大以后再分散在壮丽的诸神身上。”② 所以席勒就从温克尔曼的思想中出发，将时代政治状况与艺术的兴衰联系在一起，由古希腊的完美的艺术作品推知古希腊的和谐时代的必然性存在，并将此作为自己对现实批判的范本，揭示出自己所处时代的异化状况。

---

① ［德］席勒：《席勒全集》第1卷，张玉书主编，人民文学出版社2005年版，第38页。

② ［德］席勒：《审美教育书简》，冯至、范大灿译，上海人民出版社2003年版，第45页。

二 现实社会中个体的“碎片化”生存状态

在席勒的心目中，人的精神和物质的需要只有共同被满足成为一个整体的时候才能得到平衡，换句话说，人是作为一个和谐的整体来面对这个世界的时候才是人作为人的真正状态，只要人没有表现出这种平衡性而表现出某方面的偏重，人就是对人自身的一种否定，也就是处于一种异化的状态。感觉占了上风人就成为野人；理性控制了感性，人就成为蛮人，这两种人在自然面前都没有自由，都是自然的奴隶。所以这两种人都不是席勒心目中人的真正意义，都是人性异化的表现。更准确地说，都是人性不完善、发展不均衡的一种结果。

席勒以古希腊为观照对象来对时代的状况给予了总体上的批判，表示了自己强烈的不满和失望。“善良的人进入世界，怀着快乐的信念；他以为，使他心灵鼓舞者，也能在外界看见，他热衷于高贵的追求，向真理伸出忠诚的受。但一切是如此渺小狭窄，如果他一旦经历，他置身于扰攘的世界，就只想保护他自己；他的心冷冷地傲然休憩，连爱情都不使他介意。”① 他的注意力就转向了那个时代中的人的生活状态，作为一个一直与疾病和贫穷作斗争的平民，席勒自身的生活体验也让他极为关注社会中个体的生存，早在1785年，他在给一个丹麦旅游者的书信中就表达了自己对那个时代的人的生存状况的不满：“但是，近在身边的痛苦很快就点燃了连我骇人的惊讶。在豪华大花园鲜花盛开的林荫道上向我乞讨的眼窝深陷，瘦骨嶙峋的一个人物形象——在自我炫耀的宫殿对面站立着一座濒临倒塌的木瓦小屋——他们如此迅速地把我的趾高气扬的自尊心击倒在地！我的想象圆满实现了生动描绘。我现在看到数以千计的贪婪的可怜虫世界在这种大言不惭的腐败中充满着灾难——伟大的和迷人的东西对我变得可恶了。——除了一些经常生病、逐渐消失的人的躯体以外，我什么也发现不了，他们的眼睛和面颊燃烧着热病的红色，还佯装出旺盛的生命，然而灼伤和溃烂却在呼噜哮喘的肺叶中蔓延。”② 席勒本人甚至就可以算是时代不幸者的一员。所以他在关注整个时代的状况的时候，也特别重视时代中的个体，在《可敬者》一诗中，他写道：“要永远珍视整体！我只

① ［德］席勒：《席勒全集》第1卷，张玉书主编，人民文学出版社2005年版，第117页。

② ［德］席勒：《席勒散文选》，张玉能译，百花文艺出版社2005年版，第12页。

能重视个别；我总是在个别之中观看整体。”因此，他对于时代的批判更多的是从时代中的个体的人的状况开始的。他自身的生活以及他所发现的同时代人的生活状态与古希腊的世界相差甚远。和温克尔曼一样，席勒也没有发现经济基础和社会状态之间的关系，或者说他根本没有考虑这方面的问题。他和其他的思想家一样，对于专制制度是极为痛恨的，并且相信这种社会必将会消失，自由才是最终的胜利者。但是18世纪末期的席勒思考的结果是回到人性的问题上，在他看来，时代中的人所表现出来的所有粗野和懒散都是人性异化所造成的，只要这种人性恢复正常，得到圆满发展，那么人就会表现出古希腊人一样的和谐的生存状态。也就是在此处，席勒鲜明的体现出了他的唯心主义的特点来。而马克思则得出了完全不同的结论，从而揭示出了人类发展的真正规律。

席勒对于当时的人的状态没有过多的客观描述，而是用他诗人的头脑表达哲学的抽象含义，他将18世纪末期人的状态概括为“碎片”，“在我们这里，类属的图像也是放大以后分散在个体身上——但是，是分成了碎片，而不是千变万化的混合体，因而要想汇集出类属的整体性就不得不一个挨一个地去询问个体”①。在席勒看来，人不是成为完整的人，而是成为人性的碎片，这使人表现出一种单一的发展趋势，虽然在某个方面技能得到了最大的发展，但是这种发展对于个体而言是对于个体的一种压制，无法实现一种和谐的存在。因此，席勒认为这种成为“碎片”的人不是人的真正状态，是人的天性的一种分裂，在这种分裂的状态下，人的意识的统一已经被割裂开来，无法实现自己潜能的自由。在席勒看来，文明的发展没有为个体的人带来自由，“它在我们身上培植起来的每一种力都只是发展出一种新的需要，它在我们身上培植起来的每一种力都只是发展出一种新的需要。物质枷锁的束缚使人越来越胆战心惊，因而怕失去什么的畏惧甚至窒息了要求上进的热烈冲动，逆来顺受这个准则被看作是最高的生活智慧”②。处于人性异化状态的成为“碎片”的人所表现出来的就是自私、腐败、粗野、乖戾和道德沦丧，是一种精神上的异化变形，正如弗·詹姆逊所分析的，席勒“把劳动分工、经济专门化的观念，由社会阶级转移到心灵的内在功能上面。在这里，它呈现出一种心智功能笼罩于

---

① ［德］席勒：《审美教育书简》，冯至、范大灿译，上海人民出版社2003年版，第45页。

② 同上书，第42页。

其他心智功能至上的本质的外貌，呈现出一种恰恰是外部社会世界经济异化的对应物的精神变形”。[①] 人们没有自由判断，只是听凭社会上的各种偏见和稀奇古怪的习俗的安排，“我们受到了社会的一切疾病和一切疾苦，却没有同时产生一颗向着社会的心”。[②] 在对个体异化的批判的问题上，席勒主要是从道德的层面进行评价的，但是在对社会的个体批判的同时，他还是不自觉地偏向了下层民众，对上层阶级给予了更严厉的指责，“文明阶级则显出一幅懒散和性格败坏的令人作呕的景象，这些毛病出于文明本身，这就更加令人厌恨。我记不清了，不知是古代的还是近代的一位哲学家说过这样的话，高贵的事物一旦败坏就更加可恶。我们将会发现，这句话也符合道德方面的实情。若是自然之子，超出常轨，充其量会变成一个疯子，而有教养的人就会变成一个卑鄙之徒。文雅的阶级由于理智的启蒙而感到自豪，这并非毫无道理；可是，整个看来，这种启蒙对人的意向并没有产生多少净化的影响，反倒通过准则把腐败给固定下来了”[③]。在席勒看来，自然人即使粗野，但仍然有同情心在起作用，但是在上层阶级身上，由于骄傲自满，由于阶级差异，他们的同情心已经萎缩乃至消失，只有自私自利的心在支配着他们的行动，所以他们就显得毫无责任感，道德败坏。席勒在自己的戏剧创作中就揭示出了这一点，在《强盗》里弗里茨残忍毒害自己的兄弟，而《阴谋与爱情》中父亲为了自己的利益，不择手段剥夺别人的利益，甚至牺牲自己儿子的幸福来为自己的仕途铺路，上层阶级的幸福差不多都是靠害人而得来的，“妒忌、恐惧、咒骂都是耻笑君主高贵地可悲的镜子——泪水、厄运、绝望便是这些备受称羡的幸运儿享用的惊人的筵席，他们醉意朦胧离开后，踉踉跄跄到了上帝的宝座前面，跌入永世不得翻身的深渊”[④]。而在 19 世纪初期写的戏剧中，下层劳动人民代替了上层阶级而成为他戏剧中的主人公，甚至成为民族解放的英雄，完成了上层阶级所不能完成的壮举。另外，在他们身上更多的体现了人的优秀品质。当然席勒并不是深刻地意识到劳动人民的

---

① ［美］弗雷德里克·詹姆逊：《马克思主义与形式》，百花洲文艺出版社 1997 年版，第 73 页。

② ［德］席勒：《审美教育书简》，冯至、范大灿译，上海人民出版社 2003 年版，第 41 页。

③ 同上书，第 40 页。

④ ［德］席勒：《阴谋与爱情》，见《席勒全集》第 2 卷，人民文学出版社 2005 年版，第 431 页。

伟大力量，但是他的戏剧中已经隐约地透露出对劳动人民的肯定之意。

但是席勒依然表现了对那个时代的人的失望之情，并且为自己这个时代缺少质朴和高尚的道德而感到惭愧。席勒对于当时时代的人的状况做了深刻的揭示："人永远被束缚在整体的一个孤零零的小碎片上，人自己也只好把自己造就成一个碎片。他耳朵里听到的永远只是他推动的那个齿轮发出的单调乏味的嘈杂声，他永远不能发展他本质的和谐。他不是把人性印在他的天性上，而是仅仅变成他的职业和他的专门知识的标志。即使有一些微末的残缺不全的断片把一个个部分联结到整体上，这些断片所依靠的形式也不是自主地产生的（因为谁会相信一架精巧的和怕见阳光的钟表会有形式的自由?），而是由一个把人的自由的审视力束缚得死死的公式无情的严格规定的。死的字母代替了活的知解力，训练有素的记忆力所起的指导作用比天才和感受所起的作用更为可靠。"① 而马克思在他的早期思想里也有类似的观点，认为在资本主义的条件下，人的状态是对人的某种完善性的一种异化，资本主义的生产方式是反人道的，尤其是对于工人阶级来说，"劳动为富人产生了奇迹般的东西，但是为工人生产了赤贫。劳动创造了宫殿，但是给工人创造了贫民窟。劳动创造了美，但是使工人变成畸形。劳动用机器代替了手工劳动，但是使一部分工人回到野蛮的劳动，并使另一部分工人变成机器。劳动生产了智慧，但是给工人生产了愚钝和痴呆。"②

席勒在对时代的人的分裂状态进行揭示后，就开始分析造成这种人性分裂的原因，也就是此处，他与马克思开始走上不同的道路。席勒从康德对人的知性的分析为基础，从人性开始寻找造成社会现实中人的这种状态的原因。由于人的感性和理性的双重存在，席勒认为，是人性中感性和理性的分裂造成人性的失衡，所以人才具有这种种有害的表现。"我们的仁爱实践遭到破坏和变得冷淡，究竟是由于我们的欲望的强烈所致，还是由于我们的原则的严格所致，是由于我们的感官的自私所致，还是由于我们

① ［德］席勒：《审美教育书简》，冯至、范大灿译，上海人民出版社 2003 年版，第 48 页。

② 北京大学哲学系编：《人道主义和异化问题研究》北京大学出版社 1985 年版，第 264 页。

的理性的自私所致，这也很难确定。"① 席勒虽然无法确定造成时代的这种道德低下的状况的确切原因，但是他却相信感性和理性必须保持统一与平衡，人才能成为具有同情心和责任心的、有作为的真正意义上的自由的人。席勒通过对人的抽象的分析，更加确信弥合分裂的人性才是通向未来的唯一途径。实际上席勒是从人本主义的立场去看待历史，他用人性去说明历史的发展，把历史的发展看作是意识决定的，所以审美教育才能承担起历史变革的人物。虽然席勒最终的解决依然是在思想意识内进行，即感性和理性的和谐统一只能在精神领域中进行。"美和真并不是虚言！不能向外求，那只是愚夫；这是你内心永远的产物。"② 但席勒向实践迈进了具有历史意义的一大步，这一步使美学与广阔的社会生活紧密联系起来。在早期，受黑格尔和费尔巴哈的影响，站在人本主义的立场上，马克思对于资本主义时代的描述和席勒的非常类似。"忧心忡忡的穷人甚至对最美的景色都无动于衷；贩卖矿物的桑葚只看到矿物的商业价值，而看不到矿物的美和特性。"③ 马克思虽然也把人的异化状态与审美活动联系在一起，但马克思是将异化放在人类自身的劳动和实践活动的发展之中的，并且马克思在后来的思想中也逐渐抛开了这种人本主义观念，用唯物主义的观点来分析现实问题。在席勒看来，人的本质是人的自由，这种自由是理性、情感和意志的一种和谐发展，但更多的是在意识中进行。而马克思认为人的本质是人的有意识的改造对象世界的活动，自由自觉的活动。他在1859年《政治经济学批判》序言中指出：不是人们的意识决定人们的存在，相反，是人们的社会存在决定人们的意识。所以马克思看来，不是人性的异化决定了人们的现实异化，而是人的现实异化决定了人性异化。这样，无论是对社会状况、人的异化还是对美的探讨的问题上，我们都可以马克思的美学理论中看到席勒美学的影子，发现二者的相通之处。

---

① ［德］席勒：《审美教育书简》，冯至、范大灿译，上海人民出版社2003年版，第107页，作者原注。

② ［德］席勒：《席勒全集》第1卷，张玉书主编，人民文学出版社2005年版，第115页。

③ ［德］马克思：《1844年经济学—哲学手稿》，刘丕坤译，人民出版社1979年版，第78—79页。

第三节 席勒的人生轨迹和思想发展

一、早期教育。1759 年 11 月 10 日，席勒出生于内卡河畔符腾堡小城——马尔巴赫的一个士官家庭。他的祖先是酷爱自由的施瓦本农民，祖父是位好学的乡村面包师，曾经当过村长，但不幸突遇不测，家道从此败落。席勒的父亲没有上学，后来学过简单的医术当上了随军医生，后娶一面包师女儿为妻。席勒在家排行第二，是父母唯一的男孩。席勒的家庭属于贫困的市民家庭，席勒的父亲约翰·卡斯帕尔自学成为医生，跟随符腾堡公爵卡尔·欧根，在军队供职，成为了一名军医。1762 年，席勒第一次见到从战场归来的父亲。在举家搬迁到符腾堡之后，席勒接受了父亲严厉的教育，父亲试图在席勒身上弥补自己在学习和教育方面耽误的东西，于是亲自动手，严加辅导，反感席勒的好玩之心。席勒的童年是在一种充满暴力、专制命令中度过的。但是父亲较早地让席勒接触到了文学，让席勒感受到文学艺术的熏陶。席勒的父亲经常给席勒讲述军队的事情，他酷爱一部描写基督生平的史诗《救世主》。席勒在父亲的朗读中接受了一个类似法官一样的体面无私的上帝，上帝惩治的对象是一些挑起杀人战争、缺乏道德、铁石心肠的昏君。这也是席勒早期以昏君为题材的原因之一。1764 年，席勒被送到乡下的小学念书；1765 年，出于经济条件的考虑，席勒又被送到牧师菲利普·乌尔里希·莫泽尔学习拉丁语。在这段时间，席勒接受了比较正常的启蒙教育，度过了他后来回忆中认为的犹如天堂般的日子。席勒对于神学的态度，都源于他的这位指导老师，在席勒的第一部戏剧《强盗》里，默泽尔也成为剧中那位富有正义感的勇敢的牧师的名字。席勒对于戏剧的接触来自距离赫尔德不远的“自由城”古镇格慕德的广场戏剧，他经常和家人一起用纸片制作演员演戏，并保持了对戏剧一生的爱好。1768 年，进入拉丁语学校，按照自己的爱好及父母的意愿，准备将来进神学院。

1773 年 1 月开始，席勒开始在卡尔学校接受了 7 年的军事化管理，这所学校是卡尔·欧根大公为改变“继承议案”中自己的专制形象而成立的军事孤儿院的前身，也就是后来的“军人栽培学校”，目的是塑造自己的“开明的集权主义者”的形象，但实际上是为自己培养忠诚的、无条件服从的官员和军官。大公采取威逼利诱的手段，强制很多军官家庭和官员家庭将自己有才华的儿子送到这个新成立的军事学校。这个学校条件艰苦，学生没有自由，受着严酷的训练和严密的监视，任何的自由活动都是被禁止的，甚至包括与父母和亲属的来往。诗人舒巴特曾称这座军事学校是“奴隶养成所”。这个学校的囚徒般的生活经历对席勒的身心都产生了很大的影响，他一生对于自由的渴望与追求与此密切有关。席勒刚开始学的是法律，但是席勒并不喜欢，后来学院增设医学系，他改行学医，席勒一度有过将来当医生的念头，当然这是为了“有碗饭吃”而做的选择，但这也让他对人的心理和生理的问题产生了兴趣。在新开设的专业课程中，心理学和雷特·哈勒尔的“活的解剖学”最吸引席勒。可以说席勒对人性的分析很大程度上是有着这种医学基础的。在军事学校上学期间，席勒深受哲学教员、心理学教师雅可布·弗里德里希·阿贝尔思想的影响，从他那里接触了莎士比亚、卢梭、歌德以及其他德国狂飙突进诗人的作品，受到启蒙主义思想和狂飙突进文学运动的重要影响，这也促使他也走上文学创作的道路。席勒敬仰温克尔曼、莱辛、赫尔德，更敬仰卢梭，在追随卢梭的过程中他逐渐形成了自己的反专制思想，建立一个没有专制和不公的社会也成为席勒的理想追求。在受到严密的监视和管理的生活中，席勒开始偷偷进行文学创作，他甚至与好友暗中组织建立“反对派诗歌俱乐部”。1776 年，《施瓦本文萃》杂志发表了他的田园诗《傍晚》和《征服者》，1777 年，席勒在撰写医学学位论文《生理学的哲学》的同时，开始创作剧本《强盗》，并于次年完成。席勒在学位论文《生理学的哲学》中就大胆地提出关于人的新的认识，认为人的体质与人的心理本性是有着潜在的关系的，二者互相制约。但是这种新观点却遭到公爵的压制，认为论文“感情过于强烈”，所以公爵决定“让席勒在军校里再待上一年，煞煞他的火气”。于是席勒不得不开始他的第二篇学位论文《论人的动物本性和精神本性的联系》，与第一篇论文的主题相似，第二篇论文仍然是提出勒对人的新的看法，即心理和肉体、本能与精神是相互制约的，这里突出的是人的肉体或者说是人的心理的作用，而这种看法就向当时流行的精神占绝对统治地位的观点提出了挑战。席勒坚信，人的动物本性是精神本性的基础，二者不能分割。他认为，“人的精神活动由于一种我还不明白的必要性，以一种我还不知道的方法，与物质活动联系在一起。"① 他这种不自觉而引发的唯物主义思想是他在后期的美学论文中锲而不舍的探索肉体因素和精神因素的统一的原因，也使得他的美学思想独立于他所处的时代。凭借这篇论文，1780 年 12 月 14 日，席勒拿到了医生证明，离开了学院。因此，这段生活经历对席勒来说感受最深的就是对于自由的渴望，歌德曾经概括说："贯穿席勒全部作品的就是自由的思想，然而随着席勒逐步提高自己的文化教养并成为另一个人，这个理想的面貌改变了。在他的青年时期，身体的自由占据了他，也影响着他的诗歌；到了晚年，这个自由就变成理想的自由了。"自由也成为他的诗歌和戏剧创作的核心观念，这对他后来美学观念的形成有着重大的影响，隐含着他美学思想的发展方向，而后来法国大革命只是把这种方向更加向前推进。

二、1780 年，席勒从军事学院毕业，到斯图加特作军医。由于薪水微薄，他有时候都难以糊口。但就在斯图加特郊区的一间租来的小房子里，席勒完成了《强盗》的最后创作，他引用了希波克拉底的《格言》中的一句名言，作为剧本的卷首题词："药不能治，铁治之；铁不能治，火治之。"由于没有书商肯大胆为他出版剧本，席勒不得不自筹资金，负债将剧本印刷出版，并且由于安全考虑，席勒不得不用了假的出版地点，并且没有署名。但剧本却在社会上引起了轰动，也带来了非议，公演的成功也让公爵对他的行为加以限制，甚至把席勒外出看戏认为是政治性的犯罪行为，是"私通外国"，并对席勒进行了正式审讯。公爵还下令，严禁席勒写除了医学方面之外的文章，并且以下狱相威胁。1782 年，席勒由于不堪忍受公爵的压迫，逃离了斯图加特，从此，他来往于曼海水和莱茵河畔的法兰克福一带，担任剧院的编剧，实际上过着一种类似于流亡的生活。同时他也在酝酿创作戏剧《斐耶斯科的谋叛》《阴谋与爱情》并于 1784 年公演。由于经济等各方面原因，席勒离开曼海姆前往一位通晓史学、美学和哲学的朋友克尔纳那里与之共同生活，在洛什维茨和德累斯顿住了将近两年的时间，席勒感受着真挚的友谊，写下了《欢乐颂》，歌颂友谊与和平，号召团结和斗争，体现着自由、平等和博爱的崇高理想，期

① ［苏］洛津斯卡娅：《席勒》，史瑞祥、董政民译，上海译文出版社 1992 年版，第 59 页。

待人类共同的自由的到来。这首诗后来由贝多芬谱曲作为第九交响乐的主题歌而闻名于世。1785年，席勒以荷兰资产阶级民族独立革命为背景创作剧本《唐·卡洛斯》，讴歌资产阶级的革命精神，波沙侯爵成为他理想中的无私忠于社会福利的新的英雄形象，临终嘱咐卡罗斯“为了人类的解放而战斗！”与此同时，席勒深感自己缺乏知识，他开始研究历史，构思历史著作《尼德兰独立史》和《三十年战争史》。1787年7月21日，席勒移居魏玛，拜见了维兰德和赫尔德，席勒受维尔兰德女婿赖因赫德的影响开始研究康德哲学，其间，席勒潜心研究古希腊、罗马文化，认为只有借鉴古代文化，现代艺术才能完成教育人类的使命。

在这段时间内，席勒遇到了对他影响至深的两个人。一个是歌德，1788年，席勒与歌德初次见面，并没有体现出观点的一致来，但并不影响6年后二人长达10年的交往，并且歌德开始举荐席勒担任耶拿大学历史教授。另外一个是康德。1781年康德发表《纯粹理性批判》，1788年，《实践理性批判》发表，1790年，《判断力批判》发表，这样就完成了三大批判的体系建构。席勒不断接触康德的哲学著作。康德的思想促使席勒对美学问题进行了自己的思考，因此，这段时期席勒的美学思想中康德思想的痕迹比较明显。对于自己和康德的关系，席勒曾经写道：“你使我花费了二十年：领会你十年，摆脱你，又是一个十年。”① 席勒的“领会你十年”主要就是从这段追随康德的时期开始，康德的思想开始促进了席勒美学思想的发展，但这种发展是潜在的，并没有形成独立的美学理论，对暴力革命的呼唤和期待是席勒戏剧作品中的主题。

三、1789年1月1日，席勒在歌德的推荐下正式成为耶拿大学客座（编外）历史教授，5月26日的第一堂课产生了轰动性的效果。但1789年7月12日爆发的巴黎革命在政治不成熟的德国造成了巨大的影响，席勒通过报纸，也满怀热情与希望地密切关注着革命的发展状况，因为他认为“黑暗的专制制度的象征被摧毁，是自由不久将战胜暴君统治的征兆”。他在给自己未婚妻的回信中表达了他对革命中心巴黎的充满尊敬和期待的心情。

1790年2月22日，席勒在耶拿的一个偏远的乡村教堂与贵族女子夏

---

① 毛崇杰：《席勒的人本主义美学》，湖南人民出版社1987年版，第46页。

洛特结婚，并发表《三十年战争史》第一、二部分。但是贫困和疾病一直困扰着他，在1790年6月19日，《南德意志文学汇报》甚至报道了席勒已经死亡的消息，并且都举办了几场追悼会。[①] 1791年，席勒被接纳为选帝侯实用科学院院士。1791年11月底，丹麦王子和他的财政部长西梅尔伯爵联合给席勒写信，表示将连续三年每年资助席勒1000塔勒，席勒在给资助人发去感谢信的同时，在莱比锡定购了康德的《纯粹理性批判》。1792年1月1日，他在给克尔纳的信中说："我现在正满腔热情的研究康德哲学。我主意已定，不把康德哲学研究透彻决不罢休，即便花上三年五载也在所不惜。"[②] 这样，席勒在不用考虑生存的情况下才暂停了戏剧创作，开始潜心研究康德哲学。1792年，席勒被法国议会授予"法兰西荣誉公民"的称号。席勒对于法国革命的热情也随着的雅各宾党人的专政所造成的恐怖流血统治而消失，革命让席勒看到了"卑鄙"和"残忍"，而不是他所希望的自由世界的来临。席勒开始思索追求自由解放的另外的道路。此后，他几乎专门从事历史和美学的研究，研究美学哲学著作，他多年研究康德思想的努力也结出了丰硕的成果，1791年，他在康德美学观点基础上完成了两篇美学论文《论悲剧题材产生快感的原因》和《论悲剧艺术》。席勒对于康德只是将美限定在主观领域的做法不满，"关于美的本性，我正恍然大有所悟，因而我相信你会被我的理论所征服，我相信我已找到了美的客观概念，这种概念当然也就是审美趣味的客观原则，而康德对这种原则是深感绝望的。我将把我的这种想法整理出来，在即将来临的复活节前编写一篇《Sallias 或论美》的对话。"[③] 1793年的《论美书简》《论激情》《论崇高》等文章就表明了席勒在美学思想上对康德的超越。尤其是在《论崇高》中，从题目上就指出这篇文章是"对康德某些思想的进一步发挥"。康德把崇高分为数学的崇高和力学的崇高，而席勒则将之变为理论的崇高和实践的崇高，"在有客体的表象时，我们的感性本性感到自己的限制，而理论本性却感觉到自己的优越，感觉到自己摆脱任何限制的自由，这时我们把客体叫做崇高，因此，在这

① ［德］约翰·雷曼：《我们可怜的席勒》刘海宁译，中央编译出版社2007年版，第140页。

② 同上书，第144页。

③ 张玉能：《审美王国探密》，长江文艺出版社1993年版，第26页。

个客体面前，我们在身体方面处在不利的情况下，但在道德方面，即通过理念，我们高过它。”① 在席勒看来，康德对审美判断只是做一种抽象形式的分析，虽然沟通了自然概念领域和自由概念领域，但是这种沟通完全抛开了现实，完全是抽象思辨的，因此席勒就在康德思想的基础上将美与现实联系在一起，从人性的本质及其历史的发展中去探讨美与自由的关系。1794 年席勒发表《论人的审美教育书简》，提出审美教育思想，思考人的和谐发展的可能性，探索人类和谐发展道路之，这表明席勒已经有意识的形成比较独立的、不同于康德的美学思想，但是仍然具有康德思想的抽象性和思辨性。1794 年席勒与歌德的结交，对他的美学思想的发展方向具有转折性的意义。歌德受卢梭、狄德罗，斯宾诺莎等人的影响，在哲学上信奉唯物主义和无神论，相信客观自然的真实性和可靠性，歌德这种对自然的重视也影响到席勒逐渐从主观走向客观，认识到客观自然的美，并走向了主观与客观相结合的道路。因此，在 1794 年发表的《素朴的诗与感伤的诗》就从人对现实的审美关系入手分析了艺术的发展的具体途径，探讨了艺术方法、风格或流派与时代的关系。德国当代学者玛耶指出：席勒的这篇论文“实际上已经做到不但是把德国古典主义里全部美学的基本原则发挥出来，甚至已经超过了这一点——尽管他的全部基础是公开的唯心主义的——成为德国社会状况的无误的现实主义的反映。”至此，席勒美学思想逐渐成熟，已经基本构筑了自己的美学大厦，将美与人的现实发展紧密联系起来，艺术作为人与现实关系的一种体现能实现暴力革命手段所无法企及的目标，“美学救世”虽然被后世人认为是一种不切实际的幻想，但是从另一方面来说也正体现了美与现实的不可忽视的关系，美学的社会批判性质也从此开始被人所重视。

四、1794 年席勒重新开始文学创作。他与歌德历时 8 个多月创作八百多首诗歌《赠辞》，同年，席勒创办的以费希特、洪堡、歌德、康德等为编辑班底的《时序女神》杂志发行，但只是维持了四年就不得不停办。1797 年，席勒着手创作抒情叙事三步剧《华伦斯坦》。1798 年，魏玛剧院上演了《华伦斯坦的军官》，1799 年，《皮柯洛米尼》和《华伦斯坦之死》在魏玛首次公演，剧本演出得到了高度的评价，为席勒赢得了崇高

① ［德］席勒：《秀美与尊严》，张玉能译，文化艺术出版社 1996 年版，第 179 页。

的荣誉。歌德甚至将之称为“一部无与伦比的不朽之作”。1799 年 12 月，席勒全家移居魏玛，开始在魏玛剧院正式上班，协助歌德管理剧院的一切事务，为剧院改编莎士比亚戏剧《麦克白》。同时席勒开始以每年一部的速度完成了古典文学时期的几部巨著，《玛利亚·斯图亚特》《奥尔良的姑娘》《墨西拿的新娘》《威廉·退尔》几乎在同一年完成。席勒开始在艺术创作中体现他的美学思想，通过自己历史剧的创作来寻找反对现有不合理社会制度的斗争道路问题。他重新思考法国大革命，承认了暴力革命的必要性，而人民的作用和力量逐渐得到有意无意的凸显，尤其是在《威廉·退尔》中，贫民退尔成为了民族解放的英雄，这也许就是席勒最终寻道的答案。但是在体力的透支和贫困的折磨下，席勒从 1803 年起就经常犯病，1804 年 5 月 9 日下午 4 点，席勒坚持着写下了几个字母，5 点，与世长辞，终年 46 岁。写字台上，仍然放着未完成的《德梅特里乌斯》手稿。歌德在席勒逝世后对作曲家策尔特说“我以为我失去的是我自己，现在我失去了一位朋友，同他一起也失去了我生命的一半”。

因此，席勒的美学思想的发展是与他个人的生活经历分不开的，对于他来说，自由的含义是多样的，既有现实肉体上的自由，也有思想上的自由，更有国家社会中的政治方面的自由，而他的美学思想就是为着自由的实现而寻找到的现实途径。离开了这个前提，就无法正确理解他美学思想的深刻内涵。为此，朱光潜在《西方美学史》中指出：“有人说席勒脱离现实，这是很不恰当的。他的著作，包括美学论著，都是针对当时现实而提出他自己的看法的。”①

① 朱光潜：《西方美学史》，人民文学出版社 2003 年版，第 433 页。

第三章　人性的完满——席勒美学思想的核心

从康德思想中，席勒认识到人本身或者说人性自身的主体作用，在思想领域内人变成了整个世界，世界也集中到人类主体身上。因此，席勒从人性入手通过人性的分析，更进一步地看到了社会分工对人的撕裂和限制、压抑，揭示了文明的发达所导致的人的“碎片”式的生存异化状态。席勒由此开始对人性进行思考，人性也成为席勒美学思想的出发点，他的人性观就决定着他美学思想的走向。席勒的美学思想是康德美学之路的延伸。在康德那里，自然与理性很大程度上是混淆在一起的，审美还是局限在主体的意识当中，只是一种主观心理活动。因此，从某种意义上说，康德的美学实际上就是对人类主体的心灵活动的补充。而席勒则从人性的角度提出了审美的合法性和必要性问题，将粗俗的感觉与崇高的理性通过人性而实现了必要的链接和过渡。席勒在吸收费希特关于人的自我学说的有关理论的基础上，发挥了康德在审美鉴赏中对于游戏的阐述，将游戏全面引入自己的“游戏冲动”的理论中，提出了自己的美学思想。席勒就指出，“美作为人性的完满实现”，“美是两个冲动的对象，也就是游戏冲动的对象”①。席勒指出：“只有当人是完全意义上的人，他才游戏；只有当人游戏时，他才是人。”② 也就是说席勒用他的“游戏说”将美、自由与人性的完满链接起来，通过审美席勒将康德的自然与理性模糊但却很成功地链接了起来，并且将审美从主观意识引入社会实践中。在席勒看来，现实中的人性是分裂的，都没有成为感性和理性协调发展的完整的人。只有通过审美教育才能让人性走向完满。审美教育的过程就是现实中处于人性

---

① ［德］席勒：《审美教育书简》，冯至、范大灿译，上海人民出版社 2003 年版，第 120 页。

② 同上书，第 124 页。

不同分裂状态的人对美的接受和创造过程，游戏冲动的过程就是活的形象的诞生过程，审美假象也是审美活动的直接结果。在游戏冲动中，感性和理性处于平衡协调的状态，主体在这种审美状态中就具有一种自由心境，在这种心境中，人可以根据自己的意志来决定自己的行为，也就是体现出一种人之为人的自由。席勒重视艺术对人性的完善的建设作用，赋予了艺术极高的历史使命，对艺术家和艺术作品提出了很高的要求。席勒认为通过艺术的途径，人是可以摆脱现实的束缚，实现人性的完满，从而实现感觉方式的改变。

第一节　人性——席勒美学思想的出发点

席勒是在康德思想的基础上进行人性分析的，因此他的人性观里就体现出康德的理性主义的倾向。但启蒙时代理性至上的做法让席勒意识到感性的匮乏，他自身的经历也加深着他对感性的认识。席勒对康德哲学中感性抽象化的做法不满，他继续沿着康德试图统一感性和理性的道路对人性进行思索，寻求感性和理性在人自身的统一。他将人的两种存在状态抽象化为人格和状态，同时借用费希特的自我学说对人性进行分析，认为人性种存在两种对立的冲动：感性冲动和形式冲动，二者共同作用产生游戏冲动，席勒认为看似对立的感性冲动和理性冲动在游戏冲动中实现协调统一。游戏冲动兼具其他两种冲动的特点，是对它们的一种限制和否定。席勒认为人性的完满在于和谐自由，在于感性冲动和形式冲动的协调运动。任何一种冲动单独作用于人，人性就会出现“碎片化”的发展状态。席勒的人性“碎片化”理论是异化理论的重要一环，也隐含着强烈的现代批判意识。

一　席勒的人性观

席勒声称自己的思想大部分受到康德的启发，他的美学论文也是在研究了康德思想的基础上才完成的。但是吉尔伯特和库恩在《美学史》中指出：“由于席勒拥有有力的道德主义，他注定要成为康德的学生，而由于才能上的对立，他又注定要成为康德的批评者。”① 席勒“趋向建立一

① 凯·埃·吉尔伯特·赫·库恩：《美学史》，夏乾丰译，上海译文出版社 1989 年版，第 473 页。

种客观的趣味标准来推翻康德认为这种标准似乎是不可能的观点”[①]。席勒“徘徊于观念与感觉之间，法则与情感之间，匠心与天才之间”[②]。因此，席勒的美学思想与康德的思想仍然存在着很大的差异，不仅仅是理论重点的差异，更蕴含着认识论的重大转折，席勒的人性观却深刻地反映出这种不同所在。

席勒在自己的美学思想中张扬了感性，但仍然是在康德认识论的基础上进行思索感性和理性二者的动态关系的。席勒的人性观就体现出类似康德的理性主义倾向，也就是从人的理性能力的独特性角度去理解人，甚至把理性看作是人性的根本性的存在。“假如人仅仅是感性生物，那么自然就会同时提供法则和规定使用情况；现在自然和自由分享统治权，尽管自然的法则能持久，而从现在起决定情况的却是精神。精神的领域延伸的很远，以致自然是技艺的，并且仅仅在有机体的生命消失于无形式的物质和不再有兽性力量的地方才终结。”[③] 感性和理性同时存在于人性中，只要人自身作为人存在，感性和理性的对抗就会一直存在。席勒就是在这个基础上继续思索人性的问题的。对于人性中的两种冲动的矛盾对立关系，席勒指出这“只是理性的一个任务，人只有在他的生存达到尽善尽美的地步才能完全解决这个任务。因此，这是最根本意义上的人的人性观念”[④]。而这种“尽善尽美的地步”也只是理性的一个设立和限定，人只能无限接近，永远也不会达到。在谈到质料和形式的问题的时候，席勒指出：“一切表象都是某种杂多的东西或者质料，结合这种杂多的东西的方式就是它的形式。杂多的东西是由自然的感性提供的，结合是由理性（最广义的理性）赋予的，因为结合的能力就叫做理性。”[⑤] 席勒虽然不赞同康德的“物自体”，反对康德对感性和理性、主观和客观的隔离，但是他仍然和康德一样，将人类的理性一分为二做康德式的割裂思考。康德说：

---

① 毛崇杰：《席勒的人本主义美学》，湖南人民出版社1987年版，第46页。

② 朱光潜：《西方美学史》下卷，人民文学出版社1979年版，第438页。

③ 席勒：《秀美与尊严——席勒艺术和美学文集》，张玉能译，文化艺术出版社1996年版，第116页。

④ ［德］席勒：《审美教育书简》，冯至、范大灿译，上海人民出版社2003年版，第112页。

⑤ 席勒：《秀美与尊严——席勒艺术和美学文集》，张玉能译，文化艺术出版社1996年版，第41页。

“只能够有一种并且是同一的理性，不过再应用上要分别罢了。”① 由于康德将人类的认识划分出不同的领域，而理性都要在其中规定所谓普遍必然的先验原则，所以就有实践理性和理论理性之分，实践理性要追求道德的本体，理论理性则直接作用于自然界。在席勒看来，动植物和人类虽然同为生命有机体，但是自然的必然性包围着动物的个体。“在动物和植物身上，自然只表现规定，并且自己使它具体化，自然却把规定赋予人，让他自己去体现。只有这才使他成为人。”② 应该说，康德并没有有意识地关注过自然，也没有将自然与人的现实状态联系在一起，他只是在他的批判过程中呈现出一种总体性的自然的意象。但在席勒这里，自然与自由必然地结合在一起，与人的状态历史性地密切相关。在席勒看来，自然是一种双重的存在，一种是指生物界有限的物质，原始的、纯粹的存在，类似卢梭所发现的人类原始的自然状态，这是绝对感性的，而没有理性的染指；另一种是指客观的必然性存在，体现为概念和内容的融合、感性和理性的统一。在这种自然里，自由和自然是相互统一的，理性按照他自身的方式但是又并不逾越感性的界限而起作用，虽然在这统一的状态里，仍然存在着一系列对立的概念，例如质料和形式、感性和理性、主观和客观，但是由于每个概念都具有一定的片面性，在综合的状态中，对立概念的双方都有可能克服自身的片面性而走向整体的统一，也就是新的自由状态的呈现。虽然席勒说“自然不过是自由自在的生存，事物的自身经历，事物照自己的永恒规律的存在”③，作为人，和其他生物一样通过肉体在世界上生存，无法摆脱那种先于人存在的自然界规律的限制，所以人的感性一面就无时无刻不受到外界的限制，一生受到疾病折磨和从医的经历让席勒对此是深刻领会，这也是席勒对于康德哲学中感性抽象化不满意的原因所在。然而他认为，虽然缺乏感性存在，人没有存在的可能，但缺乏理性，人也就不能成其为人，“人成其为人，正是因为他没有停滞在纯自然造成他的那种样子，他具有这样的能力，可以通过理性回头再走先前自然带他

① 李泽厚：《批判哲学的批判——康德述评》，生活·读书·新知三联书店 2007 年版，第 284 页。

② 张玉能：《秀美与尊严——席勒艺术和美学文集》，文化艺术出版社 1996 年版，第 124 页。

③ ［德］席勒：《秀美与尊严——席勒艺术和美学文集》，张玉能译，百花文艺出版社 1997 年版，第 262 页。

走过的路，可以把强制的产物改造成为他自由选择的产物，可以把物质的必然升华成道德的必然”①。因此，要从任何依附状态中向自主和自由展翅飞翔，人就必须从自然目的的狭小圈子走向理性的目的高度。由于理性是一切必然的源泉，因此可以直接从理性中吸取人的天性的概念。席勒认为，理性对人的影响更加深远，它不仅仅是对感性发生作用，而且对于不直接支配的意志也可以产生影响，所以席勒的人性观里还是充分肯定理性的主导力量的。这是他承袭康德思想的基础所在。席勒曾经由衷地对康德表示了尊重，“人们感谢《批判》的作者，从哲学思辨的理性种建立健全理性的荣誉理应归于他”②。席勒的理性和康德的理性也存在着明显的不同，康德理性还局限在个体的意识之中，个体是一种被动的存在，而席勒的理性则向人的主动性迈进了一步，“要发展人身上的各种内力，除了使这些内力彼此对立以外，没有任何的办法。这种力的对抗是文明的伟大工具，但也只是工具，因为只要这种对抗还继续存在，人就还是正处在走向文明的途中”③。文明社会的发展正是以技术的发展和理性的主导而向前的，人类通过理性利用已有的自然规律从而使自然环境变换成了人主观器官的能力发展。当然席勒的这种观点具有唯心主义的特点，但马克思也曾经维护过这样类似的观点，“自然并没有制造出任何机器、机车、铁路、电报、自动纺棉机等，它们都是人类工业的产物，自然的物质转变为由人类意志驾驭自然或人类在自然界里活动的器官，它们是由于人类的手所创造的人类头脑的器官；都是物化的智力”④。

虽然康德哲学是席勒创立自己美学思想的起点，但是这里仍然有一个对康德思想的继承和发展的问题。从继承的方面来讲，席勒从康德那里继承了康德以前关于人性的方面的理论学说，继承了康德本身的人性论；但从发展的角度讲，席勒虽然直接以康德的哲学来考察和分析问题，却没有仅仅停留在康德那里，而是把哲学的思考方式向前推进，因

---

① ［德］席勒：《秀美与尊严——席勒艺术和美学文集》，张玉能译，百花文艺出版社 1997 年版，第 157 页。

② 张玉能：《秀美与尊严——席勒艺术和美学文集》，文化艺术出版社 1996 年版，第 132 页。

③ ［德］席勒：《审美教育书简》，冯至、范大灿译，上海人民出版社 2003 年版，第 52 页。

④ ［德］马克思：《政治经济学批判大纲》第三分册，刘潇然译，人民出版社 1963 年版，第 358 页。

此，我们可以看到，席勒是从康德哲学的出发点——人来开始思考美学问题的，康德哲学中的人和卢梭、斯宾诺莎以及法国唯物主义的“自然”不同，也不同于中世纪以来的“神”，康德的人是“道德的人”，这个“道德的人”是作为族类存在的，具有社会性，同时由于理性的存在他也具有了一定的社会关系内容，不过这个“道德的人”虽然是理性的存在者，但他拥有的理性是有限的而不是完全的、纯粹的理性，所以康德把人界定为“有限的理性存在者”。之所以是有限的，是因为在康德看来，人具有的感性使人永远无法成为纯粹的理性存在者，所以在康德这里人虽然是理性和感性的结合体，但是，这种“人”的社会性是抽象的，是作为“先验”本质而存在，在人之外，仍然有一个人类无法认识的“物自体”，而“物自体”和理性的人自身都属于不可知的。康德自己曾指出即使对每一个人自身，谁都不能够自命可以由他用内省得到的知识而知道他自身究竟是什么。也就是说，在康德那里，由于康德哲学上的二分法，人的认识止步于现象界，人的实践领域则是本体界，这两个分立的领域对应于外部世界的现象界和物自体的划分，康德认为与外部世界相对应，人也是存在这样的两面性，即分别对应现象界和物自体的感性和理性，由于物自体的不可知和本源性，所以虽然人成为哲学的主题，但是人只能通过美的自我情感——这种特殊的心理功能来达到两个分立领域的统一，所以人的主体性依然只是局限在主观领域，永远受到“物自体”的限定和引导，这也为信仰开辟了地盘。

席勒对感性的重视得自于他早期在卡尔学校的学医经历，阿尔布雷希特·哈勒尔的“活的解剖学”是他最感兴趣的课程之一，他毕业的第一篇论文就是《生理学的哲学》，阐述了人的体质或者说是生理方面对精神本性的不可忽视的作用，这也埋下了席勒日后高扬感性的思想种子。虽然席勒在理性至上的时代不可避免地用理性的观点来看人，但是他深刻地觉察出时代对于人的感性的漠视，对康德哲学中感性完全受理性支配表示不满。在康德哲学的基础上，他重新思索人性。在他看来，人首先是一种动物性的感性存在，席勒将其称为兽性，缺乏理性的存在并不妨碍人的存在，而“兽性又是人性的条件”，[①]“使肉体生命得到延续的东西，将永远

① ［德］席勒：《审美教育书简》，冯至、范大灿译，上海人民出版社 2003 年版，第 27 页。

是他的第一个目标；使人类在其本质之内高尚化的东西，将永远使他的最高目标。人的动物性需要是更古老而迫切的"[①]。在席勒那里人首先作为一种生物的感性存在，在存在的基础上开始讨论感性和理性的关系问题，"我们存在，并不是因为我们思考、愿望、感觉，也不是因为我们存在，我们此思考、愿望、感觉。我们存在，是因为我们存在，我们感觉、思考和愿望，是因为在我们之外还有别的存在"[②]。因此，在席勒看来，感性的含义不是单一的，[③] 在人性的组成方面席勒强调的还是狭义的感性意义，即人作为生物所具有的生物性的本能存在。席勒虽然是强调人格和状态的不可分离，但是他的着眼点是"存在"（Daseins），这种存在是人作为个体的存在，是作为一种状态的存在。这种存在是与康德的理性相对立的，也是西方二元世界在人身上的对应。但同时，席勒所理解的感性存在又是一种包含着理性和感性的形象存在，是席勒所追求的一种人性的和谐状态。这种存在，在胡塞尔的"生活世界"能隐约找到身影，也能在存在主义哲学家海德格尔那里找到回应。[④]

席勒重新为感性安排了位置，公开地确立了感性的地位。在他看来，人有两种存在状态，"不是他的感觉支配了原则，成为野人，就是他的原则摧毁了他的感觉，成为蛮人"。在这两种存在状态之间，席勒指出蛮人"比野人更可鄙，他总是一再成为他的奴隶的奴隶"。[⑤] 由此看出，在席勒那里，感性的地位得到了提升，可以与理性抗衡。当然席勒的著作中也会出现"绝对主体"、"神性"的字眼，甚至说道"人格的一切规定，只是在绝对主体种才会也同人格一起保持恒定，因为这些规定是来自人格。凡是有神性的东西，是因为神性存在，它才是神性的。所以神性永远是一切，因为它是永恒的"[⑥]。但是这并不代表席勒就是如康德一样承认物自

---

① ［德］席勒：《好的常设剧院究竟能够起什么作用?》，见《秀美与尊严》，张玉能译，百花文艺出版社 1996 年版，第 9 页。

② ［德］席勒：《审美教育书简》，冯至、范大灿译，上海人民出版社 2003 年版，第 89 页。

③ 美国学着 E. 歇泼在他的《康德美学研究》里曾指出席勒使用"感性"术语的矛盾所在，参见毛崇杰《席勒的人本主义美学》，第 55 页。

④ 毛崇杰在《席勒的人本主义美学》最后一章曾专门介绍了席勒与海德格尔美学思想之间的联系。

⑤ ［德］席勒：《审美教育书简》，冯至、范大灿译，上海人民出版社 2003 年版，第 36 页。

⑥ 同上书，第 88 页。

体的存在，或者认为神是存在的。席勒经历过德国的“狂飙突进”运动，对于封建专制和宗教统治他是深恶痛绝的，在他的戏剧中，有的是对暴君的反抗和对宗教卫道士的嘲笑。席勒从人的感性出发来研究人就证明了神在席勒心中是无足轻重的。席勒只是借用了康德哲学中的这样一个概念，表达了对完美状态的一种界定。虽然在论述自己的美学思想的时候，席勒也提到神性的问题，但也指的是康德的道德理性，那也只是席勒表达自由状态的一个方式而已。并且席勒指出虽然这种神性是永远也不会达到的，但是人可以无限地朝着这个方向而努力，席勒指出了唯一的道路：“人通往神性的道路——如果可以把永远不会达到目标的东西称为道路的话——是在感性中打开的。”① 席勒在这里就背离了康德的理性主义，肯定了人的感性的地位和在实现自由过程中的必要作用，感性不再是通过理性而表现，而是成为理性实现的唯一手段。“保持恒定的自我只是通过他序列的表现才成为现象。”② 这是人作为类的生物体生活在这个世界上的一种必然的需要，即首先是在自然中生存，占有自然，然后在理性的约束下通过感性在自然中实现自己，“它用不可撕裂的纽带把向高处奋进的精神绑在感性世界上，它把向着无限最自由的抽象又召回到现时的时限之内。当然，思想可以暂时逃脱这种冲动，一个坚强的一直可以胜利地反抗它地要求，可是这种被压制下去的天性不久就恢复了它的权利，要求存在的实在性，要求我们的认识有一个内容，要求我们的行动有一个目的”③。人的感性存在成为人达到神性或者说实现理想状态的必要前提。

应当说，席勒认识到人的感性的重要地位，将之与理性并行甚至高于理性，这也体现了他唯物主义的一点气息。但是席勒接下来开始寻找人的纯粹概念，这样他又回到了康德式的思维方式，即从感性个别向知性普遍性过渡，再向理性无限性发展。这虽然是为了哲学上思考的便利，但也使得席勒的人性观走向了抽象化，虽然在以后的思考中也略有变化，但是作为美学思考的基础，这种抽象的人性论也不可避免地使他的美学思想存在着唯心主义的倾向，这也是德国哲学或者说德国理性精神的必然产物。席勒离开活生生的现实，意图寻找各种人体的和可变的现象中发现绝对的和

① ［德］席勒：《审美教育书简》，冯至、范大灿译，上海人民出版社2003年版，第91页。

② 同上书，第90页。

③ 同上书，第98页。

永存的东西，通过抽象概念来探求一个什么也动摇不了的、坚实的认识基础，这也是与当时德国整个社会对人性的倚重有关。人性与个人的地位、国家的命运有直接关联，这也成为德国思想界的一种主要的思维方式，我们可以从后来的黑格尔、马克思、韦伯、法兰克福学派的思想中看到这条思路。这也与德国人根深蒂固的自由理性观念有关。德国的历史现状让德国的知识分子向往建立一个全新的人格基础上的世界公民的国家，为此他们诉诸塑造多数人的人格素质。“人类的基本权利不会因偶然事件、暴力、契约、舍弃或失去时效而丧失，然而却会随着人性的丧失而丧失。”① 因此，席勒也未能脱离他的时代背景，从人性开始思索。席勒从人的两种存在状态出发将其进行抽象化，“在人的身上分辨出持久不变的和经常变化的两种状态，持久不变的，称为人的人格；变动不居的，称为人的状态。”② 即自我和他的各种规定，也就是人的理性和感性存在。席勒认为人作为一种有限的存在，主要是指生物体的自然性被限定在时间和空间的范围之内，例如人总会受自然规律限制有生老病死，所以席勒明确指出：“对状态我们就得有一切依附性的存在或者说变化所需要的条件，即时间。时间是一切变化的条件，这是一句不证自明的话，因为它只不过说了：序列是某事发生的条件。”③ 这里席勒对时间的强调也是来源于康德，康德在《纯粹理性批判》中认为时间不是从任何经验得来的经验概念，是一个必然的先天的表象和一切表现的先天形式的条件，是感性直观的纯形式和内感官的形式。④ 所以席勒说：“一切状态，一切特定的存在，都是在时间中形成的，因而人作为现象必然也有一个起始，虽然纯粹的灵智在人身上是永恒的。没有时间，即不变，人就绝不会成为特定的存在。”⑤ 席勒在这里依托时间依然是强调人的感性存在的有限性。康德思想中的理性还要受到物自体的支配，席勒人性中的人格就是一个不变的理性存在，虽然也有神性的出现，但是这种人格本身“不可能在时间中开始；相反，

① ［德］莱·奥巴莱特、埃·格哈德：《德国启蒙运动时期的文化》，王昭仁、曹其宁译，商务印书馆1990年版，第145页。

② ［德］席勒：《审美教育书简》，冯至、范大灿译，上海人民出版社2003年版，第88页。

③ 同上书，第89页。

④ 北京大学德国研究中心：《北大德国研究》，北京大学出版社2005年版，第73页。

⑤ ［德］席勒：《审美教育书简》，冯至、范大灿译，上海人民出版社2003年版，第90页。

倒是时间必须在它之中开始，因为变化必须以一个保持恒定的东西为根据”①。它源于人的理性层面，具有主体性的精神内涵，不受时间的限制，“我们的状态从静止到活动，从热情到冷漠，从一致到矛盾，但我们还仍然是我们”，② 因为这种人格是从“直接由我们衍生出来的”。

席勒在这里就将人的主体性以理性的形式进行自我确认，是受到了费希特的影响。席勒在《美育书简》第四封信中的注释中指出：“这里我要提到我的朋友费希特不久前出版的一部著作《关于学者天职的讲演录》（即学者的使命），在这本书里，他对这一原则做了非常明了的，在这条道路上从未尝试过的推论。”③ 这里所指出的“这一原则”，席勒用自己的话表达出来是“每个个人按其天赋和规定在自己心中都有一个纯粹的、理想的人，他生活的伟大任务，就是在他各种各样的变换之中同这个理想的人的永不改变的一体性保持一致”。④ 在席勒的这几句话里，“纯粹的、理想的人”是“永不改变的”，因而是第一性的，虽然现实世界每个人的生活存在“各式各样的变换”，但是这种种变换都指向一个目的——与那个纯粹的、理想的人保持一致，所以是第二性的，是被动的，但在这变换之中，还体现出一种能动性，即始终在向第一性靠拢。席勒的这个观点也正是费希特自我学说的原则在席勒人性思想中的体现。

和席勒一样，费希特的自我学说也是以康德的哲学思考为起点。康德的《纯粹理性批判》发表几年后，引起了人们的广泛关注，正如海涅所说：“人们只要看一下第一流的哲学书刊目录，以及当时出版的有关康德的无数著作，就可以充分证实单单是康德一个人引起的这次精神运动了。”⑤ 在关于康德哲学理论所引起的巨大分歧的争辩中，费希特认识到了康德哲学体系并不科学，康德的物我二元论和“物自体”是造成康德哲学内在矛盾的主要原因，也并不能解决人和世界的关系问题。费希特对于康德的“物自体”很不以为然，认为那只是“彻头彻尾的虚构物”。他

① ［德］席勒：《审美教育书简》，冯至、范大灿译，上海人民出版社 2003 年版，第 90 页。

② 同上书，第 88 页。

③ 同上书，第 32 页。

④ 同上。

⑤ ［德］亨利希·海涅：《论德国》，薛华、海安译，商务印书馆 1980 年版，第 305—306 页。

说："哲学所要谈的不是你外在的东西，而只有你自己。"① 所以，费希特抛弃了康德的物自体，创设了精神一元论的新的主体"绝对自我"来克服康德哲学中的矛盾。绝对自我是费希特思想体系的出发点和归宿，其中，强调的是主体的精神活动本身，这个主体的精神活动既是规定结果，又规定行为过程本身，是一种绝对的、能动的、第一性的精神。关于这种自我，费希特指出："那种自我，它的存在（本质）完全在于自己把自己设定为存在着的，就是作为绝对主体的自我。既然它设定自己，所以它存在；既然它存在，所以它设定自己；因此对自我来说，自我直截了当地必然的存在。对自己本身而言不存在的那种东西，就不是自我。"② 这虽然走向了唯心主义，但是他把人的主体性和实在性统一起在人自身，不能不说是一种进步。重要的是这也启发了席勒，使席勒的人性中的人格开始摆脱康德的"物自体"而走向了人自身的理性。如果说康德哲学思想中的人的自我意识具有普遍性和必然性的话，那么费希特的这个主体的精神就具有了绝对性和无限性。费希特的自我学说主要是继承了康德的思想，但是他所设立的主体性原则所具有的辩证的性质使他的学说超越了康德，也为席勒所认同并将其吸收到自己的哲学思考中，形成了自己独特的人性理论，"在写作《审美教育书简》之前，席勒已经熟习了费希特的著作，在费希特的著作中，席勒找到了解决他的难题的线索；席勒这封《信》所用的方法与其说是康德，毋宁说是费希特的"③。

在思考人格和状态的关系的时候，席勒表现出了他从康德那里继承来的辩证法意识，即承认现象界事物的矛盾性、对立性和差别性以及统一性，这是一种积极意义上的辩证法，可惜康德只是运用到现象界，而席勒则向前迈了一步，更多地靠近了费希特，"人的人格，如果孤立地看，也就是说脱离开一切感性材料，它只不过是一种有无限外显可能性的天禀；只要不观照，不感觉，人就只不过是形式和空洞的功能。人的感性，如果孤立地看，也就是说脱离开精神的一切自我活动，它的功能只不过是使没

① 北京大学哲学系外国哲学史教研室编：《十八世纪末—十九世纪初德国哲学》，商务印书馆 1975 年版，第 183 页。

② 温纯如：《康德和费希特的自我学说》，社会科学文献出版社 1995 年版，第 164 页。

③ 凯·埃·吉尔伯特、赫·库恩：《美学史》，上海译文出版社 1989 年版，第 481 页。

有它就只有形式的人转化成物质，而绝不可能使人同物质相统一”。[①] 人格在状态中实现，状态在人格中呈现。人格是无法离开状态而独立存在的，反之亦然。这样人就表现为人格和状态的统一体。在费希特的自我学说中，自我可以无条件地设定自我，将人的存在从神的手里交到人本身，人成为自我创造的主人；而自我设定非我，这里的“非我”类似康德所谓的“现象世界”或“自然”，也就是席勒所说的“状态”。康德的“现象世界”是与本体相对立的，费希特的自我与非我是互相转化的，“非我”是能动的“自我”进行主动的结果，没有“自我”就没有“非我”，同样，没有“非我”也不可能有“自我”。这样虽然席勒的“人格”和“状态”不是像康德那样走向对立，也没有如费希特那样走向统一，但是他汲取了费希特这种辩证的统一意识，将人的“人格”和“状态”之间的关系也必然地联系在一起，体现了对立性和统一性相结合的可贵的辩证法思想。席勒继续进行抽象分析，他从人格和状态的不同要求出发并借用了亚里士多德的质料和形式的概念开始推论，得出人要趋于神性，必须要满足人格和状态的不同的要求，“把一切内在的东西外化，给一切外在的东西加上形式”。[②]

由此席勒又借用了费希特的自我学说中的内容。费希特认为自我存在两种对立的活动——纯粹活动和客观活动，主体中有一种“内在驱动力”，这种力联系着自我与非我的活动，或者说是一种去进行规定的倾向。费希特指出存在着一种“努力”，这是实践自我的一种不达“理想”永不休止的本性，这种努力作为实践主体的纯粹活动，实现着对客体的设定。同时，由于这种努力是无限的，它要超出规定的界限，所以它所设定的客体就不是一个现实的、依赖于非我的活动的世界，而是一个由自我设定的、理想的世界。这样就让人具有一个理想的客体存在，人在朝着这种理想存在的客体努力的过程中就不断实现人的完善。席勒的人格在自我的设定中所形成的纯粹的人、理想的人的观念也是从此处而来。另外，费希特提出一个重要的概念——冲动。这种冲动只限于主体的内部，其活动范围不超过主体之外。这种冲动由主体自己设定而产生出来，是一种固定的、确定无疑的东西。由于冲动只由自己产生，所以是一种绝对的存在，

① ［德］席勒：《审美教育书简》，冯至、范大灿译，上海人民出版社2003年版，第92页。
② 同上书，第93页。

不涉及因果关系。这种冲动是由自我所产生的，自我也产生了一种反对的力量，“自我有一种努力。这种努力只有受到抵抗，只有不能具有因果性，它才是一种努力。因此，只要这种努力真是这个样子，那它也就同时是以一个非我为条件的，由一个非我所产生的”，① 而非我是由自我所设定的，所以这种努力和反努力在人体就产生出一种矛盾。席勒在费希特的思想基础上也认为人身上有两种相反的力，一种是感性冲动，“它是由人的物质存在或者是由人的感性天性而产生的，它的职责是把人放在时间的限制之内，使人变成物质，而不是给人物质”②。另一种是形式冲动，它来自人的绝对存在或者说是理性天性，“它竭力使人得以自由，使人的各种不同的表现得以和谐”。③ 这两种冲动“乍看起来，好像没有比这两种冲动的倾向更彼此对立的了，一个要求变化，一个要求不变”④。但是席勒指出由于这两种冲动的对象和范围不同，所以也有不冲突的可能，对这一点，“只要断言这两种冲动有一种本原的、因而也是必然的对抗性，那么要维持人身内的一体性，除了使感性冲动从属于理性冲动以外，自然就再没有更好的办法了。但是，由此而产生的只能是单调，而不是和谐，人仍人是永远继续分裂。这种从属关系是必要的，但是相互的”⑤。席勒承认这两个冲动的相互作用，“一个冲动的活动同时也为另外一个冲动的活动奠定了基础，立下了界限，每一个冲动都正是由于另外一个冲动是能动的才在最高程度上显示出自己”⑥。在这里席勒明确指出了自己从费希特那里所吸取的哲学思想，“关于相互作用这个概念及其全部重要性，费希特在《全部知识学基础》中有精辟的论述”。⑦ 席勒认为感性冲动和理性冲动之间既是从属关系（如康德所认识的那样），同时又存在一种并列关系。对于康德来说，他是将感性直接置于理性的统治之下。在席勒那里，由于汲取了费希特的思想，席勒试图寻找一种感性和理性的平衡，即从矛

---

① ［德］费希特：《费希特著作选集》第 1 卷，梁志学主编，商务印书馆 1990 年版，第 692 页。

② ［德］席勒：《审美教育书简》，冯至、范大灿译，上海人民出版社 2003 年版，第 96 页。

③ 同上书，第 98 页。

④ 同上书，第 102 页。

⑤ 同上书，第 132 页。

⑥ 同上书，第 112 页。

⑦ 同上书，第 103 页。

盾的对立中寻找一种统一。费希特在自我学说中设定平衡，是因为费希特认为自我在努力的过程中同时具有无限性和反思倾向，这样就出现努力和反努力相互作用的现象。只是这种相互作用依然是在主体内部，费希特通过对感觉的设定让主体在自我的“感觉”中达到一种统一或者平衡。费希特认为由于“必然有一种内在的驱动力量存在，不过由于根本没有自我意识，因而也不可能于自我意识发生关系。这种内在的驱动力量只能被感觉到。这样一种状态虽然是不可描述的，确实完全可以感觉的，而且在这种状态中，每一个人都必须依靠自己的自我感觉”①。由于自我在自身中可以反思自身，同时也在自身中设定客体，那么感觉就联系了行为的自我，但是由于从客体来说，感觉又受到了限制，所以费希特认为通过感觉将两种相反的力量交接起来，使感觉者本身也成为被感觉者，一方面感觉者是需要进行反思的东西，表现出受动性，另一方面感觉者自身由于在感觉而成为活动着的，所以又是主动者。这样在同一个体身上的矛盾就在自身上得到解决。这里费希特的自我体现出一种动态的发展趋向，即从纯粹自我——理论自我——实践自我逐步演化，强调了主体的能动作用。对于费希特的哲学思想，席勒是深有领会的，但是他没有沿着费希特的道路走下去，而是吸取了费希特的思维方式来对人性进行思考。这既是他超出康德的原因，也是他无法摆脱康德的原因。

对于费希特对感觉本身进行限定和规定来达到人内部冲动的平衡的做法，席勒将其移至自己的人性学说中，认为感性冲动和理性冲动的矛盾也是需要感觉来维持其平衡。由于“感性冲动要求被规定，它要感受它的对象；形式冲动要求自己规定，它要创造它的对象”。② 席勒认为不能让二者处于非此即彼的关系之中，“人不应该靠牺牲他的实在去追求形式，也不应该靠牺牲形式去追求实在”③。这样的人依然不是席勒认为完全意义上的人。席勒借用了费希特的感觉的思考，认为只有人既感觉到自己是物质的又认识到自己是精神的时候，人性才会真正地实现。于是席勒创造

① ［德］费希特：《费希特著作选集》第1卷，梁志学主编，商务印书馆1990年版，第720页。

② ［德］席勒：《审美教育书简》，冯至、范大灿译，上海人民出版社2003年版，第114页。

③ 同上书，第112页。

出第三种冲动——游戏冲动。这种冲动是感性冲动和形式冲动之间的集合体，是“实在和形式的统一、偶然与必然的统一、受动与自由的统一”①。这里需要指出的是，游戏冲动是与其他两种冲动对立的一种新的冲动，这种冲动是在两种冲动结合在一起进行活动而产生，具有那两个冲动的特点：“游戏冲动则力争要这样来感受，就像自己创造一样，力争要这样来创造，就像感官在感受一样。”② 也就是说游戏冲动兼具那两种冲动的特点但同时也是对那两种冲动的一种限制和否定。因为席勒认为“两种冲动都需要限制，只要设想他们是潜力，它们就需要放松一个冲动不要侵入立法的范围，一个冲动不要侵入感觉的领域”③。席勒认为这种限制就是文明的任务，“第一，防备感性受自由的干涉，第二，面对感觉的支配确保人格”④。席勒在这里依然是借用了费希特的思维方式，费希特十分强调规定（限定）、规定性（限定性）概念。“限制某个东西，意思就是说，不由否定性把它的是在行整个地扬弃掉，而只是部分地扬弃掉。因此，在限制的概念里……还含有可分割性的概念（即一般的可有量性的概念，而不是某一特定的量的概念）”。⑤ 这种限定就肯定了被限制者的可分割性。费希特肯定自我和非我都具有这种可分割性，也就是说都可以被限制，但是由于绝对自我是不可分割的，费希特指出，自我在自我之中可以对设一个可分割的非我与可分割的自我相对立。由此，席勒也认为感性冲动和形式冲动可以也应该被限制，这就为游戏冲动的出现提供了可能。

游戏冲动的引入也是席勒从费希特的哲学中转化而来的。费希特的主体性原则里第二条“自我设定非我”，存在一个“二律背反”，即非我存在着否定性的同时，也与自我存在着同一性，这就与“自我设定自我”相矛盾。为此，费希特借助于“扬弃”的概念来解决这个“二律背反”的问题。这个“扬弃”是费希特辩证法中的一个重要范畴，它有多种含义，其一是保留，即保留着同一性中的独立与对立性中的同一；其二是克服、否定，即取消同一性中的同一与对立性中的对立；其三是成为对立面

① ［德］席勒：《审美教育书简》，冯至、范大灿译，上海人民出版社 2003 年版，第 119 页。

② 同上书，第 114 页。

③ 同上书，第 108 页。

④ 同上书，第 104 页。

⑤ 温纯如：《康德与费希特的自我学说》，社会科学文献出版社 1995 年版，第 169 页。

转化的统一的环节。[①] 这样，通过扬弃的概念，费希特就实现了在否定中保留同一，在同一中保留否定。“扬弃自己，同时它又不扬弃自己。”[②] 同时，为了解决扬弃的问题，费希特认为必须借助一个×，这个×把对立面进行统一，对立面也在自我之中。费希特认为这个×必须也存在人的自我意识里，是绝对自我的精神活动，自我、非我和×都是人类自我原始行动的产物，都在人类意识里同一行动。受到费希特的×启发，席勒才创造了那个游戏冲动，“现在最重要的是，把同样的无规定性以及同样无限的可规定性同最大可能的内容统一起来，因为从这种状态中须直接产生出某种肯定的东西。这样，就必须牢牢抓住他原来通过感官所接受的规定，因为他不能失去实在性；同时只要这种规定还是一种限制就必须消除，因为须有一个不受限制的可规定性”[③]。“当两个冲动在游戏冲动中结合在一起活动时，游戏冲动就同时从精神方面和物质方面强制人心，而起因为游戏冲动扬弃了一切偶然性，因而也扬弃了强制，使人在精神方面和物质方面都得到自由”。[④] 和费希特的“扬弃”概念一样，席勒的“扬弃了强制”并不等于是废弃了这两种冲动，而是“有所保留”，游戏冲动指向的目标是“在时间中扬弃时间，使演变与绝对存在、变与不变合而为一”[⑤]，达到了一种自由的状态，席勒认为，那就是完美的人性的显现。

席勒的人性论虽然是建立在康德的人性的先验原则基础上的，但是他还是有意无意地抛弃康德的“物自体”，在他的著作里根本就没有提到过“物自体”的概念，这隐含席勒对“物自体”问题的否定。同时，康德宣称现象界与自由毫不相关，但是席勒却力图解决现象中的自由的问题。所以他直接从感性和理性的结合体——人的存在出发来探讨人性的构成，认为人性是存在一个动态的逻辑的发展过程的。在他看来，人性经历着一个“同一—对立—统一”的过程。卢梭也强调人性最初的同一，也就是理性没有开始作用之前的人的原始蒙昧状态，卢梭认为这是人性的至善。康德的人性中既有善的禀赋，也有恶的倾向，但是人性的至善是在道德中得以

① 温纯如：《康德与费希特的自我学说》，社会科学文献出版社 1995 年版，第 168 页。

② 同上。

③ ［德］席勒：《审美教育书简》，冯至、范大灿译，上海人民出版社 2003 年版，第 161 页。

④ 同上书，第 115 页。

⑤ 同上书，第 113 页。

实现的，所以康德的善恶决定于德性，人性的实现就要靠道德的至善来完成，只是这种至善无法在伦理范围内达到，也无法依靠人力来实现，必须依靠超人力的上帝“关照”，使理性驾驭和统领感性。这恰恰说明了人性中的理性本性与感性本性的矛盾对抗是人力所无法剔除的，康德就这样为信仰提供了可能的条件。席勒认为人性是神性和兽性的结合体，人性处在神性和兽性的统一之中，所谓的人性圆满就是感性和理性的结合与平衡，它存在于古希腊人的性格中，也存在于通过审美而体现的自由和谐之中，这样席勒就体现出与康德不一致的地方来。席勒没有否定康德的道德人的重要性，在他对人和国家的三种形态划分的时候，道德的人和道德的国家都是处于最高的阶段的。只是席勒在进行论证的时候，由于对理性的态度的不同使席勒不自觉地偏移了原来的方向，也导致了人性观的不同。席勒“从自己的内心并是在一条理性的路上生育出一个希腊来”①。在席勒的想象里，古希腊人所处的时代“精神力正在壮美地觉醒，感性和精神还不是两个有严格区分地财物，因为还没有倾轧去刺激它们彼此敌对地相分离，各自划定各自地界限”②。因此，在席勒看来，虽然人的发展和历史的发展需要经过自然状态、审美状态和道德状态三个阶段，但是由于理性刚刚萌生，所以还没有形成巨大的控制力，感性和理性各行其是，并不互相冲突，这样希腊人就“既有丰富的形式，同时也有丰富的内容，既善于哲学思考，又长于形象创造，既温柔，又刚毅，他们把想象的青春和理性的成年结合在一个完美的人性里”③。古希腊人就是人类生存和审美理想的样本，是人性最初的统一状态。值得深思的是，对于席勒的这一观点，马克思用类似的话表示了赞同，“因此，那幼稚的古代世界看起来便像是一种格外崇高的世界。（比之于资本主义世界，）这是一方面。另一方面，古代世界也确是人们寻求一切完善形象、形态和圆满境界的所在”④。和席勒一样，马克思也承认了希腊文化所表现出来的完善性。席勒承认人类社会是有着走向文明的必然性的，所以人性在席勒那里也呈现

---

① 宣琳：《自然人与游戏者——卢梭与席勒“复古”思想比较研究》，学位论文，黑龙江大学，2002 年。

② ［德］席勒：《审美教育书简》，冯至、范大灿译，上海人民出版社 2003 年版，第 45 页。

③ 同上书，第 44 页。

④ ［德］马克思：《政治经济学批评大纲》第三分册，人民出版社 1963 年版，第 105 页。

出动态的特点，席勒认为人性走向分裂是文明的必然结果，他没有如卢梭一样回归原始，而是希望用积极的方式在分裂中弥合分裂，并相信通过审美教育，人的游戏冲动会让人性中的理性和感性再度和谐。

人性的完满在于和谐自由。席勒毕生所追求的是自由问题。自由一词也是古往今来人们在日常用语中使用频率较高的一个名字，追求自由是不同时代的人的共同梦想，而自由的内涵也随着人类历史的发展而变化。孟德斯鸠说过，在各种名词中间，最歧义丛生的就是自由这个词。黑格尔也认为自由这个词是不确定的、语义是笼统含糊的。思想家们对自由的理解是彼此相异的。德谟克利特就曾认为个人的最大自由在于能独立地超越于社会，苏格拉底则认为自由就是对善的认识，人到了善的境界就是进入自由的境界。在中世纪，自由则与上帝联系在了一起，阿奎那既承认向往自由是人作为人的特点，同时又强调人的这种自由是服从上帝的，“上帝是第一原因，它既推动了自然原因，又推动了产生善良意志的原因”。[①] 文艺复兴运动使自由逐渐从上帝那里回到了人类自身。斯宾诺莎就认为追求自由是人的本性所决定的，所谓的自由就是按照人的自然本性所要求的必然而行动，于是，在法国唯物主义哲学家那里，自由就成为人无条件地服从大自然和人类社会的客观规律的要求。卢梭慨叹“人是生而自由的，但却无往不在枷锁之中”，只有在自然状态中，人才体现出天性的善和自由的本性，文明社会给人性带来的不是自由，而是道德的堕落和人性的恶的一面出现。在康德那里，自由只能在道德领域里实现，善就是最大的目的。由于人只能在人生的领域里达到对自然的必然性的认识和把握，对于感性世界以外的物自体是无法掌握的，所以康德认为“我们必须假设有一个摆脱感性世界而依据理性世界法则决定自己意志的能力，即所谓自由”[②]。这样康德就将人的自由理解成人摆脱物质控制的一种能力，在认识领域里永远无法实现，应该说，康德把生命本能的冲动与人的自由划清了界限，自由不受经验制约但是却对现实起作用，对人的自由的追求也成为现实中的人的最高目的。不过在康德那里，自由既有超出自然因果的先验的性质，体现为道德律令的自由，自由也可以指现实生活中个体决定自己行为的自由，这种自由受自然界因果律的规定和支配。这样，一方面现

① 林剑：《人的自由的哲学的思索》，中国人民大学出版社 1996 年版，第 24 页。

② ［德］康德《实践理性批判》，关文运译，商务印书馆 1960 年版，第 135 页。

实的人无法达到实践理性本身，所以人就体现为被动性；另一方面个体的能动性又可以在现实世界实现，体现为出实践能动性，这样人自身就体现为最大的自由和不自由的统一。归根结底，自由在康德那里就是一种超越感性存在的纯粹理性，只能在道德领域实现这种自由。在道德领域里人才能摆脱物欲的控制而按照自己的意志来自由行动，因此正如李泽厚所说，“一方面，自由是绝对命令的根源和依据，是道德律令的基础和前提；另一方面，道德律令又是自由体现出来的途径，自由离开了道德便永远不能被人感到”①。但是任何的道德都必须在经验范围内得到落实，这样自由还是没有摆脱物质的限制。为了解决这个深刻的矛盾，康德试图用审美判断力来解决二元论的问题，达到对知性和理性的沟通，而席勒也正是沿着康德的思路，开始了自己的美学思考。

可以看出，席勒之前虽然各个时期的思想家对自由的阐述理论各异，但对自由的思索是沿着两个维度进行的，一是从哲学意义上即在认识论上讨论自由的含义，二是从社会意义上即从现实社会状况来看人的自由程度的。人的肉体和精神的双重性存在联系在一起，突出了对感性自由和理性自由的双重要求。康德哲学里自由也有着这双重含义，康德依然是没有实现这二者的统一，只是他指出了感性和理性统一的必要性。“自由概念应当使通过它的规律所提出的目的在感官世界中成为现实；因而自然界也必须能够被这样设想，即它的形式的合规律性至少会与依照自由规律可在它里面实现的那些目的的可能性相协调。”② 而席勒深感现实社会人的不自由状态，所以他从人性的角度来对人进行分析，意图找出人性恢复自由的内在依据，以实现对自由的两个维度的统一。在席勒看来，这两种自由存在着先后和因果关系，即人性自由是社会自由的前提。席勒认为感性冲动和理性冲动是两种不同的力，都要作用于人，而“两种基本冲动中的任何一种，如处于单独统治地位，对人来说都是一种强迫和强制的状态，而自由只有在人的两种天性共同作用时才会有”③。无论哪种力占了主要位置，都会对人造成一种限制，而这种限制就是不自由，就是对人性的一种

---

① 李泽厚：《批判哲学的批判》，生活·读书·新知三联书店 2007 年版，第 306 页。

② 康德：《判断力批判》，邓晓芒译，人民出版社 2002 年版，第 10 页。

③［德］席勒：《审美教育书简》，冯至、范大灿译，上海人民出版社 2003 年版，第 138 页。

压抑。即使是为社会带来巨大进步的理性冲动，也极大地造成了人的不自由状态，失去了人的完善性和丰富性。因此，席勒认为自由不在于感性冲动所造成的巨大物质满足，也不在于理性冲动所给带来的冰冷的法则，虽然二者都是人所必需的，但正因为如此才不能有所偏重，必须保持二者的平衡，既发挥这两种力的作用又对二者进行限制，犹如放在天平的两端，形成一种力的对峙，在这种状态下，人既享受感性冲动带来的享受也遵循形式冲动带来的法则，从而实现一种自由。这种自由的实现是由游戏冲动的存在的必然要求，因此在席勒看来，自由就是人的天性，自由是人的内在根据的必然性要求，人的天性就是在趋于对自由的实现。只有在"感性冲动随着体验到生活（即随着个体性的开始）而觉醒，理性冲动随着体验到法则（即随着人格的开始）而觉醒，只有在这时，即两种冲动都成为实际存在以后，人的人性才建立起来。直到人性建立起来之前，人身上的一切都是按照必然的法则发生的；现在人脱离了自然的保护，由他自己来维护自然在他身上设置并开启的人性。也就是说，只要两种基本冲动在人身上一活动，这两者就失去了它们的强制，两种必然的对立成了自由的产生源泉"①。因此，在席勒这里，自由是在于两种内在冲动的同时发挥作用，同时在和谐中得到解放，实现个体自由与国家政治的统一。

二　席勒的人性"碎片化"理论

毛崇杰在《席勒的人本主义哲学》一书中指出，人的异化的思想是席勒的人本主义思想的一个重要内容，人丧失了人的完整性的时候就可以称为人的异化。现在很多研究资料中也直接将席勒对现代社会的批判的观点称为"异化理论"，在马克思《1884 年经济学—哲学手稿》热中，在对马克思主义美学的理论进行追根溯源的过程里，席勒的美学思想就被认为是马克思的主要土壤和养分，认为二者对社会状况、人的异化、克服异化的途径的问题上，有着一致的逻辑线索。威尔逊等甚至提出"人们是否能够公平合理地把席勒宣布为后来如黑格尔与马克思所建立的'异化'原理的先驱者或是创始人"的问题。②

---

① ［德］席勒：《审美教育书简》，冯至、范大灿译，上海人民出版社 2003 年版，第 155 页。

② 毛崇杰：《席勒的人本主义美学》，湖南人民出版社 1987 年版，第 31—32 页。

但实际上，席勒并没有非常明确地提出“异化”的概念，他在《审美教育书简》中使用的多是“碎片”一词，“人只好把自己造就成一个碎片”。[①] 这里的“碎片”是相对于“完整的整体”而言，原意为完整的东西破碎成诸多零块。但席勒指的不是物质结构意义上的部分与整体的关系，而是从人性发展的角度，他认为人性本来应该是完整的，人的感性和理性应当是协调发展，但在现代文明下，人性的整体性发生变化，感性和理性走向了极端化和片面化发展。在席勒看来，现代人虽然和古希腊人一样有着同样的身体构造，但是身上所呈现出来的不是完整的人性协调发展，而是人性的部分发展，席勒称之为残缺不全的碎片，他希望通过美育能让碎片重新复归为完整。对于这一点，毛崇杰也清楚地指出“席勒在《美育书简》中，并没有使用过后来黑格尔与青年马克思所用的 Entfremdung 与 Entausserung（中文译为“异化”）这两个词。不过席勒在《美育书简》第十一封信中使用了 veraussern 一词，这个词同英语来源经济学、现译为‘异化’的 alienation 在字义上相接近，意为‘出售’‘转让’”[②]。但是笔者认为并不能从这点来确认席勒的“碎片化”理论就是“异化”理论，异化理论自身有其发展的过程，席勒的“碎片化”理论只是异化理论发展进程中的一个关键的环节，“碎片化”更能体现出席勒的异化思想的确切含义。所以笔者认为人性碎片化能更好地将人类发展的文明成果与人类自身的发展联系在一起，突出人自身的创造物对人自身所产生的影响，而席勒的“碎片化”理论就为异化理论的发展提出了新的方向。这从异化概念的发展中就可以看出席勒“碎片化”理论的意义所在。

“异化”这一词语最早出现于《圣经》，是指亚当偷吃了禁果，堕落成凡人，从上帝的纯真神性中“异化出去”。弗洛姆在《马克思关于人的概念》一书中认为，异化概念在《旧约全书》的偶像崇拜中得到了它在西方思想中的头一个表现。从词源上讲，这个词语最初是源自拉丁文 alienatio，在拉丁文中“异化”一般有三种含义：（1）在法学领域里，它的含义是权利或财产的转让或出卖；（2）在社会领域里，它的含义是自己同别人、同国家和上帝相分离或疏远；（3）在医学和心理学领域里，

---

① ［德］席勒：《审美教育书简》，冯至、范大灿译，上海人民出版社 2003 年版，第 48 页。

② 毛崇杰：《席勒的人本主义美学》，湖南人民出版社 1987 年版，第 32 页。

它的含义是精神错乱与神经病。[①] 后来异化一词被翻译成英文 alienatio，有疏远和转让的意思。在《大不列颠百科全书》中，异化的意思被概括为无能力、无意义、无准则，对社会的孤立以及对文明教化和自我的疏远。在法语里，异化则是人与社会机制之间关系的表达方式，最初只是意味着财产转让的法律概念，即一个人向另一个人转让全部财产，后来引申到权力的一种转让。17 世纪的法国唯物主义哲学家霍布斯也提出了这种观点。[②]"在别人也愿意这样做的条件下，当一个人为了和平与自卫的目的认为必要时，会自愿放弃这种对一切事物的权利；而在对他人的自由权方面满足于相当于自己让他人对自己所具有的自由权力。"[③] 所以霍布斯认为，"把大家所有的权力和力量托付给莫伊个人或一个能通过多数的意见把大家的意志化为一个意志的多人组成的集体，这就等于说，指定一个人或者一个由多人组成的集体来代表他们的人格，……大家都把自己的意志服从与它的意志，把自己的判断服从于它的判断"[④]。在霍布斯看来，异化仅仅意味着权利的一种转让，是契约式国家成立的前提。

卢梭发挥了霍布斯对于异化的解释，针对国家的组成建构原则，"异化"是侧重于"权力的转让"，转让的结果是形成了契约式的国家，这个国家因为是契约式，所以也具有支配个人的力量。反过来，这个国家也可以支配个人的力量。这样卢梭也将个人与国家紧密地联系起来。不过，在霍布斯那里，"异化"是为资产阶级服务的"绝对君权"理论开辟道路，而卢梭的"异化"理论则隐含着一种否定的力量，充满着对现代文明社会的批判。卢梭假定了一种自然状态的存在，这种自然状态是一种理性产生作用之前的原始人的和平安乐的生活，人是本真的人，率性的人，是依靠自己和自然而生存展现出人本性的人。而科学和技术的进步、文明的发展损害了人的善良天性，卢梭认为这是进入了社会状态，即一种被异化了的社会存在。在这个社会里，存在两种异化，一种是社会的异化，表现在科学艺术的异化、制度的异化和教育的异化等方面，卢梭批判了科学和艺

① 陆梅林、程代熙编选：《异化问题》下，文化艺术出版社 1986 年版，第 540 页。

② 北京大学哲学系编：《人道主义和异化问题研究》，北京大学出版社 1985 年版，第 152 页。

③ ［英］霍布斯：《利维坦》，黎思复、黎廷弼译，商务印书馆 1985 年版，第 98 页。

④ 同上书，第 131 页。

术，断言：我们的灵魂正是随着我们的科学和我们的艺术之臻于完美而越发腐败的，“随着科学与艺术的光芒在我们的地平线上升起，德性也就消逝了”。[①] 而国家也没有如霍布斯的异化那样带来每个人的平等生活，相反，异化带来的是政治不平等和贫富的分化。另一种异化就是人性的异化。卢梭曾这样描述过处于社会状态中的所谓文明人，他们“在奴隶状态中生，在奴隶状态中活，在奴隶状态中死：他一生下来就被人捆在襁褓里；他一死就被人钉在棺材里；只要他还保持着人的样子，他就要受到我们的制度的束缚”[②]。卢梭认为在理性的作用下，人们为了追求自己的利益，不自觉地将自己与他人对立起来，并且为了迎合社会的需要，“自己实际上是一种样子，但为了本身的利益，不得不显出另一种样子。于是，‘实际是’和‘看来是’变成迥然不同的两回事”[③]。这就是对人自身的一种异化。卢梭的异化还包括人与周围关系的异化，即由原来与自然和谐相处而变为一种对立控制的关系，结果“自以为是其他一切的主人的人，反而比其他一切更是奴隶”。[④] 因此，在卢梭这里，异化的含义是双面的，一方面，侧重于国家建构原则上的“权利转让”，国家接受个人转让的权利而具有了权威，统治者的意志就代表了人民的意志。另一方面，异化是一种使主体能更好地发展的手段，异化的结果与主体并不产生任何的对抗，相反，异化是积极而有效地保证了主体的存在；但是从对文明社会的批判的层面看，异化又是对文明社会的否定，文明状态下的人表现出一种非真实自我的存在，因此卢梭的人性异化思想是比较明显的，充满着对现代文明社会的批判。

卢梭的异化理论的深刻批判性和对于人本身的重视深深影响了席勒，席勒更多地接受了卢梭的异化思想。席勒将异化引入社会实践领域，他对社会批判的理论就是卢梭异化理论的延伸和阐发。席勒直接指出了人性的“碎片化”问题，比卢梭更直接地触及了现代文明对人所产生的反作用，用自己的语言表达出了自己的异化的思想观念，即文明和社会分工给人造

---

① ［法］卢梭：《论科学与艺术》，商务印书馆 1963 年版，第 11 页。

② ［法］卢梭：《爱弥儿》，李平沤译，商务印书馆 1978 年版，第 15 页。

③ ［法］卢梭：《论人类不平等的起源和基础》，李常山译，商务印书馆 1962 年版，第 124—125 页。

④ ［法］卢梭：《社会契约论》，何兆武译，商务印书馆 2003 年版，第 4 页。

成了一种内在的否定性撕裂，“人永远被束缚在整体的一个孤零零的小碎片上，人自己也只好把自己造就成一个碎片”①，人性的不和谐发展就成为异化。黑格尔则把它当作主要概念系统加以运用。黑格尔则在《精神现象学》中提出了一个著名的论点：“一切问题的关键在于：不仅把真实的东西或真理理解和表述为实体，而且同样理解和表述为主体。”② 也就是说，这种“单一的东西分裂为二的过程或树立对立面的双重化过程”的过程就是异化。这样，黑格尔在哲学史上明确而系统的确定了异化的概念。因此，席勒的“碎片化”理论就成为异化理论进程中的重要一环，从人的本性的角度来分析人在文明社会下的生存状态，将异化问题直接引入人自身。

第二节　游戏说

“一个比我们更为愉悦的时代一度不揣冒昧地命名我们这个人种为：Homo Sapiens［理性的人］。在时间的进程中，尤其是 18 世纪带着它对理性的尊崇及其天真的乐观主义来思考我们之后，我们逐渐意识到我们并不是那么有理性的；因此现代时尚倾向于我们这个人种称为 Homo Faber，即制造的人。尽管 faber［制造］并不像 sapiens［理性］那么可疑，但作为人类的一个特别命名，总不是那么确切，看起来许多动物也是制造者。无论如何，另有第三个功能对人类及动物生活都很切合，并与理性、制造同样重要——游戏［Playing］。”③ “游戏”在这里被看作是与理性同样重要的一种功能，这种功能伴随着人类从动物中脱颖而出，一直在文明的进程中发挥着重要的作用，文明的历史甚至就是游戏的历史。而“游戏”也逐渐成为理解现代思想的关键词语，它可以结构人类的所有文化，包括思想、语言和所有的艺术创作。但是在人类历史上，游戏说是有一个发源与理论建构的过程的，对于游戏的界定处于一种变动的状态，“游戏”的含义在不断丰富和引申之中且呈现一种历史的变化起伏。“游戏”是席勒

① ［德］席勒：《审美教育书简》，冯至、范大灿译，上海人民出版社 2003 年版，第 48 页。

② ［德］黑格尔：《精神现象学》上卷，贺麟、王玖兴译，商务印书馆年 1979 年版，第 10 页。

③ ［荷兰］约翰·赫伊津哈：《游戏的人》，中国美术学院出版社 1996 年版，第 1 页。

美学思想中的核心概念，在西方“游戏说”的背景下，他的“游戏”观念也受康德的影响，但艺术游戏观只是康德哲学的一个很小的组成部分，席勒发挥了康德在审美鉴赏中对于游戏的阐述，将游戏与人性联系起来。席勒认为，游戏就是审美，是人的天性对自由追求的一种外显。只有在游戏中，人才能实现人性的完整。

一 游戏的概念

何为“游戏”？这似乎是个不难回答的问题。因为游戏几乎涵盖在我们生活的每个角落，从孩童到成人，甚至是动物之间都可以见到游戏的存在，例如力量和技巧的游戏、表演的游戏等，生活中的游戏容纳了各种各样的表现。但是席勒曾经说过“我们不能一谈到游戏，就想到现实生活中进行的、通常只是以非常物质性的对象为目标的那些游戏”①。具体的游戏类型并不能代表游戏的真正意义。不过，我们要探讨“游戏”并试图分析游戏所表达的观念的同时，必须首先从它的语言学上进行入手。从语言中的“游戏”开始，进而考察文化中的游戏意义，在历史的追根溯源中体现席勒游戏说的深刻含义。

我们知道，虽然不同种族、不同时代的人都进行各种各样的游戏，但是人类的各种语言对于“游戏”这个普遍存在的范畴都有自己的独特的表达，这也形成了各种各样的游戏观念。也就是说，同样称为游戏，但其内涵是有所区别的，这和当时游戏一词产生的客观环境有很大的关系。荷兰学者约翰·赫伊津哈就考察了不同民族语言中对于游戏概念的不同规定，并对游戏在语言中的表达进行了充分的研究，这给了我们很大的启发。所以在这个问题上，本书多是借鉴了他的研究成果。

1. 狭义的“游戏”概念。

狭义的“游戏”就是指在各个民族中最通行的、普遍认可最基本的游戏范畴，它可以指称任何一个时代、所有民族所认为的游戏内容，多是指儿童所进行的没有实际生活意义的玩耍行为，没有任何的功利目的，具有一种自由和随意性，游戏者只是从中获得一种心理的愉悦或者紧张的感受。在希腊语中用 - inda 作词缀来表达儿童的游戏，例如 sphairinda—球

① ［德］席勒：《审美教育书简》，冯至、范大灿译，上海人民出版社 2003 年版，第 122 页。

戏；helkustinda—拔河；strepinda—投掷游戏；basilinda—城堡游戏等，in-da 这个词缀使得它所在的词具有“玩某种东西”的意思。[①] 而在我们中国的语言中，游戏的基本含义也等同于玩耍，尤其是儿童的玩耍，例如“夫婴儿相与戏也，以尘为饭，以涂泥为羹”（《韩非子·外储说左上》）中，“戏”即为游戏、玩耍之意。而在拉丁语中，ludus 一词作为游戏的一般用语，涵盖着所有的游戏领域，也包含着儿童游戏的意思，强调其非严肃性，尤其是“佯装”和“诡计”的意义上。[②] 而英语中的 play 是源于盎格鲁—撒克逊语 plega plegan，原意是“游戏”或者“玩”。[③] 约翰·赫伊津哈认为在原始语言中对游戏概念的界定更说明了游戏最基本的含义。他指出在阿尔刚金（Algonkin）部落里的一种语言“黑足”（Black-foot）中，koani 专门用来指儿童的游戏，而即使成年人和儿童玩同样的游戏，也不能用 koani 来称呼，这也可以说明狭义的游戏含义多是和儿童的行为有关。[④] 而通过心理学和生理学对儿童的游戏进行的观察，我们可以看出狭义的“游戏”概念所具有根本性的特点：愉悦性、自由、非真实性、非功利性，具有一种孩子气的幼稚和无意义的味道，所以多意味着一种比较低级的浅显的游戏形式。因此，柏拉图和亚里士多德都认为音乐也比游戏的含义要广。其他所有游戏的含义都是从这个狭义的意义基础上衍伸开去的。

2. 引申的“游戏”概念。

狭义的游戏概念并不能指称所有的游戏行为，尤其是成年人所进行的活动，这可以从“游戏”一词的衍生意义上看出来。在汉语中，游戏也可以指戏谑、娱乐活动等意义，既突出“游”的随意自如性，也突出了“戏”的非真实性，已经不仅仅指儿童所进行的玩耍活动，引申为一种对人和对物的态度，即以游戏的心态轻松地把握或者专注于某事或者某物，从中国古代思想家的言论中可以看出这种倾向。但在实际运用中，游戏作为一个名词与竞技、戏剧表演等仍然是有所区别的。在希腊语中，对于一般游戏至少有三个不同的词，“首先，三个词中最常用的是首先，παιδιὰ，

① ［荷兰］约翰·赫伊津哈：《游戏的人》，中国美术学院出版社 1996 年版，第 31—32 页。

② 同上书，第 38 页。

③ 同上书，第 41 页。

④ 同上书，第 35 页。

它的词源很清楚，意指‘也适合儿童’，但由于重音，它显然区别于παιδὶα——孩子气的，παιδιὰ 的运用并不限于儿童游戏，由于其词源παιξειν，玩，πατγμα，παιγνιον，玩具，它适于指称种种游戏，乃至最高最神圣的，如我们在柏拉图《法律篇》那段里所看到的”①。在古希腊语言中，αγων 这个词语专门用来指古希腊日常生活中习以为常的比赛和竞技活动，而现在这都可以统归到游戏的领域。在梵语里，至少有四个词根来对应游戏概念，以表达不同的游戏主体，例如 kridati，它近似于词根 nrt，它甚至涵盖了舞蹈和戏剧表演的整个领域；而 divyati 最初的意思就是投、掷等，意指赌博、掷骰子，但也表示哭泣、戏谑、戏弄和比拟等。② 但是在游戏的所有含义里，其语义学的起点似乎是迅速运动的观念，以至于柏拉图认为游戏是源于所有年轻生物——动物和人类——跳跃的需要。所以在格林的德语辞典里，游戏就被定义为“一种生动的合韵律的活动”③。但是在很大意义上，这些语言中游戏是不包含竞技和比赛的，虽然游戏的范围可以扩大到成年人所进行的娱乐活动中。而在 2000 年版的《新德汉词典》（修订版）④ 中，德文中的游戏 Spiel 作为名词，也具有多种意思：作为中性名词，（1）玩耍、娱乐、消遣、游戏：（2）赌博；（3）娱乐性比赛；（4）（体育）比赛，竞赛；（5）（弹子戏、牌戏、网球赛等的）一局：（6）剧、戏剧；（7）（无规则、无目的）跳动；闪动；飘动；波动：（8）轻举妄动，嬉戏，儿戏；（9）一副，一套：【机械工程】间隙，余隙，空隙，游隙：【狩猎】（雄山鸡、雄松鸡、野鸡的）尾巴。作为无复数名词，（1）（戏剧演员的）做功，表演，演技，表情；（2）演奏。这样，我们就可以看到，游戏这个概念的范围得到很大的扩展，涵盖了力量与技巧的竞技、表演等，也不仅仅是限于儿童这个群体。荷兰学者约翰·赫伊津哈在《游戏的人》中指出了一种更宽泛的游戏概念，可以涵盖几乎所有的语言。他指出游戏是在某一固定时空中进行的自愿活动或事业，依照自觉接受并完全遵从的规则，有其自身的目标，并伴

---

① ［荷兰］约翰·赫伊津哈：《游戏的人》，多人译，中国美术学院出版社 1996 年版，第 32 页。

② 同上书，第 33—34 页。

③ 同上书，第 39 页。

④ 上海译文出版社 2000 年版。

以紧张、愉悦的感受和“有别于”“平常生活”的意识。这样，从某种程度上说，这个游戏的概念几乎成为生活中最基本的范畴之一了。而本书对游戏说的探讨则主要是就这种宽泛的意义上而言。

3. 广义的游戏概念

广义的游戏概念就是将游戏作为人类社会发展中的一种文化现象进行考察，探讨游戏在人类社会文明发展中的意义和作用。这种广义的游戏概念不是指表现在动物或者儿童生活中的游戏，而是指作为文化的一种适当功能的活动形式，具有一定的社会功能。因为游戏先于文化而产生，原始社会在对自然万物进行观察的基础上将之引入游戏之中，就产生了世界各地各民族中各种各样的庆典活动中。如列奥·弗罗伯纽斯（Leo Frobenius）指出，古代人扮演自然秩序，就仿佛这些秩序深存于其意识之中。于是就出现了各种典礼或者仪式中戏剧性的庆祝演出，以再现季节变换、星座起落、庄稼生长收割以及人和动物诞生、延续与死亡。因此，他指出这种对宇宙经验的想象性呈现就是一种“游戏”。而柏拉图也认可游戏与各种典礼或者仪式的一致性，所以也把 sacra（神圣）纳入游戏的范畴。约翰·赫伊津哈在《游戏的人》一书中将游戏看作是一种古老的文化现象，并且认为游戏形态赋予社会生活以超越于生物本能的形式，并且推动了人类文明的进程。“正是通过游戏，人类社会表达出它对生命和世界的阐释。关于这点，我们不想说是游戏演变成了文化，莫不如说，在文化的最早阶段里蕴含有游戏的特质，文化在游戏氛围和游戏形态中推进。在游戏与文化的双生联合体中，游戏是第一位的。它是一种可以被客观认识和具体定义的事实，然而文化只是一个我们的历史判断力强加给特定情形的术语。”① 柏拉图很早就在《法律篇》里指出儿童的法律对于立法的重大影响，甚至可以决定现有法律的废存。而约翰·赫伊津哈认为从各民族的风俗习惯和宗教经验甚至神话传说中都可以看到游戏的成分。在他看来，法律、战争、学识都是从游戏中生发并都可以认为是隐喻的游戏，甚至哲学最初都也是从远古的宗教“谜语游戏”中产生的，而哲学在各个思想家的争辩中的发展本身也是具有不容置疑的游戏性质。总之，他将人类的文化都置于游戏的背景之中，涵盖了个体的生活、群体的活动以及人类的

① ［荷兰］约翰·赫伊津哈：《游戏的人》，多人译，中国美术学院出版社 1996 年版，第 49 页。

整个发展过程，成为人类文化乃至人类生活的一种方式和特点。由于约翰·赫伊津哈笃信宗教，所以他的这种广义的文化概念还是将人类文化置于一个“形而上”的背景中进行研究，人类的文化也只是上帝的一个游戏而已，对于他的这种观点我们还是不能接受的。

二　席勒的“游戏说”

1. 席勒之前的“游戏说”

虽然真正的游戏说是从康德和席勒开始的，但在席勒之前，哲学或者美学上就有关于游戏的各种各样的学说，这既和游戏概念的多义性和其范畴的变化有关，也与人类对世界的认识不断加深而导致不同历史阶段的思想主题的相异有关。随着哲学的转向，游戏说也随之出现变化，这些游戏说既相互关联又各有不同，体现出一种承继性和延伸性，具有各自的时代特点。席勒的游戏说只是历史中关于游戏理解的长链中的一个环节，在席勒游戏说之前，游戏属于人之外，人只是被动的游戏的一分子，即使在康德那里，游戏也没有突破实践的领域而多是表现为一种主观意识的活动。只有从席勒开始，游戏才与人的本性联系在一起，将人的现实世界作为人性实现的场所，通过艺术与美的创造使人性的完满成为一种可能，“人的一切状态中，正是因为只有游戏使人成为完全的人，使人的双重天性一下子发挥出来”①。在席勒那里，游戏的自由因素根植于人性深处，只有通过审美才能激发出这种游戏冲动，从而实现对感性冲动和理性冲动的调节。因此，游戏才与人之为人产生根本的联系，人才成为游戏的主体，体现了他的人类学的思想意识。至于席勒之后的游戏说，由于不是本书所要阐述的重点，所以此处将只是简单概括席勒之前的游戏说，以便更好地理解席勒的美学思想。

（1）古希腊的“游戏说”

首先从古希腊开始研究游戏说，只是因为人类的历史尤其是西方文化的历史是从古希腊开始进行研究。古希腊人开始用自己朴素的哲学观来思考世界的本原，他们的哲学或者美学思想中开始出现“游戏”的字眼，但大多还是限于狭义的游戏概念而言，即多指儿童所进行的无意义的娱乐

① ［德］席勒：《审美教育书简》，冯至、范大灿译，上海人民出版社2003年版，第122页。

活动，古希腊人主要是在直观把握自然的基础上开始对世界进行理性的思索，这一时期的游戏说主要是用游戏的无根据性、随意性和娱乐性来阐释古希腊人对世界的认识。赫拉克利特认为世界由地水风火四大元素组成，而火是最基本的，世界就是火的自我游戏，“这个宇宙、亦即万物，既非某个神，也非某个人制造出来的，而过去、现在、未来都是永恒的活火，在一定的尺度上燃烧，在一定的尺度上熄灭。”① 他还将世界的存在看成是一个类似儿童的游戏，“时间是个玩跳棋的儿童，王权执掌在儿童手中”②。世界的存在他眼里就如同儿童的游戏一样具有无根据性和随意性，体现了古希腊人对于世界的一种朦胧的认识。柏拉图也认为人就是作为上帝的玩具而创造出来的，人只是扮演上帝给他安排好的任务而已。这种以游戏的特点来对问题进行阐述的方式在后世很多思想家那里都能看到。

古希腊人不仅仅是利用游戏的特点阐述他们对于游戏的概念，还逐渐扩充到其衍生意义上，例如一些唱歌跳舞等消遣性的娱乐活动。在很多思想家那里，游戏还是指一些具体活动或是生命的闲暇状态而言的，这也是古希腊人理解的“游戏”的主要含义。柏拉图认为人在纪念各种神的时候应该做各种各样的游戏：祭献、唱歌、跳舞，认为这样才能赢得众神的好感。柏拉图注重游戏的效用，他以法律为标准对游戏进行好坏的划分，例如他就将舞蹈分为正派和不体面两类，而在对儿童进行教育的时候，他主张用符合法律的游戏来进行教育活动，在游戏中了解儿童的天性。因为在他看来，游戏虽然没有实际的效益，但是却会产生潜移默化的作用，“人们也以为它不会起什么作用，而实际上它慢慢地向人的心灵渗透，悄悄地改变人的性格和习惯，再以逐渐增强的力量改变人们的处世方式”③。

（2）康德的“游戏说”

康德并没有系统的游戏理论，在他的著作中提到游戏的地方并不是很多，但是他却第一个将游戏概念引入美学，从审美意义上使用游戏一词。康德在著作中对游戏的界定不是固定的，因为在德语中，Spiel 含有“活动”和“游戏”两个双关的意义，这样可以理解康德在著作中对游戏的不同使用。一方面，康德是根据游戏的愉悦性和随意性的特点，将游戏看

① 叶秀山：《前苏格拉底哲学研究》，人民出版社 1982 年版，第 95 页。

② 《古希腊哲学》，苗力田主编，中国人民大学出版社 1989 年版，第 51 页。

③ 《柏拉图全集》第 2 卷，王晓朝译，人民出版社 2003 年版，第 396 页。

作一种自由的充满了愉悦的活动，并用来解释艺术家的艺术创作，甚至认为有些艺术就等同于游戏；另一方面，康德还根据 Spiel 语义的双关性，将“自由活动”等同于“自由游戏”，并在这个意义上将游戏引入美学，以此来解释许多审美现象。① 而在他看来，审美这种鉴赏判断就是“想象力与知性的自由游戏”。他的游戏观点也启发了席勒对于该问题的思索。

康德是在讨论艺术创作而对艺术概念进行界定的时候引入“游戏”的。在《判断力批判》关于天才和艺术的部分中，康德从艺术与自然、科学、手工艺的区别这三个方面对艺术概念进行了差异性的界定，而在艺术与手工艺方面，虽然二者看上去似乎没有大的区别，都是对事物进行一种艺术加工，但是康德还是指出了二者的本质方面的区别，“艺术也和手工艺区别着，前者唤做自由的艺术，后者也能唤做雇用的艺术。前者人看作好像只是游戏，这就是一种工作，它是对自身愉快的，能够合目的地成功。后者作为劳动，即作为对于自己是困苦而不愉快地，只是由于它的结果（例如工资）吸引着，因而能够是被逼迫负担的”②。也就是说，是否自由是康德对艺术和手工艺进行区别的标准之一。从事艺术只是为了给自己带来愉悦，没有任何的实际功利目的，只是一种自由、自愿的活动。而从事手工艺进行艺术加工的时候，却始终高悬着一个物质利益的目的，即为了从雇主手里获取自己相应的劳动报酬。这样，手工业者在进行艺术活动的时候，就必须强制自己达到雇主的要求而无法随心所欲进行创造，在康德看来这就是一种不自由，更是一种不愉悦。因此虽然手工业进行艺术加工的时候看上去和艺术创造似乎没有什么不同，但是二者还是有着本质的区别的。康德在这里对将手工艺界定为一种让人反感的劳动，并在此意义上将之与艺术创造活动相区别，这就否认了艺术中的劳动的存在，甚至将艺术创作与劳动对立起来，这也是康德思想中对劳动的一种狭义的理解，把劳动看作是强制性的、不自由的活动，这也突出了康德对自由的强调。康德认为自由是艺术创造的本质，主要是针对艺术创作主体的身心两方面而言的，但并不是说艺术创造中就可以随心所欲，康德强调“至于在一切自艺术里仍然需要着某些强制性的东西，如人们所说的机械性东西，若没有这个那在艺术里必须自由的，唯一使并且作品有生气的精神就

① 朱光潜：《西方美学史》，人民文学出版社 2003 年版，第 374 页。

② ［德］康德：《判断力批判》上卷，宗白华译，商务印书馆 1985 年版，第 149 页。

会完全没躯体而全部化为虚空”①。他所指的就是艺术创作中的一些客观要求，例如对语言的正确性和丰富性以及其他的规定和要求，艺术创作也必须遵循自己的规律，符合必要的艺术创作规范，遵循艺术的法则，因此康德认为艺术还是不能等同于游戏的。

康德很早就注意到审美与游戏活动的相似性，这在他的《判断力批判》第43—54章关于一般的艺术及美的艺术的论述和《实用人类学》中的部分章节中可以看到较多的论述。在康德的美学思想中，“游戏”更多的是一种隐喻，意图凸显审美的自由特质。他认为审美是想象力与知性的自由游戏。康德在美的分析里，从质、量、关系以及方式四方面对审美判断来进行分析，这是康德对美的全部说明，这四个方面也是康德所说的美的特征。不过，在康德看来，审美主要是一种主观的心理活动，他对美的特征的分析也并不能说明审美主体在心理方面如何进行这种审美活动。在康德的美学思想中，自由游戏是个非常重要的概念，在这里，自由游戏不是一种具体的艺术创造活动，而是表达审美过程中的一种自由的关系，这种关系与游戏的性质相似，都体现出一种随意和自由。这种自由的游戏感觉主要是于“一种盲目而又不可缺少的心理机能”——想象力有关。这种想象力通过构造形象的能力来把直观与概念、规律联系起来，从而形成审美判断。

康德用自由游戏的概念来解释审美活动的心理发生过程。在审美活动一开始，由于主体关注的不是单纯的现实的物质世界，也就摆脱了现实中的利害关系，并且这种审美活动主要是与主体的情感愉悦性相关，这样人就进入一种类似游戏的自由状态中。这种自由状态不是静止虚空的，而是想象力和知性在互相作用。想象力首先面对客体构筑审美表象以便形成游戏中的客体，“如果现在在鉴赏判断里想象力必须在它的自由性里被考察着的话，那么它将首先不被视为再现，像它服从着联想律时那样，而是被视为创造性的和自发的（作为可能的直观的任意形式的创造者）”。② 康德强调想象力的这种创造的随意性，只是根据审美主体的意愿进行生产出审美表象，不需要符合知性和理性的强制要求。当然这种审美表象也是根据客体而来，并不等同于真实的客体，而是主体根据自己的意愿而创造出来

① ［德］康德：《判断力批判》上卷，宗白华译，商务印书馆1985年版，第149—150页。

② 同上书，第79页。

的。由于主体的意愿并不是不变的，处于随时变化当中，所以这种创造就没有固定的形式，也就是说审美表象具有一种主观随意性，这样主体与审美表象就构成一种游戏关系。

审美表象被创造出来并不意味着审美活动的结束。康德从在心理层次上主体能力的活动来解释这个过程，这也是康德游戏说的重要内涵。在康德看来，由于审美活动中，想象力处于一个中心地位，它既创造出审美表象，又将这种表象与知性相联系，由于这种表象不是具体的客观现实，不符合知性所提供的概念范畴，属于非真的一类，而这种审美表象又是在客观现实的基础上创造出来的，所以也具有部分的现实因素，有真的成分，这样审美表象就是一种介于真和非真之间的形式，这让知性无法提供具体的概念来对审美表象进行限制。但是知性对于审美表象真的因素还是部分地起着作用，所以又表现出对审美表象的一种限制，只是这种限制由于审美表象的随意变化也处于一种变化之中，因此康德认为，归根结底审美过程是想象力与知性之间的一种自由游戏，由于审美表象的非真非假性，想象力和知性在审美表象的激发下就处于一种互相适应、互相调和的状态之中，即康德所说的“诸认识能力的谐和”。这样，从主观意识层次就完成了审美活动的过程。由于主体在这过程之中感受不到强制和约束，所以就会感到一种审美愉悦。

康德的美学思想只是沟通实践理性和纯粹理性的一座桥梁，游戏概念则是这座桥梁的支柱，康德的前两大“批判”中体现的是对理性的强调，他在美学思想中利用游戏自身的特性则体现了对想象力、天才、情感等非理性因素的重视。虽然在康德这里，审美主要是在主体的主观意识层面完成的，具有一定的唯心性，但是也提供了一条研究美学的思路，即从主体心理方面对审美活动进行解释，康德认为审美过程是一种主体认识能力之间主观的和谐一致，对审美主体心理和谐的强调也启发了席勒对于游戏学说的进一步思索，席勒正是在康德游戏说的基础上发展了自己的美学思想。

2. *席勒的游戏说*

艺术游戏观本来是康德哲学思想的一个很小的组成部分，但是席勒敏锐地抓住了康德游戏理论的精髓，发挥了康德的在审美鉴赏中对于游戏的阐述，将游戏全面地引入了自己“游戏冲动”的理念中，形成了自己独特的美学思想，“游戏”也成为西方美学和哲学的关键话语之一。席勒将自由、美、人性在人自身的游戏活动中联系起来，换句话说就是人通过自己的活动来实现自身的完整，突出了人作为人的主体能动性，虽然无法在现实中完全实现这种人性的完整，但是却为人的最终发展指出了一个终极所在。“说到底，只有当人是完全意义上的人，他才游戏；只有当人游戏时，他才完全是人。这个道理此刻看来也许有点似是而非，不过如果等到把它运用到义务和命运这双重的严肃上面去的时候，它就会获得巨大而深刻的意义。我可以向你保证，这个道理将承担起审美艺术以及更为艰难的生活艺术的整个大厦。”① 席勒从康德的哲学思想出发，吸收了费希特关于人的自我学说的有关理论，使游戏说具有确定的哲学依据，游戏冲动是游戏成为可能的必要条件，而游戏则是联结主体与外界实践的途径，美是游戏冲动的外在显现，在游戏中，就实现了美和自由，主观和客观、有限和无限也就得到了统一。这样他的游戏说就比康德向前迈进了一大步。

（1）席勒游戏说中“游戏”的含义

在席勒的美学思想里，“游戏”是一个频繁出现的字眼，席勒是在康德思想的基础上对游戏做进一步发挥的，所以“游戏”在席勒的思想里和康德的术语里基本是一样的，都是“自由活动”的意思，② 即不受感性和理性方面的强迫而处于一种自由的状态中。康德曾经用火焰和溪流为例子来说明这种自由关系，“当我们面对跳动的火焰或奔腾不息的溪流时，望着那些即生即灭的、随生随灭，若有物形而又不似一物的变动不居的形态，我们心中充满了无概念、无方向的幻想，火焰和流水时时映入眼帘，而头脑中实际上却一无所有，但想象力和知性又在活动着，这就是典型的想象力与知性的自由游戏”③。想象力在康德的游戏说中居于重要位置，席勒的游戏说虽然是从康德的游戏说中引申而来，但是由于游戏这个词语本身的多义性，席勒诗与思杂糅所形成的独特的文体，甚至“像在家中摆弄一副象棋似的运转他的概念”，④ 所以席勒的“游戏”含义还是不能完全等同于康德的“游戏”含义的。席勒的游戏说是从更深的层次即从

① ［德］席勒：《审美教育书简》，冯至、范大灿译，上海人民出版社 2003 年版，第 124 页。

② 朱光潜：《西方美学史》，人民文学出版社 2003 年版，第 438 页。

③ 蒋孔阳、朱立元主编：《西方美学通史》第 4 卷，上海文艺出版社 1999 年版，第 121 页。

④ 毛崇杰：《席勒的人本主义美学》，湖南人民出版社 1987 年版，第 12 页。

人的天性中揭示出人类对于自由追求的本性，因此他的游戏的含义就更为丰富和深刻。

在席勒看来，“游戏”的基本意思是消遣、娱乐，也可以指一些基本的娱乐活动，例如赌博、打牌等。这个含义在席勒的文中运用较少，席勒自己也指出，“我们不能一谈到游戏，就想到现实生活中进行的通常只是以非物质性的对象为目标的那些游戏”①。日常生活中所进行的那些娱乐性的游戏，即使能得到快感和愉悦，也不在席勒所说的游戏之列。通常情况下，席勒所说的游戏是指一种纯粹的游戏，席勒说“人对舒适、善、完美只有严肃，但他同美是在游戏”②。席勒是和康德一样在艺术领域里谈论游戏的，游戏更多地是一种自由关系的隐喻。他在著作中对游戏进行了分类，并指出了他们之间的逐步发展过程。

席勒的游戏是有一个发展的过程的，即物质的严肃——物质的游戏——审美的游戏。这和席勒认为的人的发展阶段相联系。席勒认为游戏是从物质或者力的剩余开始的。在这种剩余现象出现之前，人由于要满足生存的物质需要，就必须要全身心地投入对物质的索取和占有之中，也就是人的发展的最初阶段：物质状态。这时候人只是物质状态中的人，只是受到自然的支配和主宰，这时候的人也就是席勒所认为的“野人”。“他的目的永远千篇一律，他的判断永远变化无常，他自私自利而不自主，他不受约束而不自由，他是奴隶而不遵守规则。在这个时期，世界对他来说只是使命，而不是对象；只有为他创造了生存的那些事物对他来说才是存在，而一切既无施于他、又无取于他的事物对他来说都根本不存在。”③席勒认为，满足物质需要是人和动物的本能要求，在这一点上，人并没有显示出人的优越性所在。人为了满足物质需求而要从事工作，“如果动物活动的推动力是缺乏的，它就是在工作”④。因此是否具有物质的剩余是席勒认为能否产生游戏的关键。只有在满足了自然的需要之后的物质剩余出现后，游戏才会产生。物质的剩余是人对自然的一种必然的要求，“单

① ［德］席勒：《审美教育书简》，冯至、范大灿译，上海人民出版社 2003 年版，第 122 页。

② 同上。

③ 同上书，第 190 页。

④ 同上书，第 229 页。

单满足自然和需要所需求的东西，已不能使人感到满足，他还要求有剩余。当然，最初只是要求物质的剩余，以便使欲望看不见自己的局限，以便确保享受能超出眼前需要的范围”[①]。席勒将这种观点扩大到整个自然界，认为动物、植物和人一样，只要在满足了最低需求的基础上有了物质或者力的剩余，都会导致游戏的产生。席勒不仅举出狮子的吼叫、昆虫的飞翔和鸟儿的鸣叫等例子，“甚至在没有灵魂的自然中，也有这种力的浪费和规定的松弛，而这就物质意义来说也可以称为游戏。树长出无数的幼芽，但还没发育就凋谢了；树为了吸收养分伸展出根、枝、芽，但它们的数目远比为维持树木的个体以及它的种属所需要的要多得多”[②]。在席勒看来，这种由于剩余而产生的游戏是一种比较低等的物质游戏。席勒接受了康德的想象力的概念，认为想象力有复现、负载、传递、重建、组合等各种功能，想象力可以提取经验中的东西，通过回忆、联想等手段在脑中确立形象，所以想象力既与个别事物相联系，但又与人的情感、本能等欲望联系而具有主动性和综合性。想象力在游戏中具有自由活动的特性，可以不受知性和理性的束缚而具有一定的自主性。想象力成为审美中的关键，它可以使感知超越自身，能够依照情感变化构造一个想象的世界。这种想象力是人所特有的，动物虽然可以依照本能筑造巢穴，但是它们的巢穴都是千篇一律的，人通过自己的想象力却可以有各种各样的创造。但想象力的多种功能使想象力在不同游戏中的表现会出现不同。席勒也就是在这个意义上对游戏进行分类的。席勒认为想象力毕竟是主体的想象力，它的活动是与主体的存在状态相联系。虽然已经满足了自然的需要并且还有了剩余，但如果主体的人依然是为了物质的舒适和幸福为目的，只是感受到肉体或者感官上的快感，想象力虽然在人的意识里自由活动，那么这种想象由于只是具体实物的形象交替，只是机械地把现实的表象搬到游戏主体的头脑里来，所以说这时候想象力只是起着一个搬运工的角色，只负责具体形象的复现、负载和传递功能，而不负责对形象的加工与创造，在席勒看来，这种虽有想象力参与但只是具体的物质起主要角色的游戏只是属于物质游戏。这种物质游戏是人所特有的，“在日常生活中进行的绝大多

① ［德］席勒：《审美教育书简》，冯至、范大灿译，上海人民出版社 2003 年版，第 228 页。

② 同上书，第 229 页。

数游戏，不是完全依靠这种对观念的自由交替的感觉，就是从这种感觉中借取最大的魅力。尽管这本身并不证明已有了更高的天性，而且正是最怠懒的灵魂才喜欢沉溺于这种自由形象流之中，但是，幻想的这种不依赖于外界现象的独立性至少说是幻想的创造功能的消极条件”①。从这里我们就能判断出席勒对于这种游戏的否定，他所说的游戏也绝不是这种物质游戏，这样的物质游戏虽然是人本性中的必然要求，但是必须受到节制。否则“便毫无节制地堕入粗野的消遣之中，这些消遣加速人的堕落，破坏社会的安定。倘若立法者不善于引导人民的这种倾向，那么酗酒作乐、纵情豪赌，以及由于饱食终日无所事事所引起的千百种胡乱行为便在所难免”②。

在席勒看来，这种物质游戏只是游戏的一个较低的阶段，是在日常生活中最常见的，“虽是人所特有的，但它仅仅属于人的动物生活，它仅仅表明人已从一切外在的感性强制中解放出来，但还不能由它推断出在人身上已有一种独立的创造力。这种观念自由交替的游戏还是物质性的，用纯粹的自然法则就可说明”。③ 这时候的人，虽然有了剩余，摆脱了自然的需要，但他在意识里进行游戏的目的还是物质享受，游戏的对象依然是具体的事物。即使游戏的目的可以得到一种愉悦，这种愉悦更多的是一种与物质有关的感官的快感。席勒认为，游戏应该得到一种自由的快感，理性和想象力同时活跃起来，在一种和谐的关系中形成一种精神力量，体会到一种自由。而物质游戏显然并不能解决席勒所要求的这种自由的问题，他所谓的纯粹游戏就是游戏的最高阶段——审美游戏。

对于纯粹游戏的含义，席勒在《审美教育书简》中指出：“您根据您对这个问题的意象认为是限制，我根据我已经用证据加以证明的我自己对这个问题的意象称为扩展。因此我要反过来说，人对舒适、善、完美只有严肃，但他同美是在游戏。”④ 这种审美的游戏才是他游戏说中游戏的含义。和物质游戏相比，审美游戏中的游戏对象发生了变化，不是量的变

① ［德］席勒：《审美教育书简》，冯至、范大灿译，上海人民出版社 2003 年版，第 231 页，作者原注。

② ［德］席勒：《席勒全集》第 6 卷，张玉书主编，人民文学出版社 2005 年版，第 14 页。

③ ［德］席勒：《审美教育书简》，冯至、范大灿译，上海人民出版社 2003 年版，第 231 页。

④ 同上书，第 122 页。

化，而是质的不同，一个是具体的事物，另一个则是人的自我创造，这就体现了人自身能动的一个创造性的飞跃。席勒认为审美游戏是游戏发展的最高阶段。这样审美游戏和物质游戏一样都来自人的物质或者力的剩余，这是游戏对象能够产生的前提。“美的幼芽在下述情况下也同样难以发展：贫瘠的自然剥夺了人的一切快乐，或富足的自然使人无须自己作任何努力；迟钝的感观感觉不到任何需求，或者强烈的欲求得不到任何满足。人像穴居人一样躲在洞穴里，永远是孤独的，在自身之外从来没有找到过人性，在这种情况下美的幼芽难以发展；但就是在人成群结队地过着游牧生活时，他也永是数目，在自身之内从来没有找到过人性，美的幼芽也同样难以发展。”① 席勒认为在生存都难以保证的困难情况下，人生存的唯一目的就是与自然斗争，人的喜怒哀乐也都与人和自然的斗争结果密切相关，在这种情况下，人要满足自己的第一物质需要，也正如恩格斯所说的：“人们首先必须吃、喝、住、穿，然后才能从事政治、科学、艺术、宗教等。”② 当然，恩格斯是从唯物主义的立场来看这个问题，指出了我们研究审美和艺术起源的基本前提。而席勒在这里指出了审美游戏中游戏对象美的萌芽是在物质剩余的情况下产生的，因此席勒的游戏说也被人认为是艺术起源论。人们经常把席勒的游戏说与斯宾塞的游戏说联系在一起，其实二者还是有着很大区别的。斯宾塞的游戏说是从人的生理角度入手，认为生物发展到高级阶段后，常常出现能量过剩的情况，而为了宣泄能量，以此来“准备随时投入相应的活动并且当环境迫使它从事这种活动而不是从事真正的活动时乐意醉心于真正活动的表象”③。人和动物都是如此。但是斯宾塞只是在这种生物学意义上阐述游戏说，甚至认为审美冲动或者说艺术活动也是人的过剩精力的宣泄。席勒则只是将这认为是游戏的最初开始，物质游戏由于想象力的参与是人所特有的，更高层次的审美游戏更是自然界其他动物或者植物所不可能具有的，这里我们就可以看出斯宾塞和席勒的游戏说的区别所在。在席勒这里，虽然人和动物都可以

① ［德］席勒：《审美教育书简》，冯至、范大灿译，上海人民出版社 2003 年版，第 213 页。

② 《马克思恩格斯选集》第 3 卷，人民出版社 1979 年版，第 574 页。

③ ［英］赫伯特·斯宾塞：《心理学原理》，朱立人摘译，见马奇主编《西方美学史资料选编》，上海人民出版社 1987 年版，第 654 页。

进行游戏，甚至看起来都可以有物质游戏，但是由于人的想象力和知性的作用，物质游戏还是人所特有的。

在席勒看来，从物质游戏发展而来的审美游戏是一种全新的游戏，美成为是游戏的对象。在游戏中，有一种全新的力在活动，这种力就是创造力，这种创造力可以驱使想象力按照自己的要求进行活动，使想象力发挥出其重建和组合的功能，即想象力不是像在物质游戏中那样只是客观地搬运现实中的一个物象，而是重新构造一个对象，“在这里立法的精神第一次干预盲目本性的活动，它使想象力的任意活动服从于它的永恒不变的一体性，把它的自主性加进可变的事物之中，把它的无限性加近感性事物之中”①。这个对象是在具体真实的基础上创造的一个新的形象，这个形象具有感性的现实性和理性的无限性，感性和理性同样在这个对象中体现，因此它虽然是想象力从客观事物中摄取而来，但已经不是原来真实的客观事物，是经过改造体现了精神无限性的感性的个体。所以在审美游戏里，人游戏的对象已经不是一个实体的对象，而只是一种体现了感性和理性统一的观念——美。只是这种对象的出现需要人既主动地摆脱感性冲动和形式冲动的双重限制，又要让在二者处于一种和谐的状态之中，这就要依靠一种新的力量，也就是席勒所说的游戏冲动。

席勒指出，从物质游戏到审美游戏虽然是一种飞跃，也必须要经历一个过程，这个过程就是不断地摆脱物质使实用价值而走向对人自身对自由的追求，是人的自主创造精神与感性不断斗争最后取得胜利的过程。审美游戏本身也经历着从低到高的发展，依然有低级的审美游戏和高级的审美游戏，其判断标准就是对实用价值的依附程度。当人的审美活动依然要以实用价值为基础，实用价值依然占主导地位的时候，在席勒看来，这种游戏就是低级的审美游戏。席勒举例说：“就是在这个时期，古日耳曼人为自己挑选了更加光彩夺目的兽皮、更加堂皇壮观的鹿角、更加轻巧别致的角杯，古苏格兰人为他们的筵席选择了最好看的贝壳。”② 兽皮、鹿角、角杯、贝壳上所做的这些美的装饰，“反映出那种思考它们的聪慧的知

① ［德］席勒：《审美教育书简》，冯至、范大灿译，上海人民出版社 2003 年版，第 232 页。

② 同上书，第 239 页。

性、那双实现它们的可爱的手，那种选择并提出它们的明朗自由的精神”①。这种美是人类所创造的，体现了人类精神自由的创造性。但是无论装饰得多么美，这种美依然是依附于事物的实用价值之上的，无法离开这具体的实物而存在，依然是带有服务于人的痕迹，所以这个时候，人对自然依然有依附作用。只有当人精神上的创造力创造出的美可以摆脱对事物实用价值的依赖而最终抛弃了实用价值的时候，人们所游戏的对象中实用价值消失了，只剩下了美，那个时候，美本身就成为人所追求的一种对象。人只是同美在纯粹地游戏，在游戏中体会到自己创造的自由的快乐。“当形式从外部，即通过人的住所、家庭用具、服装逐渐向人接近的时候，形式也终于开始占有了人本身，起初只是改变人的外表，最后也改变人的内心。为了取乐而做的那种没有规则的跳跃变成舞蹈，没有一定姿势的手势变成优美和谐的哑语，为表现感受的那种混乱的声音进一步发展，开始有了节拍，转变成为歌声。”② 那种美也就是纯粹的美，是席勒所认为的最高的美，所进行的游戏就是高级的审美游戏。因此我们可以看出，席勒的审美游戏的这种发展过程是一个审美对象的性质不断发生变化的过程，审美对象身上物质的实用性经过了一个由实用到超功利、由具体到纯粹、由质料到形式的转变过程。这个过程不是直线型的静止，而是一个不断发展以至于产生飞跃的过程，伴随这个过程的是人的自由程度不断提高，从不受生存压力制约但依然摆脱不了实用的自由到最后只是为了追求纯粹的美的自由。席勒通过对游戏阐述也表达了他对艺术起源的一种隐约的理解。在席勒看来，审美游戏的这种由低到高的发展是人类发展的必然，是人的天性在对自由的追求过程中的一种外显。而艺术的产生也与之休戚相关。

（2）游戏与人性

康德是在《判断力批判》中是用游戏的无功利性和愉悦性以及游戏主体的自觉自愿性来对艺术进行把握的，用游戏来隐喻一种自由的活动，以此将艺术与游戏联系起来，并将游戏引入审美过程。但是这种游戏从何而来？又如何发展？康德对此并没有对游戏做详细的阐述，只是借用游戏

---

① ［德］席勒：《审美教育书简》，冯至、范大灿译，上海人民出版社 2003 年版，第 239 页。

② 同上书，第 233—234 页。

的特性来说明他的美学问题。席勒则是从哲学上分析了人的天性，从人本身来指出游戏产生的机理，指出了游戏从低到高的发展过程，提出了一套完整的游戏理论。在席勒这里，游戏与人的天性联系在一起的，是人的游戏冲动的外在显露，所以游戏也就是人的一种本能的需要，它超越于时代和民族，深深植根于每个人的人性深处，是人类所特有的。在席勒这里，游戏更多的是与人的存在联系在一起，从最初游戏的起源到物质游戏和审美游戏的过渡发展，游戏已经是渗入人生命过程的一种内在的必然和外在的显露。在天性上，是游戏冲动的力所决定；在现实里，则显露为美。

席勒在《审美教育书简中》提出审美活动出于“游戏冲动”，游戏只是这种冲动的外在显露。席勒继承了康德的先验分析传统，对人性进行先验的分析，但和康德不同的地方在于，在席勒那里没有物自体，只有先验自我。在他看来，人是物质和精神的两重性存在，人既要实现物质的有限存在，也要实现精神的无限存在，是“人格”和“状态”的统一体。这就在人身上产生了两种相反的要求，同时也就是感性和理性兼而有之的天性的两项基本法则。第一项法则要求绝对的实在性：人必须把凡是形式的东西转化为世界，使他的一切天禀表现为现象。第二项法则要求绝对的形式性：人必须把他身内凡是仅仅是世界的东西消除掉，把一致带入他的一切变化之中；换句话说，他必须“把一切内在的东西外化，给一切外在的东西加上形式”①。因此在人身上就有了要求实现这要求的双重的力，席勒将之称为“Trieb”。该词在德文中指的是属于天性的“本能、内在动力、要求”等意（中文译为“冲动”，就失去了“天性”的意味）。费希特认为“冲动”是一种固定了的、确定无疑的产生自己本身的努力，只存在于主体之中，由自身设定而产生自身，在自身之内没有因果性。在这样的理论基础之上，席勒借助游戏和冲动的特性创造出游戏冲动的概念。在席勒看来，游戏冲动本身就能引起一种游戏的活动的发生，是人的一种内在的本性，是人作为人所共同具备的一种本能。人类历史上不同时代不同民族的人都会对游戏表示喜爱，都追求游戏中的美，虽然这种“游戏”的内容或者形式千差万别，但他们都无一例外享受游戏带来的快乐。正是因为游戏冲动的这种共同的人的本能或者天性，在游戏中，人的天性才能

---

① ［德］席勒：《审美教育书简》，冯至、范大灿译，上海人民出版社 2003 年版，第 92—93 页。

在与美游戏的时候得到充分的体现，才能实现感性和理性、有限和无限的统一。

席勒是在对人性进行抽象分析的时候创造出游戏冲动的。游戏冲动是人性实现完满的内在根据，是人走向自身统一的必然性要求。在席勒看来，感性冲动和理性冲动一个要求变化、一个要求不变，这在人身上就形成了一个对立的矛盾，这样人的天性的一体性好像完全被这种本原的极端对立给破坏了，人自身的双重存在决定了人无法消除这种对立，但也必须解决这个矛盾。只是，“只要断言这两种冲动有一种本原的、因而也是必然的对抗性，那么要维持人身内的一体性，除了使感性冲动从属于理性冲动以外，自然就再也没有别的办法了。但是，由此而产生的只能是单调，而不是和谐，人仍然是永远继续分裂”①。所以必须对这两种冲动进行限制，使它们各自在自己的范围之内活动。因此，走向二者的统一是人的这两种冲动的必然要求。但是如何理解这种统一？席勒认为，找到这种统一人的感性和理性的方法，就找到了人性恢复完满的途径。因此，席勒对人性进行分析的目的就是试图在人本身之内找到人能够恢复真正的自我的一种人性上的证据。席勒认为文明的任务就是用某种手段来确定这两种冲动的界限，维护这两种冲动的合理性，使二者能够同时存在而又不形成对立。这样人就能同时让感性冲动和理性冲动发挥作用而不受到其中任何一种冲动的强制，人就可以获得自由。因此，席勒进一步进行分析，他指出“这两种冲动的倾向确实使矛盾的，可是也可以看出，它们并不在同一个对象之中，而且什么东西彼此不相碰，也就不可能彼此冲突。感性冲突要求变化，但它并不要求变化也要扩展到人格及其领域，它并不要求更换原则，形式冲动要求一体性和保持恒定，但它并不要求状态也同人格一样固定不变，它并不要求感觉同一。因此，这两种冲动从根本上并不是对立的”②。那么如何实现两种冲动的统一呢？席勒在这里隐约思考了对立统一的哲学辩证关系。他认为，无法在这对立的双方中实现这种统一，必须借助于另外的冲动，这种冲动既具有感性冲动和理性冲动的合理性，同时又对二者进行限制，从而在这新的冲动自身就实现感性冲动和理性冲动的

---

① [德] 席勒：《审美教育书简》，冯至、范大灿译，上海人民出版社 2003 年版，第 103 页，作者原注。

② 同上。

和谐共处。席勒从费希特那里得到了启示，认为在人的天性里，还隐藏着一种新的冲动——游戏冲动。它是在感性冲动和理性冲动一起活动的时候所出现的一种新的冲动，游戏冲动并不是指人的不受功利目的束缚的状态，它伴随着这两种冲动的活动而活动，随这两种冲动的消失而消失。荣格曾经从心理学方面阐释了游戏冲动的特点："对立面实际上只有在调和的形式力才能被调和……中间物产生于他们之间，这个中间物虽不同于它们两者，但具有与它们两者同程度上的能力，表达了它们两者，而同时又不表达它们两者。"① 游戏冲动不是单独存在的，但是单独的感性冲动和单独的理性冲动都无法使游戏活动出现，三者都同时出现的时候，人的"双重天性"同时解放，人性的圆满才会出现。

游戏的最大特性是给予人自由的愉悦感，席勒认为在人的感性冲动和理性冲动的作用下，人无法游戏，更无法实现这种自由。因为这其中任何一种冲动单独发挥作用，或者是任何一种冲动占优势，都会对人带来限制。这种不自由是一种普遍出现的情况，因为"他可能把能动力所必需的内向性放在受动力的上面，通过物质冲动侵害形式冲动，把感觉功能当作规定功能。他也可能把应归于受动力的外延性分配给能动力，通过形式冲动侵害物质冲动，暗地里把规定功能更换成感受功能。在第一种情况下，人将不是他自己；在第二种情况下，人将不是其他；正因如此，在这两种情况下，他不是非我就是非他，所以说他等于零"②。席勒在这里指出的是人的两种不自由的情况。在席勒看来，他那个时代的人所面临的就是这样一种状况，即感性冲动和理性冲动没有处于一种和谐的状态中，总是其中的一种占优势，这也是"野人"和"蛮人"出现的原因所在。只要是在任何一种力的强制的作用下，人就不是自由的人。只是人很容易看出感性占优势时人所受的限制，却往往对于理性对我们的支配作用浑然不觉，这样席勒就指出了理性至上主义者的弊病所在。在他看来，只有游戏冲动才能摆脱这种限制，才能让感性和理性和谐共处，从而给人带来自由。席勒用很生动的例子指出了这种情况的区别所在，"当我们怀有情欲

---

① ［美］L. P. 维塞尔：《活的形象美学——席勒美学与近代哲学》，毛萍、熊志翔译，学林出版社 2000 年版，第 204 页。

② ［德］席勒：《审美教育书简》，冯至、范大灿译，上海人民出版社 2003 年版，第 106 页。

去拥抱一个理应被鄙视的人，我们痛苦地感到自然的强制；当我们敌视一个我们不得不尊敬的人，我们就痛苦地感到理性的强制。但是如果一个人既赢得我们的爱慕，又博得我们的尊敬，感觉的强迫以及理性的强迫就消失了，我们就开始爱他，也就是说，同时既与我们的爱慕也与我们的尊敬一起游戏”①。

所以，在席勒这里，人的天性要求游戏，而游戏也必然带来天性的完善，只有在游戏中，人才能摆脱天性中两种力的限制，在法则和需要保持一种中间状态，人就会在一种自由、愉悦的心境中，这种心境中，人感受不到功利和压抑，只是一种自由的存在。这种心境只与主体有关，因为说到底，所有的自由都必须在个体的身上得到体现，也必须与人性有关。

第三节 审美教育——人性完美之途

亚里士多德说过，人类追求的不仅仅是生活，而且是更美好的生活。席勒通过对人性的分析也诠释了这种对无限美好的追求的必然性，这种必然性来自于人的要求“完满实现”的理性本质。席勒将游戏冲动与人的全部生命活动联系在一起，活的形象就是人性完满的人的理想形象，游戏冲动的过程就是“活的形象”的诞生过程。审美假象是审美活动的直接结果，它不同于逻辑假象，审美假象与人性相联系，人性的完满程度也决定了假象的独立程度。席勒认为弥合分裂的人性的唯一方法就是艺术，即通过审美教育来让分裂的人性走向完满。审美教育的过程就是现实中处于不同状态的人对美的接受过程，通过溶解性的美和振奋性的美的作用，感性和理性就处于平衡协调的状态，现实中处于不同状态的人就可以在美的状态中实现自由人性的恢复，最终显现出人在自然界的尊严。席勒指出，人性从最初的不平衡到最终的和谐，都是在主体自身内部，或者说是在人的心绪中展开。在审美状态中，主体就具有一种自由心境。在这种自由的心境中，人就可以根据自己的意志来决定自己的行为，实现从审美的人向道德的人的过渡。这里，席勒突出了对心灵上、精神上自由选择的强调。席勒对艺术和艺术家都提出了很高的要求，艺术必须具有自律和独立的特

① ［德］席勒：《审美教育书简》，冯至、范大灿译，上海人民出版社 2003 年版，第 114 页。

点，这样才能产生理想的艺术作品；而作为艺术作品的创作者，艺术家也是审美教育的关键，他们有着高尚的心灵，有着理想的审美素养，有着丰富的技艺，能承担起对人们实行审美教育以弥合分裂的人性的重任。席勒相信，通过审美教育，艺术直接作用于人的精神层面，人性的弥合必然带来人的感觉方式的改变。

一 活的形象的诞生

席勒将游戏冲动与人的全部生命活动联系在一起，指出“游戏冲动的对象，用一种通俗的说法来表示，可以叫做活的形象，这个概念用以表示现象的一切审美特性，一言以蔽之，用以表示最广义的美”①。这种“活的形象”是生活与形象的统一体，既有感性内容，又有理性形式；既有生活，又有形象。所以，在席勒这里，游戏冲动的过程就是活的形象的形成过程，也就是最广义的美的形成过程。美在游戏中萌芽，也让游戏体现出美的状态，这是个一体化的过程。

席勒在这里为美下了一个定义：美是活的形象。在席勒的美学著作里，关于美的定义有好几个：“美是形式的形式”、“美是自由的显现”等，他不愿使用固定的术语，而总是将哲学内容与美学内容交织在一起，试图从不同的角度用不同的概念来说明自己所要谈论的美的问题，这也是反映席勒对美学思想的探索过程。席勒的思路非常清晰，就是他要为美寻找到一种客观的属性，在他看来，美是感性客观的。他综合了 18 世纪中期以来人们关于美的观点，将其总结为三种方式：感性—主观论（如博克等）、主观—理性论（如康德）、理性—客观论（如鲍姆加登、门德尔松及其他美在完善论的拥护者）。席勒认为，长期以来，人们都是从主观或者客观的方面来解释美，康德虽然试图将经验派和理性派结合起来，创造性地将美与逻辑分开，将人的情感判断引入美的思考，但康德还是将美确立在主观的范围内，认为“一个客体的表象的美学性质是纯粹主观方面的东西，这就是说，构成这种性质的是和主体而不是客体有关”。② 在康德看来，“美是鉴赏判断的结果”的单一、直接判断，任何服从目的概

① ［德］席勒：《审美教育书简》，冯至、范大灿译，上海人民出版社 2003 年版，第 118 页。

② ［德］《判断力批判》上卷，宗白华译，商务印书馆 1964 年版，第 27 页。

念的美都不是纯粹的美，阿拉伯花纹图案和类似的东西才是人类最高最纯粹的美。席勒对此并不赞同。因此席勒认为“这些理论中的每一种自身都有经验的部分显然也包括这里的部分，似乎错误可能就在于，把与该理论相符合的那种美的部分当作了整体的美本身”①，都没有完全理解美的概念。他将自己的美的观点概括为感性—客观论，认为可以找到美的客观概念，也就是趣味的客观标准。这里有必要重新理解席勒所说的“感性”（Sinnliclikeit）。在德文中，感性和肉欲是用同一个术语 Sinnlicheit 表示的，因此，感性这个词语就具有双重含义，既指人的本能的欲望，尤其是性欲的满足，又指人对外界的感知和表象。在鲍姆加登那里，感性是指人的“低级的”、“含糊的”、“混乱的”的认识功能，至多是为认识提供纯粹的原材料以便于理智的高级机能来组织。在席勒这里，感性却有着多重的含义，感受、物质、实在、生活、接受、观照等都可以包括在席勒的感性之内，或者说席勒的感性就是人的一种存在，是人作为一个自然生物和具体存在面对这个世界的所有反应。所以马尔库塞认为，席勒强调了“审美功能中的冲动性和本能”，恢复了人的生命中感性的应有的地位。但是马尔库塞只是从内驱动、本能结构来理解感性，将感性与爱欲、冲动等非理性的本能和欲望联系起来，“感觉不仅仅是，甚至主要不是认识器官。它们的认识功能与欲求功能（肉欲）浑然一体，它们是满足爱欲的、受快乐原则支配的”②。但实际上，马尔库塞只是发展了席勒感性中的非理性的一面，席勒的感性是一种被理性化的感性，是一种感性和理性在现实的统一，是人本身在自然界的一种物质和精神的双重存在。因此，在席勒这里，从感性—客观上来思考美的存在，就是将美放在无限的自然界中，从一种理性化的感性的角度从现象世界之中来寻找美。席勒和康德一样认为美是不依赖概念而存在的，虽然康德试图调和经验派美学和理性派美学的对立，但席勒认为，康德将美确定在主体范围之内是不完全的，完全忽视了美必须与感性相联系的一方面。而经验派美学将美等同于“生活”，理性派美学将美等同于“形象”，席勒将美看作是“活的形象”就表现出一种既想超越经验派美学又想超越理性派美学、实现二者调和的意

① ［德］席勒：《秀美与尊严》，张玉能译，文化艺术出版社 1996 年版，第 36 页。

② ［美］马尔库塞：《爱欲与文明》，黄勇、薛民译，上海译文出版社 1987 年版，第 134 页。

图。但是席勒并不是将二者简单地相加在一起，而是试图将主观与客观、感性与理性统一起来，使“形象”与“生活”真正结合在一起形成一个新东西，“当我们因美而感到赏心悦目时，……在这里反思与情感完全交织在一起，以至使我们以为直接感觉到了形式。……因此，美固然是形式，因为我们观赏它，但它同时又是生活，因为我们感觉它”①。这样生活就是包含形式的生活，形式就是体现生活的形式，二者不是简单的拼凑，而是有机的融合，美或活的形象是感性与理性、实在与形式、外化与造型、有限与无限的统一，是主观与客观在审美主体（人）的意识中的统一，即对象与主体的统一。席勒的全部美学思想都是沿着这个思路开始行进的。而游戏冲动就是这种统一的内在天性依据，所以“活的形象”也是人的内在天性的一种外化。

在席勒看来，活的形象就是最广义的美。“最广义的美，这一概念是希腊原始的美的概念，它包括了道德美，因此也就囊括了伦理学和美学，与此相似的概念，也可以在中古格言中找到‘美与完善是同一的’。”② 而后美和善开始分离，康德也是通过知识学的分析试图分清真善美之间的界限，但是最终得出的结论“美是道德的象征”，表明美和善是存在着一种紧密联系的。席勒则将美和善看成是一种互相转化的过程，但在二者之间的先后位置的问题上，席勒表现了一种犹疑的态度，这也可以解释他在对人类终极目标的选择的时候的犹豫。所以在席勒这里，最广义的美就存在于现实当中。现实世界是杂多的表象的集合体，是由客观自然界提供的，席勒认为，这些杂多的表象就是质料，将这些杂多的东西结合在一起就成为它的形式，而这种结合的能力就是理性，理性总是试图根据自己的法则赋予质料以形式，这是人之为人的本性使然。席勒将理性分为理论理性和实践理性，认为理论理性依靠概念而与认识有关，实践理性则是“从一切认识中抽取出来的，并仅仅同意志的决断、内在的活动有关系”③，它只是来源于理性，因此是自己通过自己本身来规定自己。席勒由此判断，

---

① ［德］席勒：《审美教育书简》，冯至、范大灿译，上海人民出版社 2003 年版，第 207 页。

② ［波兰］符·塔达基维奇：《西方美学概念史》，褚朔雄译，学苑出版社 1990 年版，第 165—166 页。

③ ［德］席勒：《席勒散文选》张玉能译，百花文艺出版社 2005 年版，第 43 页。

在理论理性中，由于一切都依赖于概念而形成认识，都具有目的性和限制性，所以无法产生自由；但是，实践理性与行动联系在一起，这种行动只是与形式有关，而这种形式并不是来自外部的规定，是自身来规定着自身。实践理性在对现象的不同方式做出自己不同的判断方式，因此，在席勒看来，“在现象中可能出现的一切事物，可以处在四种不同的关系之中。一件事可能与我们的感性状态有关，这是它的物质性质；或者它可能与我们的知性有关，给我们以认识，这是它的逻辑性质；或者它可能与我们的意志有关，是理性的人进行选择的一种对象，这是它的道德性质，最后，或者它可能与我们各种力的整体有关，而不是其中任何一种单独力的一种特定的对象，这是它的审美性质”①。所以活的形象就具有这种审美性质，存在于审美现实当中。它是现象界的存在物，具有物质性和有限性，是人可以感知到的一种真实的直观的存在。但是这种存在是事物自己的自我规定，它只是由自己本身所决定，也直接呈现为本身和表现自我，并完成自我的规定的形式，没有任何的目的性，也就无法受到限制，因此，席勒认为这样就表现出一种自由。美就存在于这中间，就是感性和理性和谐运动的活的形象。“一块大理石虽然是而且永远是无生命的，但通过建筑师和雕刻家的手同样可以变成活的形象；而一个人尽管有生命，有形象，但并不因此就是活的形象。要成为活的形象，就需要它的形象是生活，它的生活是形象，在我们仅仅是思考他的形象时，他的形象没有生活，是纯粹的抽象，在我们仅仅感觉他的生活时，他的生活没有形象，是纯粹的感觉。只有当他的形式在我们的感觉中活着，而他的生活在我们的知性中取得形式时，他才是活的形象。”② 因此，活的形象就是理性的感性化，感性的理性化，感性和理性交融在这新的形象之中。

席勒在这里暗示了一种创造的观念，即活的形象是人的一种有意识的主动创造活动，这种主动性只有人才具有。席勒对技艺的重视就将人的作用突出出来，强调了人在美的形成过程中的主动性。在席勒看来，美只是现象中的自由，这种自由包含着一定的理性意义，在从感性与理性的融和以致呈现出这种活的形象的过程中，必须由技艺的表象来完成引导作用，

① ［德］席勒：《审美教育书简》，冯至、范大灿译，上海人民出版社 2003 年版，第 162 页。

② 同上书，第 119 页。

“只有自由是美的根据，技艺只是我们关于自由的表象的根据，因此前者是美的直接根据，而后者只是美的间接条件”①。席勒认为，借助技艺，自由才能得到感性的表现，才能体现为美。没有技艺所提供的表象，自由就是空洞的概念，现象的自由也无法过渡到理性的自由，就无法体现出美的状态。“技艺的表象的作用仅仅在于，在我们的内心唤起产品不依赖于技艺的性质，并使产品的自由变得更加直观。”② 没有雕刻师的高超的技艺，大理石就无法体现出生命的精神和风度，在庸人之手，大理石永远是无生命的质料，永远也体现不出美。这里席勒表现了一种对技艺的思索。席勒指出：“只有客体的技艺的形式才迫使理智搜寻导致结果的原因和导致被规定物的规定物；因此，只要这种形式产生出过问规定根据的要求，在这里对来自外部规定的否定就会完全必然地导致来自内部规定性的表象或自由的表象。”③ 只有通过技艺，先验的美与自由才能在经验现实中体现出来。在席勒这里，技艺就是艺术，就是一种让质料实现自我规定的创造，也就是技艺作为中介促使美产生的过程。因此，技艺本身存在着目的性，它遵循一定的经验法则，这种法则来自理性对自然和经验的双重认识，也就形成一种自律。事物内在本质与形式的纯粹一致，是事物本身同时遵循和确定的法则。所以席勒通过对技艺的分析来区别了美和完善，他认为完善的事物包含在杂多与统一的协调中，也包含在技艺的概念之中。完善是由事物自身的概念规定的，只要它的形式是符合概念的规定，就可以称为完善。但是任何严格的数学图形即使是纯技艺的事物，也不会因此而成为美的，一座建筑物即使是符合整体的概念和目的，也可能表现不出美。在席勒这里，只有当技艺通过自己的规定和自律使自由成为可感觉到的时候，才能创造出技艺的表象，才能将形式与质料、自由与现象结合在一起。席勒对技艺与纯技艺的区别宣告着他对于资本主义机械的、有组织的劳动分工的不满，因为在机器化大生产下，人所从事的只需要熟悉操作流程和技术要领的工作无法给人带来自由的感觉，因此，席勒也表达了对现代性的一种批判。同时，席勒在技艺生成的问题上就蕴含着一种实践的观点。因为技艺是人的技艺，它们仅仅通过理智才是技艺的，因此“它

---

① ［德］席勒：《审美教育书简》，冯至、范大灿译，上海人民出版社 2003 年版，第 66 页。

② 同上。

③ ［德］席勒：《秀美与尊严》，张玉能译，文化艺术出版社 1996 年版，第 59 页。

们的技艺的完善在它们进入感性世界和成为现象之前就已经存在于理智之中了”①。技艺是人在掌握物质的属性之后运用自己的智慧而形成的一种创造性的活动，这种活动本身就是一种实践，包含着人对自然的改造以及人自身在此过程中的改造，是一种双向的活动。这样，席勒从审美主体的角度，用“美是活的形象”这个定义来揭示美的本质，揭示了美的人类性，指明了美是离不开人而且是由人创造出来的。

在席勒这里，活的形象就是人性完满的人的理想形象，活的形象本身一方面具有现实的物质特征，这是它能在现象界存在的基础；另一方面又具有理性的精神，将人与其他的动植物区别开来。这种活的形象就是两个对立冲动的相互作用的结果，是实在与形式尽可能的完美结合。可是这种美的形象在现实之中存在吗？席勒认为要达到理性和感性的和谐与平衡，在现实中、至少是在他所处的时代是不可能实现的。席勒所说的存在，是作为一种普遍自然现象而存在，是整个人类整体所达到的一种高度的文明状态。席勒以古希腊为例，“希腊人在他们理想的面部表情中既不让人看到爱慕之情，同时也抹去了一切意志的痕迹，或者更确切地说，使两者都无法辨认，因为他们懂得把这二者在最内在的联系中结合在一起”②。席勒认为在古希腊社会每一个人都是这种活的形象，都达到了人性的完善，因而单个的希腊人都有资格作为它那个时代的代表，都可以胜过任何一个现代的人。席勒的这种观点似乎有复古的嫌疑，但是席勒这里对希腊人的描述不是历史的真实，更多是一种诗人的想象，是为了给人类的未来提供一个依据，使理想在现实中有据可循。在席勒所处的年代里，这种活的形象并不能普及社会的全部，席勒对此有清醒的认识，但是他通过对人性的分析得出结论，即这种活的形象的存在是人性发展的一种必然的要求，也是一种最高级的存在方式。我们在马克思的共产主义那里也看到了类似的存在：“在完美的社会形态中，即当人作为特殊的普遍性而社会地生产和娱乐时，人的意识成为起社会生活的活得形象之智力即理论的反映。”③

① 张玉能：《秀美与尊严》，文化艺术出版社 1996 年版，第 113 页。

② ［德］席勒：《审美教育书简》，冯至、范大灿译，上海人民出版社 2003 年版，第 125 页。

③ 中国社会科学院哲学研究所美学教研室编：《美学译文》，中国社会科学出版社 1882 年版，第 18 页。

维赛尔曾经指出马克思在“类存在物”等美学术语上对席勒的继承，并且认为席勒和马克思所提到的“活的形象”的一致性，二者都表达了同一人类学的基本立场，只是维赛尔认为席勒的“活的形象”是唯心主义的，这就构成了席勒和马克思在这个观点上的本质区别。但是我们看到在马克思那里，“作为类的意识，人确证自己的现实的社会生活，并且只是在思维中重复着自己的现实的存在；反之，类的存在则在类的意识中确证自己，并且在自己的普遍性中作为能思维的存在物自为地生存着”。[①] 也就是说，在马克思那里，这种活的形象存在于以生产劳动为基础所形成的个体和类的整体之间的和谐一致之中，个人是代表类的活的形象，并且是社会的活的形象。这种个体和整体的一致性与席勒所描述的古希腊人的状态是非常一致的，这种状态也是席勒所追寻的自由状态。席勒所处的时代使他无法从劳动入手进行社会学意义上的思索，但是他指出了人的一种完美的存在，虽然仅仅是在艺术领域。

席勒是在《审美教育书简》第9封信中提到了“假象”一词的，“不管你在什么地方遇到他们，你都要以高尚的、伟大的、精神丰富的形式把他们围住，四周用杰出事物的象征把他们包围，直到假象胜过现实，艺术胜过自然为止”[②]。在德文原著中，“假象”就是“Schein”，这本来是个哲学概念，古希腊爱利亚学派的巴门尼德在哲学史上最早提出关于假象的问题。他认为在运动变化的现实万物身后存在着一个本源，这个存在的本源才是真实的存在，现实万物只是这种本源的一种影像，即一切现实都是一种假象。古希腊的亚里士多德则将“Schein”进行哲学含义上的具体规定，他在《形而上学》认为假象的本意就是“虽然存在，而其所示现的事物实不存在，或似有而实无”[③]。即假象的存在来自人自身的感觉和心理作用，这样假象就只是人主观的一种存在，不具有任何的客观性。这种观点在康德那里也得到了确认，他承认“物自体”的存在，认为现象只是“先验的幻想”，假象也只是人的想象力运作的一种结果。“诗的艺术随意的用假相游戏着，而不是用这个来欺骗人，因它自己声明它的事是单

① 《马克思恩格斯全集》第42卷，人民出版社1972年版，第495页。
② ［德］席勒：《审美教育书简》，冯至、范大灿译，上海人民出版社2003年版，第75页。
③ ［古希腊］亚里士多德：《形而上学》，商务印书馆1983年版，第115页。

纯的游戏，虽然这些游戏也能被悟性在它的工作里合目的地运用着。”①康德将“Schein”从哲学领域引入美学领域，席勒在康德思想的基础上对其进一步发挥，“Schein”在席勒那里就成为一个纯粹的美学概念，这样就将文学艺术从附属于认识论的处境中完全解放出来。而“Schein”在哲学意义上依旧继续发展。“假象”（Schein）一词在德语中有“外表”、“表面”、“虚假”、“光辉”等义，Schein一词加后缀或其他词组合在一起也有假的、表面的意思，例如Seheinangritf（佯攻），Sehein/fpiede（表明的和平、假和平），因此，这个词强调的是一种表面性和虚假性，是一种不真实的存在，或者说直接就是对真实存在的一种否定，也不可能是作为真实现象而存在于人们的视野之中。② 黑格尔认为假象既是本质的一种反思的存在，也是一种潜在的本质，介于本质和非本质之间的一种现象存在。在马克思那里，假象就是对本质的一种否定。因此“Schein”一词的丰富性的含义和不同的理解，直接影响着我们对于席勒美学著作中“Schein”的解读，使“Schein”的含义更加复杂。

席勒美学思想中的“Schein”是对其哲学意义上意义的美学发挥，这也为该词解增添了新的含义，“Schein”甚至被研究者认为是席勒美学思想中最难理解但也是最核心的概念之一。在国内席勒的美学著作中，对于“Schein”一词的翻译就存在着不同的意见。在缪灵珠的译文和冯至、范大灿的译文中，“Schein”被译为“假象”；在徐恒醇翻译的《书简》和蒋孔阳《德国古典美学》中，“Schein”被译为“外观”；而有学者对该词的英文翻译和中文翻译进行比较之后，认为“Schein”翻译为“显现”更切中席勒的思想。理由是“虽然‘显现’一词已被朱光潜专门用来翻译黑格尔的‘美是理念的感性显现’中Erscheinung一词，但黑格尔的这一美的定义正是源于席勒的《审美教育书简》中对美的认识，因此将席勒文中的Schein译为‘显现’不仅切中席勒思想，而且也能从中看出席勒和黑格尔之间的联系”③。对于这三种翻译方法，笔者以为“Schein”翻译为“假象”或者“外观”都没有什么不妥，都是对“Schein”一词含义在不同美学语境中的不同表达，都是对于非真实的存在的一种强调。

① ［德］康德：《判断力批判》上卷，宗白华译，商务印书馆1985年版，第173—174页。

② 张富厚：《假象涵义之我见》，《辽宁大学学报》1896年。

③ 卢世林：《美与人性的教育》，武汉大学2006年版，第56页。

但不能因为黑格尔与席勒在美的定义上的继承关系，就将黑格尔的“显现”当作席勒的“Schein”含义来翻译。席勒“Schein”的含义是直接承康德，“诗的艺术随意的用假相游戏着，而不是用这个来欺骗人，因它自己声明它的事是单纯的游戏，虽然这些游戏也能被悟性在它的工作里合目的地运用着”①。席勒在康德“假象”的基础上对其进行美学含义的发挥，所以笔者认为还是将“Schein”译为“假象”更为妥帖，也更切合席勒的美学思想中美的定义。

席勒指出假象要胜过现实，艺术要胜过自然，假象在这里似乎是与现实对立的一种存在，具有一种非现实性。在《审美教育书简》中，席勒提出的假象指的是审美假象。席勒着重区分了它与逻辑假象的区分，也指出了审美假象的自足性。“不言而喻，我这里所谈的是审美假象，而不是逻辑假象，前者不同于现实与真理，而后者与现实和真理相混淆——因此，人们喜好审美假象，是因为它是假象，不是因为认为它是什么更好的东西。只有审美假象才是游戏，而逻辑假象只是欺骗。”② 逻辑假象是针对科学而言的。在席勒看来，科学是求真的，真理是科学的本质，席勒主张逻辑假象和审美假象相区别，实际上就是反对用科学的标准来对审美领域中的假象做出判断。逻辑假象只是与知性相关，不以认识主体的感觉或意志为转移的，而是由事物的本质规定、派生的，所以逻辑假象是指客观存在着的事物本身具有的本质和现象之间的关系而言的。按照康德的观点，逻辑表象是导致错误结论的一种逻辑严格性的缺失。在席勒看来，这种逻辑假象也是一种真实但不正确的存在，它的不真实是因为它只是知性上的认识结果，这种结果虽然只是一个不全面的事实，但因为有了现实和真理的外表或者逻辑而表现得类似于真理，也就是席勒所说的冒充真理。由于逻辑假象是在现实中经过知性原则而形成的，因此它常常被人们认为就是真理本身，而这就是对真理本身的最大的损害。席勒是针对科学的发展而言的，在18世纪，人类对理性知识的信奉和自然科学的迅猛发展，席勒深刻地看到了科学的巨大威力，也意识到理性对个体人性的伤害。同时，时代对实用性的强调也和容易让审美假象被科学真理来判断，审美假

① ［德］康德：《判断力批评》上卷，商务印书馆1964年版，第173—174页。

② ［德］席勒：《审美教育书简》，冯至、范大灿译，上海人民出版社2003年版，第215页。

象就会由于其对现实的无目的性而被认为是消遣之类的无用之物。所以席勒说："要防范知性对实在性的追求发展到一种偏狭的程度，以致美的艺术是假象对全部美的假象的艺术下一个轻蔑的判断。"①

席勒认为审美假象不存在真理和现实，它不具有任何的实用性和目的性，因此它就与人们的需要的匮乏无关，它只能与存在于"游戏"中，只是艺术的一种本质。席勒在第26封信中明确将其表述为一个美学命题："鄙视审美假象，就等于鄙视一切美的艺术，因为美的艺术的本质就是假象。"② 需要指出的是，席勒的这个艺术本质是通过先验的设定而推断的，不是从现实中的真实提炼。在席勒看来，时代的艺术与人性一样，都不是最完美的代表，但是它们必然有一个理想的存在，这个理想存在就是席勒提出的纯粹概念。席勒指出："假使要提出一个美的纯粹理性概念，那么这个概念就必须——因为它不可能来自现实的事件，相反它纠正我们对现实事件的判断，并引导我们对现实事件做出判断——在抽象的道路上去寻找，必须从感性和理性兼而有之的天性的可能性中推论出来，一言以蔽之，美必须表现出它是人的一个必要的条件。"③ 审美假象是审美活动的直接结果，在审美过程中，感性冲动和理性冲动的对立已经不复存在，游戏冲动自主地进行审美活动，由于游戏冲动具有感性和理性的双重作用，或者说游戏冲动已经成为感性冲动和理性冲动的统一体，因此，此时的想象力是自主自由地进行活动，具有绝对的立法权，创造出独立于现实的审美假象，也就是不具有任何使用价值的活的形象。康德的审美假象是主体心理所感受到的整体表象特征，而在席勒这里，审美假象则是一种客观存在的实体对象，由于一切现实的存在都源于作为外来支配力的自然，而审美假象则是来源于具有内在创造力量的主体的人，因此审美假象虽然作为现实客观存在，但却不属于真实的现实。在这里，席勒将艺术审美的世界与客观真实的世界划分了二者的界限，也将艺术创作作为一个动态的整体。

席勒在这里涉及了假象的真实性问题，即艺术与真实之间的关系，这

---

① ［德］席勒：《审美教育书简》，冯至、范大灿译，上海人民出版社2003年版，第215页。

② 同上。

③ 同上书，第84页。

也是古希腊以来人们一直思考的问题。我们知道，艺术的真实性问题从柏拉图和亚里士多德时期就成为艺术本质思考的焦点。柏拉图认为模仿就是对外界自然的一种被动的、忠实的抄录，是对理式的摹本的模仿，因此，艺术不具有真实性；亚里士多德则认为艺术虽然也是模仿自然，但客观自然是真实的，因此这种对真实的模仿也就是一个现实的存在。其实，这两种观点都是在本体论意义上探讨艺术真实，焦点在于对本体自然的真实性的认可。随着本体论向认识论的转向，这个问题也就纳入了认识论范围内，鲍姆加登就指出："美学作为自由艺术的理论、低级认识论、没的思维的艺术和与理性相似的思维的艺术，是感性认识的科学。"① 求真也成为美的一项任务，但是这种真不是逻辑的真、客观的真，而是一种审美的真。席勒对审美假象和逻辑假象的区分也正是这种思维的延续。假象的诞生是感性冲动和理性冲动充分协调作用的结果，因此，假象必然具有感性和理性的特点，是一种活的形象，但正因为它是"活的"，所以它不同于客观存在的那些真实，所以就体现出与真实的一种对立。就审美现象本身而言，它是人所创造的产物，必然具有客观存在的性质，因此它又是一种真，是一种审美的真。这种真虽然与逻辑的真截然相反，但是作为客观存在物，并且体现着人性完满的存在，这种真必然是更高意义上的真。在某种意义上说，美就是包含着真，是更高意义上的真。为此，席勒在第九封信中就指出："真理在幻觉（指审美假象）中继续存在，原型从仿制品中又恢复原状。"②

席勒指出，审美假象虽然不是为了显现真理或者冒充真理，但并不意味着审美假象中就不存在真理。正如游戏也是有一个发展的过程一样，审美假象因与人性相关联，所以人性的完满程度也决定了假象的独立程度。在席勒看来，审美假象也是有着严格的区分的，最高的最理想的假象是纯粹假象，它必须满足两个方面的要求：首先它必须是正直的、诚实的，也就是说它必须公开放弃对实在的一切要求，对实在不存有任何的目的；其次，它必须是自主、独立的，它不依赖现实的一切条件，而是对实在的一种超越。满足这样要求的假象才是真正的纯粹的审美假象。但席勒发现，

---

① ［德］鲍姆加登：《美学》第 1 卷，简明、王旭晓译，文化艺术出版社 1987 年版，第 13 页。

② ［德］席勒：《审美教育书简》，冯至、范大灿译，上海人民出版社 2003 年版，第 71 页。

在现实中存在着大量虚假的审美假象，只是人们用来达到目的的一种手段。例如那种“幻景艺术”和“全景艺术”，都脱离不了外界的限制，或者依靠观赏者的错觉或者依靠客观实在，不具有独立性，因此都是虚假的、冒充的审美假象，也可以称为审美假象的初级阶段。这种审美假象或者对现实起虚假粉饰作用，或者成为人们摆脱空虚的消遣之物，都无益于客观现实的良性发展，这也是现实中人们对审美假象加以抱怨的原因所在。这种虚假的假象不是席勒意义上的假象，所以，要通过审美教育来分清审美假象的真假，寻找纯粹的审美假象，这种审美假象就代表了人的一种理想存在，是人性的一种完美的实现。这种假象并没有消解真理性和客观的真实，而是随着人性的完整具有了更加纯粹的体现。“不论在哪个个人身上或哪个民族当中，有正直而自主的假象，就可以断定他们有精神、趣味以及与此有关的一切优点——在那里，我们将会看到支配现实生活的理想，看到荣誉战胜财产、思想战胜享受、永生的梦想战胜生存。”①

审美假象和活的形象其实只是席勒对人性完满的问题所做出的不同角度的解释，二者都指向了游戏，指向了人类所从事的艺术活动，揭示了席勒所希望的人和世界的存在方式，那就是人摆脱了外在的强制和束缚，听从自己的内心，自由的、真实的显现于他生存的这个世界。每个人都是活的形象，都是感性和理性的完美结合体，与外界人或者物都处于一种和谐的关系当中。对席勒来说，审美假象的诞生就是这种人性和谐的结果，更是人性诞生的标志，“表明野人进入人性的那个现象是个什么现象呢？不管我们对历史的探究深入到什么地步，这个现象在所有摆脱了动物状态的奴役生活的民族中都是一样的：对假象的喜爱，对装饰与游戏的喜爱”②。因此，人在人性完满的情况下就可以听从自己的内心而走向道德，这也是席勒对人类自身发展的乐观主义的表现。他对文明的批评并不能掩盖他对人类自身向善发展的确信，席勒相信人类自有自己作为人的一种尊严，这种尊严缘自人内在的一种精神，在人的感性和理性和谐的自由状态下，这种精神将引导人的所言所行走向最终的善。所以席勒认为“审美假象的

---

① ［德］席勒：《审美教育书简》，冯至、范大灿译，上海人民出版社 2003 年版，第 220 页。

② 同上书，第 214 页。

范围有多大，它在道德世界中的范围就有多大”①。这也是席勒所说的通过自由给予自由的原因所在。对于席勒的审美假象，《西方美学通史》将其归纳为：“审美外观是人的审美活动中由想象所创造出来的感性形象，在艺术中出现的审美外观就是艺术形象。所以，席勒说审美外观是艺术的本质。总之，审美外观就是美的形象，也就是感性与理性的统一、质料与形式的统一，既是人的对象又是人的产物（客观与主体的统一）。”②

二　溶解性的美与振奋性的美

在席勒看来，那个时代的人都处于一种人性缺失的状态中，在文明发展中个体的人为着类的存在而缺失了作为人所应有的感性生存的一面。席勒认为弥合分裂的人性的唯一方式就是艺术，即通过美育的方式来让个体的人走向人性的完满，艺术就肩负着艰巨的现代性使命。席勒以先知的口吻预言：“人丧失了他的尊严，艺术把它拯救。”③ 因为在席勒看来，艺术是深深地根植于人性之中，是人所特有的本质，其他的动物甚至是神都无法从事艺术活动，他在《艺术家们》一诗中就感叹道：“在勤勉方面，蜜蜂可能胜过你/在灵巧方面，蚕儿可以是你的老师/你同偏爱的鬼神共享你的只是/人啊，唯独你才有艺术。”④ 这样席勒就将艺术与人的本性联系在一起。在《审美教育书简》中，他直接指出：“表明野人进入人性的那个现象是个什么现象呢？不管我们对历史的研究深入到什么地步，这个现象在所有摆脱了动物状态的奴役生活的民族都是一样的：对假象的喜爱，对装饰与游戏的爱好。”⑤ 这样，在席勒那里，艺术就成为人性显现的一种标志，艺术的发生都是在人性发展的基础上进行的。虽然西方从古希腊开始就开始探讨艺术的起源，出现“模仿说”、“镜子说”等理论，但艺术之源还是在自然那里，侧重于对自然的真实再现。而在席勒看来，却是从

① ［德］席勒：《审美教育书简》，冯至、范大灿译，上海人民出版社 2003 年版，第 220 页。

② 曹俊峰、朱立元、张玉能：《西方美学通史》第 4 卷，上海文艺出版社 1999 年版，第 401 页。

③ ［德］席勒：《审美教育书简》，冯至、范大灿译，上海人民出版社 2003 年版，第 46 页。

④ ［德］席勒：《秀美与尊严》，张玉能译，文化艺术出版社 1996 年版，第 365 页。

⑤ ［德］席勒：《审美教育书简》，冯至、范大灿译，上海人民出版社 2003 年版，第 214 页。

人性的角度思考艺术的产生机制，从更深的本质层面上来思考艺术的起源及其功能。换句话说，艺术根植于人性但是又可以完成对人性自身的弥合，因此它就担负起了塑造完美人格的重任。

席勒对美的思考与对人性和艺术的思考是不能截然分开的，在《论美书简》和《审美教育书简》中他都对艺术和美进行了分析。而在《论素朴的诗与感伤的诗》中他很明确地规定了诗（艺术）与人性的不可分割的关系。他说："诗的精神是不朽的，它决不会从人性中消失，它只能同人性本身一起消失，或者同人的天赋能力一起消失。"① 他在提出游戏说的同时也将艺术联系在一起，也就形成了众所周知的艺术起源论，后来思想家在席勒游戏说的基础上开始将游戏纳入理论研究的视野，提出了各种游戏理论，甚至将游戏纳入人类历史和文化中去，游戏甚至成为生命的本质。因此，虽然席勒关于艺术起源的游戏说存在着一定的漏洞，不能解释所有的艺术现象，游戏说也不能成为艺术产生根源的正确解释，但是席勒将艺术与人性联系在一起，却打开了一扇认识人类本身的大门，艺术在个体发展以及人类整体上所产生的作用，开始被世人重新认识。马尔库塞就将艺术看作塑造"新感性"来释放压抑的潜能，完成对现实的政治革命。虽然他和席勒一样具有脱离了具体的社会实践的缺陷，但是谁也无法否认艺术在人类发展中的巨大意义。正如弗洛姆说的那样："人类在任何时代、任何文化中都面临着同一个问题，都要解决同一个问题：怎样克服分离，怎样实现结合，怎样超越个人的自身生活，并找回和谐。"② 而这种和谐首先是席勒所说的人性自身的和谐。

在席勒看来，人性中的感性和理性是互相依存的，一个要求变化，一个要求不变，二者的相互关系决定了人性的外在表现。虽然在游戏说中席勒提出"艺术发生的真正原因是以外观为目的的游戏冲动"③，而游戏冲动则是来自于人性的均衡，也就是说艺术与人性中感性和理性是否处于均衡状态有关。席勒也认为作为现实的人的存在来说，是无法实现感性和理性的平衡的，让二者在自身界域内各行其是以达到一种和谐与平衡只是一

① ［德］席勒：《秀美与尊严》，张玉能译，文化艺术出版社1996年版，第365、286页。

② ［美］埃·弗洛姆：《为自己的人》，孙依依译，生活·读书·新知三联书店1988年版，第238页。

③ 王宏建：《艺术概论》，文化艺术出版社2000年版，第192页。

种理想，“我们已经看到，美是从两个对立冲动的相互作用中，从两个对立原则的结合中产生的，因而美的最高理想就是实在与形式尽可能最完美地结合和平衡。但是这种平衡永远只是观念，在现实中是绝对不可能达到的。在现实中，总是一个因素胜过另一个而占优势，经验能做到的，至多也是在两个原则之间摇摆时而实在占优势，时而形式占优势”①。也就是说，人性在现实中是永远处于失衡的状态，不仅仅席勒所处的时代人的生存状况不容乐观，即使在二百多年后的今天，人类已经到可以上天下海的时代，人性的完满仍然没有实现，仍然是处于一种失衡的状态中。“相反，在文明的状态中，由于人的全部天性的和谐协作仅仅是一个观念”，②因此席勒的那个时代命题对我们来说仍然具有一定的意义。我们可以看到，在席勒那里，艺术产生于人性的平衡，这种平衡是一个由不平衡到平衡的过程，所以不是说艺术就来自这种游戏冲动，而应该说艺术来自感性冲动和理性冲动的失衡，艺术是游戏冲动的外显，美就是这种外显的存在状态。因此席勒才说：“我利用您给予我的自由，提醒您注意美的艺术这个舞台，除此之外，对这一自由难道还有更好的运用吗?”③ 席勒在论述这个问题的时候，其实内隐着一个艺术的真实发生机制问题，即人自身中感性和理性的失衡就是艺术产生的根本动力，而艺术的产生弥补了这种失衡，人类自身就是在这种失衡—平衡—再失衡的道路上前进。

我们知道，人类社会在形成发展过程中，人的精神意识是在物质实践的基础上发展起来的，精神对于物质实践总是有一种先导性的作用，而由于人类的生产力水平所限，人所获得的物质产品总是不能满足于人的主观愿望，因此人总是处于一种精神和物质、感性和理性失衡的状态，也就是席勒所说的人格和状态的分裂与对立。人类在自己的生活实践中开始发现，运用自己的智慧，通过视觉或者听觉的享受来调整了这种失衡，这也是席勒重视人的两个感官——眼睛和耳朵的潜在原因。“人所以由实在提高到假象是由于自然本身，它给人配备了两个感官，这两个感官使人仅仅通过假象就能认识到现实的东西。在耳朵和眼睛里，进逼的物质已从感官

① ［德］席勒：《审美教育书简》，冯至、范大灿译，上海人民出版社 2003 年版，第 129 页。

② 同上书，第 64 页。

③ 同上书，第 18 页。

中排除，我们在动物状态直接接触到的对象已离开我们。我们用眼睛看到的东西，不同于我们感觉到的东西，因为知性越过光亮进入对象之中。触觉的对象是我们所承受的强力，眼睛和耳朵的对象是我们所产生的形式。”① 席勒这里排斥触觉，是因为触觉与感官的享受相联系，而眼睛和耳朵则与实用相脱离而具有自由的性质。由于人在社会历史发展中自身也不断地发展，因此这种人性的失衡状态也不断地产生，贯穿在人类历史的每一个发展阶段，艺术就是在不断地调整这种失衡的状态下向前发展。当然，艺术与劳动也有着密切的关系，艺术是在劳动过程中产生的，但是如果从心理学和生理学的角度对人进行分析的话，劳动的产生也是由于精神世界的推动，劳动产生的只是艺术的实体框架，人本身的精神世界才是推动劳动转变为艺术的最终原因。当然，席勒在这个问题上并没有进行详细的分析，但是他指出了艺术的不断发展的事实，也暗含了对人性发展的认同。“正如形式逐渐地由外部到人的住所、家庭用具、服装、接近人那样，形式最后开始占有了人本身，起初只是改变人的外表，后来也改变人的内在，快乐的无规则的跳跃变成了舞蹈，不定型的手势变成了优美和谐的手势语言；表现感受的混乱不清的声响进一步发展，开始服从节奏，转变为歌曲。”② 有学者指出席勒的艺术生成序列是：神话—文身—建筑—工艺—服装—舞蹈—诗歌（文学）—歌曲（音乐），并认为是一个由外到内、由实用到超功利、由符合到纯粹、由游戏到模仿、由质料到形式的转变过程。③

艺术活动的过程就是“活的形象”的创造过程，而“活的形象”就是理想的美的存在状态，也是席勒所希望的人在真实生活世界的生存状态。但是席勒在指出了这样一种审美状态的同时，也清醒地意识到了现实中的无法实现性，这也是他在美学思想中表现出矛盾或者说是相反的倾向的原因。虽然席勒认为人是从物质状态走向这种审美状态的，但是在现实存在的人身上，人是多种状态的混合体，“我要再次提醒，这两个时期虽在观念中必须彼此分开，但在经验中总是或多或少地交混在一起的。同时

① ［德］席勒：《审美教育书简》，冯至、范大灿译，上海人民出版社 2003 年版，第 216 页。

② 同上书，第 233 页。

③ 张玉能：《席勒的审美人类学思想》，广西师范大学出版社 2004 年版，第 59 页。

也不要以为，仿佛曾经有过一个时期人只是处于这种物质状态，也有过一个时候人完全摆脱了这种状态。一旦人看见一个对象，他就已经不再仅仅是处于物质状态之中，只要他还继续看到一个对象，他就不能摆脱这种状态，只有因为在他感觉的情况下他才能看到。……就整体来说，是整个人类发展的和每个人全部发展的三个不同的时期，就是在一个对象的任何一个个别的知觉中也可以分辨出这三个不同的时期。总而言之，它们是我们通过感官所得到的每一个认识的必要条件。"[①] 由于人性中两种冲动总是互为条件、互相制约，二者的平衡状态就是理想的美的状态，但是理想的美在现实中并不存在，而只是体现为经验中的溶解性的美和振奋性的美。这两种美由于它们作用的对象的不同状态而体现出各自美的特点。简单地说就是对紧张状态起缓和作用的就是溶解性的美，而对松弛状态起恢复力的作用的就是振奋性的美。为此，席勒考察了人在现实世界中由于受到限制的内在原因及其状态，并针对不同的状态将美作为疗救的方法以达到人的和谐状态。席勒还是从人性的观念入手，他指出在现实经验世界中由于人性的堕落和分裂，人性中的两种冲动总是各执一端、片面发展，要么是感性冲动占优势，人就处于物质需求的支配之下，成为单纯欲望的人；要么是理性冲动占了优势，人处于抽象认知的控制下，缺少了具体生活的欲望，生命变得单调而冷漠。这样人性中的两种状态处于一种恶性循环的不平衡状态：不平衡造成缺陷，缺陷造成不平衡，这种不平衡让人放弃了它的自由与多样性，因此人就成为单向度发展的趋势，而人本身则呈现出一种紧张的状态。同时，席勒认为由于感性冲动和理性冲动也可能处于一种懈怠无力的状态，不能正常健康地发展而趋于衰竭的时候，人还表现出一种松弛的状态，没有活力，没有欲望，没有人该有的振奋的精神，也就是席勒所说的"懒散"。因此，席勒认为"我们的时代实际上是在两条歧路上彷徨，一方面沦为粗野，另一方面沦为疲软和乖戾"[②]。由于美与人性的异质同构，所以席勒认为美可以根据不同情况消除天性在人身上的限制，使人性中的两种冲动保持一种均衡的状态，由此在游戏冲动的作用下，人在美的状态中恢复到人性的自由。

---

① ［德］席勒：《审美教育书简》，冯至、范大灿译，上海人民出版社 2003 年版，第 203 页。

② 同上书，第 78 页。

在席勒看来，审美教育的过程就是现实中处于不同状态的人对美的接受过程，其目的就是让人恢复到和谐自由的人性状态，最终显现出人作为人在自然界的尊严。溶解性的美和振奋性的美就是达到这个目的的两条必经途径。这两种美的命名是席勒根据美对人的不同状态的作用的结果而言的。溶解性的美通过自身的特性给缺少法则的人带来法则的约束，给缺少力量的人带来力量的刺激，使人天性中的紧张或者不均衡状态发生改变，摆脱力量或者法则对现实的人的限制，感受到自由。因此，溶解性的美是人本性的一种需要，它具有两种不同的形体，“第一，它作为宁静的形式和粗野的生命，为从感觉过渡到思想开辟道路；第二，它以活生生的形象给抽象的形式配备感性的力，把概念再带回到关照，把法则再带回到情感”①。虽然席勒指出第一种情况是为自然人服务，第二种情况是为文明人服务，但是我们可以发现在席勒的整个思想里，文明时代的人由于人性的分裂，在自身身上也同时具有人发展的不同状态，因此实际上这两种情况都是席勒为文明时代的人开出的药方，《审美教育书简》里席勒所讨论的主要是是溶解性的美对时代的人性发展的积极作用。那么通过溶解性的美的作用，现实当中的人就能恢复到自由和谐的状态吗？席勒指出，从理论上看应该会达到那样一种状态，但是由于现实中溶解性的美必须依附现实而存在，它的作用必然要受到自然的限制和约束，带有自然的痕迹，因此它在弥合人性方面的作用就受到一定的影响而无法达到最佳状态。席勒指出溶解性的美的作用后果容易出现这样的情况：“情感的潜能也随着欲望的暴力而被窒息，性格也分担了本来只是针对情欲的力的减少。所以，在所谓文明化了的时代，人们常常看到，柔和蜕化为空洞，自由蜕化成任性，轻快蜕化为轻佻，冷静蜕化为冷漠，最可憎的漫画与最庄严的人性混为一谈。”② 而这一点，席勒在关于游戏的不同发展阶段的论述中就可以看到原因所在。

溶解性的美只是对紧张状态的人产生松弛的作用，在审美游戏中让人感受到自由，但是这不是审美教育的全部，“要使审美教育成为一个完整的整体，要想使人的心灵的感受能力扩大到我们规定的全部范围，就必须

---

① ［德］席勒：《审美教育书简》，冯至、范大灿译，上海人民出版社 2003 年版，第 138 页。

② 同上书，第 131 页。

除美之外再加上崇高"①。崇高才是人性达到完美的最后一个环节。对于人性冲动处于衰竭状态的懒散的人来说，就必须对其进行崇高的审美教育，也就是用振奋性的美弥合其人性中冲动松弛无力的状态，使其重新恢复到和谐的状态，并且在审美过程中深切地感受到人在自然面前尊严所在。席勒在论述自己崇高理论的过程中指出了崇高对人所产生的振奋性的作用。崇高理论在康德那里只是先验地起作用，席勒的崇高理论是康德崇高理论的客观化，并且他对崇高理论进行了心理化的分析，将崇高与人类本能的心理反应联系在一起。崇高作为一种理性观念不仅仅在于主体人自身，更内化到主体自身的情绪状态中，更是主体对外界自然的一种关系的理性体现。席勒将崇高进行详细的分类，将崇高引入了社会现实领域，并对松弛状态的人给予振奋的精神，达到恢复人性的作用，在他看来，人们在实践的崇高中更能表现出人所具有的理性尊严。

席勒反复论证美是现象中的自由，是感性和理性这两种冲动和谐运动的结果，人在美的状态中达到了与自然和谐为一个整体的境界。但是在那种境界中，人与自然万物无异，体现不出人在自然界的特殊地位。而崇高则可以让人表现出理性精神的强大力量，它可以超越感性而独自活动。"虽然美（优美）就是自由的表现，不过不是使我们高过自然威力和从一切物质的影响中解放出来的那种自由的表现，而是我们作为人在自然之内享受到的自由的表现。我们在美那儿感到自己是自由的，因为感性冲动与理性法则和谐相处；我们在崇高那儿感到自己是自由的，因为感性冲动对理性的立法不起作用，在这里精神活动着，好像它不服从除开它自己的法则。"② 当人面对狂风骤雨、惊涛骇浪等可怕的对象时，席勒和康德一样认为安全感和距离才能让我们进行审美判断而产生崇高感，但席勒认为，即使是自然现象威胁着我们的感性存在，我们的安全性受到威胁，人仍然能够直面自己的选择，通过自己的理性精神独立地进行活动。虽然痛苦成为审美活动的表象，但是在审美的世界内，我们就可以看到自己作为理性的人所感受到的自由，"没有什么比关心他的存在更有力地抓住作为感性本质的人，而且无论什么依赖性都不比把自然看作支配他的存在的必然性更使他苦恼，就是由于这种依赖性，在观照实践的崇高时，他感到自己是

① ［德］席勒：《秀美与尊严》，张玉能译，文化艺术出版社 1996 年版，第 213 页。

② 同上书，第 204 页。

自由的"[①]。这是人的主体性精神的绝对胜利，也是审美教育的最高层次，席勒就这样将审美引向道德，通过审美的人塑造道德理性的人，最终实现人性的真正完满和超越。

审美教育的过程是人的感性和理性冲动相互作用的过程，从最初的不平衡到最终的和谐，这都是在主体自身内部，或者说在人的心绪中展开的。席勒首先确定了心绪的可规定性，"心灵是被规定的，只要它完全仅仅是受到限制的；但是，倘若它从自己的绝对能力出发自己限制自己，它也是被规定的。当心灵在感觉时，它处在第一种情况中，当心灵在思维时，它处在第二种情况中"[②]。席勒认为，主体人的心绪是从无规定走向被规定的，这样就是在两种状态中转换。这种无规定的状态就是人类的初始状态，而感性的先行，感性冲动就规定了心绪的状态，表面上看主体的人处于被动的地位，而实际上，这种限定是主体自身对自身的一种规定，是外界自然对人作用在人心理所产生的一种必然，主体的人的这种心绪的自规定性也反映了人在外界的感性刺激下所发生的变化。由于人始于单纯的生活，终于形式，因此人的心绪总是要从感觉走向思维，实际上这就是感性和理性、主观和客观、物质与形式、受动与能动之间如何统一的问题。人们从古希腊时期就开始寻求这个问题的答案。而在席勒看来，人性中的感性冲动和理性冲动都对人有强制作用，二者在相互作用中并不能互相取代，因此秉承康德自然向人生成的思想，席勒认为美可以使人实现这种心绪的过渡。"从感觉的被动状态到思维和意愿的主动状态的转移，只能通过审美自由的中间状态来完成。……一言以蔽之，要是感性的人成为理性的人，除了首先使他成为审美的人以外，别无其他途径。"[③]

席勒认为，在感觉和思维之间是有一个中间地带的，这个中间地带也是属于心绪范围。由于感性和思维之间的不同活动范围，并且处于对立状态中，席勒强调这种对立是完全彻底的对立，就是说在思维和感性之间没有任何交叉的可能，他认为这两种对立状态是可以在新的状态实现统一，也就是他所说的第三种状态，这个中间地带不从属于它们中的任何一个，

① ［德］席勒：《秀美与尊严》，张玉能译，文化艺术出版社1996年版，第183页。

② ［德］席勒：《审美教育书简》，冯至、范大灿译，上海人民出版社2003年版，第166页。

③ 同上书，第180—181页。

也不是二者的共同部分。只是由于它们都是在心绪的范围之内，因此这第三种状态必然是一个新的融合两种对立状态的新的状态。这里就包含着一种不自觉的对立统一的辩正思想的意识，即在自身之内实现对立的统一。他在第19封信中说："因为这两种状态永远是彼此对立的，所以除了把它们扬弃之外没有别的办法可以使它们相结合。因此，我们的第二项工作，就是使这种结合达到完善的程度，完全彻底地实现这种结合，从而使这两种状态在第三种状态种彻底消失，在整体中不留任何分割的痕迹；否则我们就是把它们分离成一个个的个体，而不是把它们相统一。"① 这种状态就是美的状态。席勒区分了审美的可规定性与心绪最初的无规定性之间的区别，认为二者都是排除任何被规定的存在，都是一种无限，但二者也存在根本的不同，即审美状态中的"无"是在感性和理性保持平衡的情况下的一种"无"的状态，这种状态的"无"就等同于一种无限，一种充实的无限，是在自身统一起来对立的双方而形成的一个无限的整体，"它把它的起源的一切条件和它得以延续的一切条件都统一在自身之中"②。而心绪最初的无规定状态却是一种真正的"无"，不具有实在性。在席勒看来，所谓的心境其实就是人性中两种冲动相互作用的结果的反应，审美状态心绪处于感性和理性保持平衡的一种无规定性状态，虽然两种冲动仍然在活动，但是通过二者的对立引起了对双方的否定，主体的人就感受不到物质的或者是道德的强制作用，表现出具有一种自由心境。主体在具有这种自由心境的状态下就可以表现出对现实自然和理性法则的漠视，根据人所特有的意志来决定自己的行为。而崇高的审美状态更体现自由心境的巨大作用，它使主体超越了感性的生存威胁，在感性和理性所造成的冲突中高扬人的自由选择性，更体现人在自然中的尊严所在。

因此，席勒的自由心境不是认知意义上的，而是心灵上的、精神上的自由选择的强调。这种自由既可以表现为对自然性的认同，更可以看作对必然性和自然的一种超越。因为这种自由是源于人性，源于人自身的心灵状态。在这个问题上，我们古代的庄子也有很类似的观点。庄子的人生理想状态是"逍遥游"，但是人和其他万物一样都生活于"有待"的世界

---

① ［德］席勒：《审美教育书简》，冯至、范大灿译，上海人民出版社2003年版，第143页。

② 同上书，第172页。

中，受到种种条件的束缚和限制，庄子称之为“命”，“死生存亡，穷达贫富，贤与不肖，毁誉，饥渴寒暑，是事之变，命之行也”①。即人无法摆脱这种必然性的命运。而摆脱这种必然性的束缚追求自由就成为庄子的理想所在。庄子主张“安命”，以“道心”观物，化成心为道心，实现对自然规律的认同和超越。庄子强调的也是一种心灵的自由，心不受外物所牵，亦感受不到它的限制，即可享受自由的快乐。虽然席勒和庄子思想的哲学基础以及文化氛围截然不同，但二者对于自由心灵的强调却证实了内在的自由心灵对个体的人的生存状态的重要性。“人身内一出现光亮，他身外就不再是黑夜；人身内一平静下来，宇宙中的风暴也就立即停止，自然中斗争着的力也就在稳定不变的界限中理解平息。因此，远古的诗篇把人内心的这一伟大事件当作外在世界的一场革命来谈论，并借用结束了萨杜绝恩王国的宙斯的形象来体现思想战胜了时间的法则，就毫不奇怪了。”②

对于席勒来说，他进行审美教育的目的是要恢复分裂的人性，而人性的本质就在于自由，这种自由不仅仅是人性完满时的自由心境状态，更是体现人作为自然界的特殊物种的超感性的力量。虽然他反对康德的物自体的存在，但是他认为人的天性中就隐含这种力量，这种力量让人从感性状态走向理性状态，并走向最终的善，这种向善的力量就是席勒所说的人所具有的意志，是人在自由心境中所进行的一种选择。席勒虽然对文明对人性所造成的分裂状态表示了自己的批判，但是文明所带来的人的潜力的挖掘也让他对人自身的能力抱以乐观的态度，这也是他相信在自由心境中人所做出的选择必然是有益于人类自身的选择的原因。因此席勒认为人必然要从美走向道德，从审美的人走向现实世界的道德的人。这种道德的人是审美的人的高一级别的发展，这种发展不是无缘无故的，而是体现着人性的一种必然，“在人的理性天性中有一种通过知性可以提高的道德天禀，而且就是在他的感性理性兼而有之的天性中，也就是说在人的天性中，也存在着一种通往道德天禀的审美倾向”③。因此，在席勒看来，审美状态

① 《庄子·德充符》。

② ［德］席勒：《审美教育书简》，冯至、范大灿译，上海人民出版社2003年版，第204页。

③ 同上书，第204页。

的人是自由的，道德状态的人更表现出一种自由，体现了作为社会上的个体的人在自然万物面前所应有的人的尊严。席勒这里实际上是强调了人的一种社会性，即个体的人只能在社会的环境中生存，只能表现为具有一定社会意义的个体存在。个体的社会存在虽然有很多因素，但道德因素是不可或缺的重要一环。因此，席勒指出“如果除了物质修养人再也不能有别的修养，他就仍然没有实现他的自由。可是，人毫无例外地应当是人，他在任何情况下都不应违背他的意志去接受任何东西。这样，假使他没有比例相当的力去对抗各种物质的力，他要想不接受任何强制暴力，那他再也没有别的办法，除非完全彻底地废弃对他如此不利地比例关系。而‘按照概念消灭强制暴力’又不是别的，正是自愿地服从于它，使人能有这样地能力的修养，就叫做道德修养”①。

对席勒来说，这种道德修养才能真正彰显作为社会中的人的存在意义，因为在实际社会生活中，人不可能摆脱一种外在的强迫与束缚，人的感性生存和文明发展状况都决定着人不可能在现实世界实现那种完全的自由，席勒自身就对此有深刻的体会。在审美状态中，人发现了这种现象中的自由，但是这种美不能实现任何个别的目的，对知性和意志不提供任何结果，也就无助于真理或者义务的实现，表面上看也就不具有任何实际功能和明显效益。我们国家教育方针中对美育的一段时期的漠视就是现实的一个例证。但是事实也证明了忽视美育的严重后果，那就是个体素质尤其是道德素质的下滑。因此，美育看似无用，但却是无用之用，对人的道德修养的形成有着直接的效用，真理和义务也在道德中自然显现，而人性就在真善美的统一中得到了完善。所以，席勒对自由心境和道德修养的强调其实是对处于现实世界中面临各种需要匮乏的社会中的个体的一种关怀，是为处于各种生存困境的人摆脱狂躁和疯狂的个体寻出的一条出路。这并不是走向心灵的乌托邦，而是对现存世界的一种质疑，只要这个世界的个体身心不和谐，那么道德就有能力采取行动去追求和谐，甚至包括暴力手段。席勒所寻求的是一个建立在美的基础上的道德的社会，而具有道德的修养和审美修养就是对个体提出的基本要求。可以说，在美的基础上培养道德的个体是席勒美育思想的最迫切的目标。

---

① ［德］席勒：《审美教育书简》，冯至、范大灿译，上海人民出版社 2003 年版，第 245 页。

三　美是人性中的自由

席勒选择了艺术并将其作为唯一的选择。在席勒的美学思想里，美、艺术、自由与人性都有着直接关联，而艺术则直接承担了审美教育的中介，“这个工具就是美的艺术，这些泉源就是在美的艺术那不朽的典范中启开的”①。席勒将艺术看作自由的女儿，因此通过艺术就可以重新获得自由。在席勒看来，这种艺术必须是理想的艺术，与现存的客观现实没有任何瓜葛，表现出一种自律和独立的特点。而艺术家就在成为艺术的创造者的同时也成为审美教育的关键，在弥合人性的过程中也是必不可少的一个因素。

在《艺术家》一诗中，席勒将人与自然界其他生物进行比较，并得出结论：“人啊，唯独你才有艺术。”在席勒看来，艺术就是人类所特有的并与动物相区别的本质，它来自人类的创造，但具有一定的独立自由特性。“艺术跟科学一样，与一切积极的存在和一切人的习俗都没有瓜葛，两者都享有绝对的豁免权，不受人的专断。政治立法者可以封闭科学与艺术的领域，但不能在其中实行统治。他可以放逐爱好真理的人，但真理仍然存在；他可以凌辱艺术家，但不能伪造艺术。”② 席勒赋予艺术和艺术家以一种独立自律的地位，艺术在席勒那里就是一种自由的存在，它不受政治法则的约束，也不受时代的金钱实利的诱惑，艺术不靠任何外在的东西来确定自己，仅仅是以自身为目的，为自身而存在。这样艺术就超脱了现实利害关系而实现了自主。这种对艺术无利害的认识从古希腊早期就已经出现，柏拉图在《文艺对话集——大希庇阿斯篇》中就认为，美不是有用、有益或善，也不是视听所产生的快感。美与善之间的关系也一直是思想家们讨论的主要话题。但是在18世纪之前，艺术的审美价值依然没有得到确立，而其认识价值、社会价值等方面却在现实生活中得到证实，并引发席勒在《审美教育书简》中同时代的人对美和艺术的指责。一般认为是英国哲学家夏夫兹博里真正最早系统地倡导美的无利害性问题。他认为审美判断的衡量标准主要是主体情感的快与不快，而这种快与不快主要是一种知觉方式，即用一种非功利的心态“观察和静观”美。但是康

① ［德］席勒：《审美教育书简》，冯至、范大灿译，上海人民出版社2003年版，第69页。

② 同上。

德在《判断力批判》中从纯学术的角度确立了审美的特殊性，提出了审美的自律性问题。康德从质、量、关系、模态四个方面分析了审美判断的特征，提出了“审美无利害性”这个关键性的命题，美是事物合目的性的形式，美的判断不涉及目的，因此它是无利害的。因此，审美被看成是将对象的表象凭借想象力（或想象力与知解力的结合）联系于主体的快感与不快感，而与对象的存在无关。这样是将美感与实际的欲望，审美关系与功利关系区别开来。即卡西尔所言，康德第一次清晰而令人信服地证明了艺术的自主性，而席勒则是在康德思想的基础上进一步确认了艺术的审美价值的独立性。

席勒的艺术独立性首先是与他的古典主义的审美标准相联系的，这种标准也让席勒赋予艺术一种超越时空的特性，它不受外界世界变化的影响，也不被自然规律所限制。这样就给艺术的独立提供了一种前提。虽然席勒对当时德国思想界崇拜希腊的思潮表示异议，但是他也深受其影响，认同古希腊那种“和谐”、“宁静”，表现“伟大的心灵”的艺术理想。他认为希腊的艺术作品中不仅仅是再现着美好的自然，更具有一种理想的美。这种理想的美，温克尔曼做了明确的表述：“希腊艺术所塑造的形象，在一切剧烈的情感中都表现出一种伟大的平衡心灵。表现这样一个伟大的心灵远远超越了描绘优美的自然。”① 由于席勒以古希腊的艺术创造标准为最高标准，因此，从自身体验出发，他在参观希腊雕像展览的时候感叹：“一只看不见的手仿佛在你的眼前剥脱了以往岁月的面纱，两千年岁月沉落在你的足迹之前，你一下子就钻在美丽的、欢笑的希腊大地之间，你漫步在英雄们和美惠三女神之间，你还在像他们一样的烂漫的神仙他们面前顶礼膜拜。”② 艺术美的这种超越时空的性质是与其自身实现质料和形式的统一分不开的。席勒强调艺术创造中形式的重要性，在艺术作品中，形式应该克服内容的局限产生作用，因此，艺术的本质就应该是形式，审美过程中对人发生作用的只能是形式，而不可能是内容。席勒这里对形式的高扬并不意味着他对质料的否定，而是他对形式内容的新的发展。在康德那里，“形式”主要是指先验形式、先验原则，是先验自我意识的一种逻辑上的设定，并以此使一切认识得以形成，经验也可以存在，

① ［德］温克尔曼：《论古代艺术》，邵大箴译，中国人民大学出版社1989年版，第41页。

② ［德］席勒：《席勒散文选》，张玉能译，百花文艺出版社，第14页。

康德的“形式”含义包含着他对理性精神的推崇，而在席勒这里，由于他要沟通主观和客观的目的使然，“形式”已经超出了康德的限定，而具有了更深一层的含义。形式不仅仅是指事物客观所具有的形式，更是包含了人的能动性的审美意义上的含义。因此，席勒在概括美的定义的时候曾经就形式的层面上指出“美是形式的形式”，这既反映了席勒对美的定义的多重理解，更指出了人在艺术创作中“给事物以形式”的能动作用。朱光潜认为，“席勒所了解的‘形式’不是康德所了解的事物的外在形式，而是想象力所掌握的具体形象”[①]。席勒的形式就是一种体现着人的内在精神的审美外观，它实现了质料和形式的统一。但是由于这种形式体现着人的精神，因此它就可以超越客观的质料甚至是时空而具有着永恒的意义。

如果我们综合席勒的美学思想来看，就会发现艺术在席勒这里的特殊含义。席勒的“形式”是人所创造的体现人类意志精神的形式，艺术品中的质料消失在形式中，这种消失并不是不存在，而是以一种新的形式来体现自身，也就形成质料和形式的和谐统一，席勒的这种观点和他对人性中的冲动分析是一致的。因此，在席勒这里，艺术作品是与自然作品相对的，当然，在席勒那里，自然有着多重的含义（关于自然，斯奈尔在他所翻译的《美育书简》曾指出了其具有的八种含义，[②] 但最基本的是“表现所必需的对象的自然（本性），表现质料的自然（本性）和应该使前二者相互协调的艺术家的自然（本性）”[③] 自然作品就是自然界那种原始的、不经过任何人为加工，在卢梭那里是自然状态，在席勒那里“自然不过是自由自在的生存，事物的自身经历，事物照自己的永恒规律的存在”[④]。这种自然虽然存在着事物的自由，是原始的起点，也是人类的起点，但却缺少了人的能动参与。作为18世纪的一分子，席勒对人的主体地位的确信使他的自然观中增加了人的因素，即只有经过人参与并体现了人的精神的自然才是真正的自然，因此在他看来，艺术是自然与人的创造的和谐统一。席勒所说的艺术不仅仅是我们现在所说的艺术，还包括人类社会的一

① 朱光潜：《西方美学史》，人民文学出版社1979年版，第440页。

② 毛崇杰：《席勒的人本主义美学》，湖南人民出版社1987年版，第228页。

③ ［德］席勒：《秀美与尊严》，张玉能译，文化艺术出版社1996年版，第76页。

④ 同上书，第262页。

切，更包括自由的国家政权组织。当然，在审美教育中，席勒所涉及的还只是美的艺术，限于艺术审美创造和艺术欣赏过程中。

席勒在从形式上确定艺术的独立性外，很大程度上，席勒表达了现实生活本身对艺术的限制的解除的愿望，但也清醒地意识到艺术与人类的密不可分的关系。艺术是人所创造的，而人是生活在客观现实生活中的，不存在超脱于现实的人，因此现实中的艺术的独立性就受到很大的挑战。所以要实现艺术的独立，必须排除现实对艺术的限制。这种限制在席勒看来是两方面的，首先是国家政权法规对艺术的统治，在人类历史上，文艺一直不受重视，甚至在柏拉图的《理想国》也对诗人采取了驱逐的态度，而席勒所处的年代，艺术创作也处于不自由的状态。席勒以科学和艺术相比，虽然认为二者有绝对的界限，但是由于二者都遵循自己的法则，所以都可以不受世俗政权的限制而发展，自然科学的发展就深刻地说明了这一点。另外的限制来自现实的物质利诱，席勒认为在当时的时代有用是最大的偶像，人们以此为标准来衡量一切，包括艺术，因此艺术就表现为对时代的人的一种取悦的态度，“在这架粗糙的天平上，艺术的精神功绩没有分量，艺术失却了任何鼓舞的力量，在这个时代的喧嚣市场上艺术正在消失。甚至哲学的研究精神也一点一点地被夺走了想象力”①。因此，席勒要求艺术应当摆脱现实的束缚而走向独立与自律。这里潜藏着一种“为艺术而艺术”的思想意识，当然，对于这个口号的确切提出者还有待于考证，但是当时的德国作家、政治家贡斯当（Benjamin Constant，1767—1830）在记载自己1804年接受席勒来访时提到：“席勒来访。在艺术中他是一个极其敏锐的人，完全是一个诗人。的确，德国人逃避现实的诗歌与我们的相比，从类型到深度都完全不同。我造访过罗宾逊，谢林的学生。他关于康德美学的著作有许多深刻的见解。为艺术而艺术，无目的性；因为任何目的都是对艺术的滥用。不过艺术具有一种无目的的目的性。”② 艺术自律在现代西方美学中也成了一个核心命题。马尔库塞等“西方马克思主义”理论家都从各自的立场进一步强调和论述了艺术自律问题，但是这里隐含着席勒对当时社会意识形态的一种否定和批判，这种批判并不激烈，“人们可以把席勒的文本读解为对康德的傲慢的理性超我

① ［德］席勒：《审美教育书简》，冯至、范大灿译，上海人民出版社2003年版，第20页。
② 周小仪：《“为艺术而艺术”口号的起源、发展和演变》，《外国文学》2002年。

的必要软化，解读为一种完成其自身的意识形态需要的缓解”①。

席勒在对艺术独立性的分析的同时也指出了实行审美教育必须提供好的艺术作品，只有理想的艺术作品才能鼓舞人心，对人性分裂的人类内心起到感染和触动作用，这是实行艺术教育的前提条件。这里席勒指出了艺术家的历史使命。席勒将美比喻为人的第二创造者，而艺术家就是这种创造的实施者，因此，虽然艺术存在着自律，但是在艺术创作中，在从现实的艺术品上体现理想的艺术的问题上，艺术家无疑是最关键的因素。席勒区分了机械的艺术家和美的艺术家的不同，“一个机械的艺术家拿起一块未成形的材料进行加工，使之具有符合他自己目的的形式时，他毫不踌躇地随心所欲地对待这个材料，因为他所加工的自然本身就不值得尊重，而且他并不是为了部分才觉得整体有意义，而是为了整体才觉得部分有意义。一个美的艺术家拿起同样的原料，也是毫不踌躇的随心所欲对付他，只不过他避免表露这种随心所欲而已。同机械的艺术家相比，他对于他所加工原料的尊重一点儿也不多；不过，因为有人庇护这一材料的自由，为了迷惑他们的眼睛，他就对材料表示一种表面的宽容”②。在这里，席勒指出了对艺术家的要求，即单纯地拥有技艺、缺少对美的理想的追求的人只能成为拥有技艺的工匠，而拥有技艺的工匠所做的只是对自己工作的满足，由于工作在他来说只是与实际利益有关，因此他在进行创作的时候就会表现不出对材料的尊重，不会进行严肃的对待，这样创造出来的作品必然是虽然符合概念的规定，但仍然不是理想的作品。我们知道席勒的思想里，技艺是作为艺术的对立面而存在的，是一种异己的东西。但是席勒强调这种对立的前提是技艺不是由事物自身产生，也没有实现整体和部分的统一，更没有体现出必然性和规律性，在这样的情况下，技艺是与艺术无关。所以席勒并没有彻底地否定技艺，在他看来，技艺是自由的表现的依据，一个艺术家除了有崇高的审美意蕴，更需要有实现这种审美意蕴的技艺，只有二者合一，才能创造出杰出的艺术作品。

在席勒看来，艺术家本身就是完满人性的代表，他们有着高尚的心

① ［英］特里·伊格尔顿：《美学意识形态》，王杰等译，广西师范大学出版社 1997 年版，第 95 页。

② 同上书，第 24 页。

灵，有着理想的审美素养，有着丰富的技艺，所以他们承担了对人们实行审美教育以弥合分裂的人性的重任。艺术家“不是为了以他的出现来取悦他的世纪，而是要像阿伽门农的儿子那样，令人战栗地把他的世纪清扫干净”①。但是艺术家和普通人们生活在同样的时代，因此也受到了同样的压制，为此，席勒指出艺术家不可以成为时代的学徒或是时代的宠儿，而必须有自己的独立的思想意识，这种独立的思想意识必须是符合客观规律的，有着必然性，是一种理想的体现，而不是毫无根据的妄想。同时席勒指出，在拥有崇高的理想和纯熟的技艺外，艺术家必须具备冷静的创造和伟大的耐心，不能凭热情盲目冲动。席勒反对艺术与现实生活直接相联系，那样只会让艺术服从现实的利害关系而失去了自己的独立性，而那种将艺术当作道德说教材料的做法也起不到应有的作用。席勒在这里提出了对艺术家的要求：“你要同你的时代一起生活，但不要做他的宠儿；你献给你同时代人的应是他们所需要的，而不是他们所赞美的。你虽不曾有过他们的过错，但要以高尚的忍让分担他们所受的惩罚，自愿地屈从于他们既不善于舍弃、又不善于承担地羁绊。你以坚贞地勇气鄙弃他们的幸福，用这种勇气向他们证明，你并不是由于怯懦才承受他们的苦难。如果你要影响他们，你就得想他们应该是什么样；如果你要替他们行动，你就得想他们应该是什么样。他们的称赞应来自他们的尊严，他们的幸福你要看作是他们的卑劣。”② 席勒用诗一般的语言认为，只有这样，艺术家才能创作出好的作品来对时代的人进行审美教育。而在席勒看来，歌德就是典型的代表，在歌德的作品中，席勒看到了自然和精神的有机结合，为此，1794 年 10 月 20 日他在给歌德的信中说：“在这些信（指《美育书简》）中，你将发现你自己的一幅肖像。”③ 也正是如此，我们可以判断出席勒对将艺术家从幼小时候就送回到古希腊长大的说法的意义所在。席勒虽然对古希腊情有独钟，但是他清醒地意识到人生存的现实性，艺术家必须生活在这个时代，是时代的一分子，但是艺术家不能故步自封，一直徘徊在自己时代的圈子里转悠，那样必然对自己的思想造成一定的约束。真正的艺术家必须有一个开放的心胸，能从历史或者是别的国家中汲取有益的营

---

① ［德］席勒：《审美教育书简》，冯至、范大灿译，上海人民出版社 2003 年版，第 70 页。

② 同上书，第 74 页。

③ 毛崇杰：《席勒的人本主义美学》，湖南人民出版社 1987 年版，第 222 页。

养，丰富自己的知识，有助于形成自己崇高的理想。如果我们考虑到席勒诗人的身份，就可以理解《审美教育书简》第 9 封信里席勒那类似夸张的语言。他所表达的就是对独立的艺术和有着高度自觉性的艺术家的一种呼唤，也是对文化教育的一种重视。

席勒相信，通过审美教育，借助于艺术的作用，可以直接作用于人的精神层面，实现人的感觉方式的改变，从而实现人的自由。在席勒的人性分析里，感性和理性是两种并行的本能冲动，各自负担着不同的功能，共同服务于人的丰富性的客观存在。因此，在席勒看来，感性和理性是同等重要的，“感受性越是得到多方面的培育，它越是灵活，给现象提供的方面越多，人也就越能把握世界，越能在他自身内发展天禀；人格越是有力和深究，理性获得的自由越多，人也就越能理解世界，越能在他自身之外创造形式。因此，人的修养在于：第一，为感觉功能提供同世界最多样化的接触，在感觉方面把被动性推向最高的程度；第二，为规定功能获得不依赖于感觉功能的最大的独立性，在理性方面把主动性推向最高的程度。什么地方这两种特性相统一，人在什么地方就会把最大的独立性和自由同生存的最高的丰富性结合在一起，人并没有因此消失于世界之中，反倒是把世界及其现象的全部无限带到他的自身内，使其服从他的理性的一体性”①。因此，人在席勒这里，不是感性服从于理性，也不是理性绝对地压制感性，而是二者之间实现一种统一，使人实现与世界的融合，并在这种融合中看到人特有的尊严。席勒看到，文明时代下的人性处于一种分裂的状况，表现为两种冲动的不均衡作用，主体的人对世界的感知方式也是处于单调的状态中。因此才出现“野人”、“蛮人”，在他们身上，人的丰富性远远没有得到表现，人对世界的感受方式也是单一的不自由的存在，受到感尤其是理性的束缚。因此，席勒希望通过美的艺术，来弥合这种分裂的人性，带来人的整个感觉方式的改变。“理智的一切启蒙仅仅因为都回溯到性格上，还不足以赢得尊重，它们还必须从性格出发，因为通过心而及头脑的路必须打通。因此，培育感觉功能是时代更为紧迫的需要，不仅因为它们是一种手段，可以使已经得到改善的审视力对生活发生作用，

---

① ［德］席勒：《审美教育书简》，冯至、范大灿译，上海人民出版社 2003 年版，第 105 页。

而且还因为它本身就唤起审视力的改善。"① 席勒这里强调的就是对感性的重视，即通过审美，恢复感性在主体人的现实生存中的价值和地位，培养人一种全新的感觉功能，即在客观现实世界里实现感性与理性的协调与平衡，以实现人性的完满存在。

在康德那里，美也实现了感性和理性的统一，但是这种统一局限在一种主观的类比当中，而席勒则将这种统一带入现象世界，美的自由必须在现实世界里得到体现，美的客观性得到验证的同时，美与道德在客观感性现象领域也建立了紧密的联系。席勒意识到同时代的人对于美和艺术的矛盾的甚至是排斥的态度，他也承认在人类历史上不存在一个民族能实现真善美在现实国家之中的统一，尤其是在美和自由之间，二者各自分驰，美与善相互对立。但这并不是席勒对美进行否定，因为这种经验中的美并不是席勒所谈论的美，席勒所说的是美的纯粹概念，是一种理想存在的美。美"既不可能是绝对的生活，就像那些敏锐的观察家所主张的那样（时代的趣味很乐于把美降低到这种地步），它们过于死板地依靠经验的证据；也不可能是纯粹的形象，就像抽象推理的哲人和进行哲学思考的艺术家所判断的那样"②。美是感性和理性的结合，是质料和形式的统一，它存在与现象的自由王国，存在于合乎艺术的自然之中或技艺的自由之中，存在于人性的完满实现中。

席勒将美看作是沟通感性和理性的中介，但是由于美的无功利性，因此在现实中，不论是对于知性还是意志、智力还是道德，美不提供任何个别的结果，也无法实现现实里的任何个别的目的，在科学世界里美完全是无用之物。所以从客观上说，美不具有任何的实用性，达不到任何功利目的。但是席勒承认美具有一种创造功能，这种创造冲动不是来源于神，也不是来自康德的"物自体"，而是来自审美活动给人性带来的必然性的结果，这种审美活动也是人性自身寻求平衡的一种本能的活动，二者处于一种互为因果的关系之中。但是这种创造功能虽然不产生任何的逻辑真实效果，但是它却产生了两种冲动的中介，这个中介并不否定或者压制任何一种人性冲动，而是让感性和理性在审美过程中依然发挥各自的作用，为主体的人提供各种感觉。因此，美并不是限制人性

① ［德］席勒：《审美教育书简》，冯至、范大灿译，上海人民出版社 2003 年版，第 66 页。

② 同上书，第 120 页。

中的两种冲动，而是让二者平等的作用，使主体产生自由的心绪。在这种审美状态中，人性在实现平衡的同时也得到了充分的发展，因此，席勒说“如果我们把美称为我们的第二‘创造者’，这不仅从诗学的角度是允许的，而且从哲学方面也是正确的。因为美只是使我们能够具有人性，至于我们实际上想在多大程度上实现这一人性，那就由我们的自由意志来决定。在这一点上，美同我们原来的创造者——自然是一致的，因为自然也只不过给了我们取得人性的功能，至于如何运用这一功能，那就要取决于我们自己意志的决定”。①

因此，席勒认为美所带来的是人的感觉方式的变化，这也意味着，感觉方式是人的一种生存状态不同的直接原因所在。席勒指出，在人同美一起进入观念世界的时候，主体的人依然没有脱离现象界，但他所说的感觉方式与我们通常意义上的感觉是不一样的。感觉是正常心理活动的必需条件，是生命素质最原始的东西，人的意识通过感觉和外部世界直接发生联系，列宁亦有如是说：“不通过感觉，我们就不能知觉实物的任何形式，也不可能知道运动的任何形式。”② 西方现代生理学和心理学对感觉的研究成果已经证明，人自身存在着一个完整的感觉系统，这种系统的机能就是将外界刺激的信息传入神经中枢，使人自身对这种刺激做出适当的反应，因此，感觉就是客观世界作为外部刺激力向人的主体意识进行事实的转化，它是主体的人一切思想和意识的基础，科学试验证明丰富的感觉可以引起大脑皮质密度的增大和脑胆碱酯酶的增强以便提高人的智商，而感觉的削弱或者忽视，会影响生命个体的正常发育和成熟，甚至会造成生命个体的缺陷。因此在一定意义上感觉甚至可以作为衡量一个人生命力强弱的重要标志，是生命的本源所在。霍尔巴特甚至宣称“感觉就是一个存在方式”。③ 这种感觉很大意义上就是席勒所说的感性，这也是席勒强调人必定不能脱离现象界的原因所在。但是这种感觉并不是席勒所说的感觉方式，在席勒看来，感觉是人对他生存的这个世界的一种反映，感觉方式就是他对这个世界的反映状态，或者说就是生命体的一种存在方式。因

① ［德］席勒：《审美教育书简》，冯至、范大灿译，上海人民出版社 2003 年版，第 169 页。

② 《列宁全集》第 14 卷，人民出版社 1957 年版，第 319 页。

③ 霍尔巴特：《自然的体系》上，管士斌译，商务印书馆 1964 年版，第 99 页。

此，在这个意义上来说，席勒所希望的是改变时代的人的生存方式，人不再是时代机器上的碎片，每个人都有自己丰富的完整的人生体验，所做出的一切选择都是自主而自由的，感受不到来自自然或者法则的强制，人性在美的自由中实现了完满的存在。

第四章　由和谐个体到和谐社会——席勒美学思想的现实意义

一个自由、民主、富强、和谐的社会是中西方所有人的共同的梦想，这种梦想体现在哲学、政治学等各个方面，促使人们关注着现实，推动着社会的前进。席勒所生活的18世纪的德国，个人自由、民族独立、经济发展、国家统一等诸多问题交织在一起，摆在了所有德国人的面前。席勒本人的生活经历也让他深深意识到改变现实的迫切性，要改变人的“碎片化”的不自由的生活状态，寻求政治自由。对于席勒来说，自由的含义是多方面的，歌德曾经深刻地指出：“贯穿席勒全部作品的就是自由的思想，然而随着席勒逐步提高自己的文化修养并成为另一个人，这个理想的面貌改变了。在他的青年时期，身体的自由占据了他，也影响着他的诗歌；到了晚年，这个自由就变成理想的自由了。”① 虽然歌德将席勒的自由分为不同的层次，并认为其是一种思想的自由，但实际上在席勒那里，身体自由、思想自由、政治自由都是一体的。他的美学思想其实也是对实现政治自由的一种探讨，既然革命手段无法完成，席勒就借助于审美来改变个体，通过和谐的个体来达到政治自由。另外，中西方思想中都有关于和谐社会的深厚的文化传统和实践探索，这种对理想和谐的社会的追求体现在各个领域，也体现在美学思想中和谐观的变化，席勒的美学思想其实是西方和谐社会的理想在美学上的反映。他虽然没有解决德国的现实问题，但他的思想一直影响着我们现代化的进程，因此，在我们实现中国梦，建设一个和谐的社会的实际中，席勒美学思想也能给我们很多有益的启示。

---

① ［德］爱克曼辑录：《歌德谈话录》，朱光潜译，人民文学出版社1978年版，第108—109页。

第一节　追求人与社会的和谐——席勒美学思想的旨归

席勒的作品里充满了对现实问题的关注，从《强盗》里对暴力革命的呐喊开始，席勒就表现出了这方面的特点。无论是在戏剧作品还是美学思想里，席勒所呼吁的是自由，所思索的是在现实条件下获得自由的途径。因此，他的美学思想和他所主张的暴力反抗一样，都是实现自由解放的途径之一。他思索的是美学问题，但这正是从理论上对审美代替革命的一种论证。席勒意识到公民素质与国家的政治状况之间存在着必然的联系，个人与国家是密不可分的，人的发展与国家和人类历史的发展联系在一起，因此他意图通过审美来改变当时德国民众的精神现状，提高公民素质，塑造合格的公民个体，从而实现国家的政治自由。在席勒所勾画的审美王国里，人的身心是和谐的，人与人都是平等的，都是自由的公民。

一　美在自由之前

在歌德看来，“自由是一种奇怪的东西。每个人都有足够的自由，只要他知足。多余的自由有什么用，如果我们不会用它？……市民和贵族都一样自由，只要他遵守上帝给他的出身地位所规定的那个界限”①。这种观点自然和歌德的社会生活体验有关。对于席勒来说，自由则象征着一切，是他的戏剧和美学、哲学思想的核心和基本问题。如果单纯地在美学或者文艺理论的范围内来研究席勒，则是忽视了席勒美学思想的深度。如康德对美的追求不是因为他重视美学而是试图用美学来整合自己的批判哲学体系一样，席勒美学思想中所有对于美的探讨都与一个自由社会的存在有着或隐或显的关系。正因为自由在当时时代的不可实现性，席勒才借助《强盗》中卡尔之口说道：“流血和死亡已经教会我忘掉我过去认为宝贵的一切。来吧，来吧！我要在一个可怕的破坏中创造自己。”在席勒那里，“强盗”一词已消解了其自身的贬义，成为反抗者的代名词而具有积极的意义。正如梅林所说：“在经济落后的国家里……当强盗很容易被视

---

① ［德］爱克曼辑录：《歌德谈话录》，朱光潜译，人民文学出版社 1978 年版，第 109 页。

为反抗社会和国家的唯一可能的形式。”① 换言之，席勒提出“打倒暴虐者”，目的是在反抗社会和国家的同时“创造”一个不同于现实的自由的国家和社会，这也是他毕生思考的问题。他的美学理论是在法国大革命之后对如何实现自由社会实现政治自由的另一种反思和精神的转向，也是席勒在现实层面寻找社会改造途径的一种尝试。

席勒的著作里都充满了对社会政治问题的关注，这是时代的状况所造成的必然，恩格斯曾称他的剧本《阴谋与爱情》（1783 年）是“德国第一部有政治倾向的戏剧”。在席勒所处的年代，几乎每个思想家的思想都涉及社会政治领域。“所谓大学者一般都不会将视野封闭在讲台或书斋，也不可能没有独立的政治见解，差别在于发为文章抑或压在纸背。”② 一方面是 18 世纪的德意志，没有形成统一的国家，政治上四分五裂，经济衰败，民怨甚重；另一方面是启蒙运动的发展，个体的人的走向精神的成熟，不愿意对既定的统治秩序俯首帖耳，追求自由成为一种时代的潮流，而这种自由首先就表现为对政治的关注和对强权的反抗。因此法国大革命爆发初期，德国“整个资产阶级和贵族中的优秀人物都为法国国民议会和法国人民齐声欢呼”，③ 即使是雅各宾血腥专政后，虽然他们的态度发生了重大转变，席勒甚至为路易十六写辩护词，但是政治自由依然是当时德国人关注的中心问题。席勒在《审美教育书简》里就指出了这种状况：“哲学家和通达人士，都满怀期望地把他们的目光贯注在政治舞台上，人们认为，人类的伟大命运如今正在那里审理。不参与这个共同的话题，不就暴露了对社会幸福的一种应该受到责难的冷漠态度吗？这个大案件，因为它的内容和结果对每个自命为人的人都有非常密切的关系，因而如何审理它的方式就必然引起每个有独立思考能力的人的特别关注。”④ 席勒一生坎坷，向往自由，追求民主，他从文学转向史学、哲学乃至归依美学，都是力图找到解决现实问题的方法。在他看来，人生活在国家之中，必然要生活在一定的政治制度之下，建立一个自由的社会实现政治上的自由是现实最需要解决的问题，所以席勒在给他的资助者奥古斯滕堡公爵的第二

---

① ［德］弗·梅林：《梅林论文学》，张玉书等译，人民文学出版社 1982 年版，第 103 页。

② 陈平原：《中国现代学术之建立》，北京大学出版社 1998 年版，第 5 页。

③ 《马克思恩格斯全集》第 2 卷，第 635 页。

④ ［德］席勒：《审美教育书简》，冯至、范大灿译，上海人民出版社 2003 年版，第 20 页。

封信中写道："时代的状况迫切地要求哲学精神探讨所有艺术作品中最完美的作品，即研究如何建立真正的政治自由。"（这里所说的"艺术作品"，是与"自然作品"相对立的概念，系指由人创造的、非自然产生的一切，其中最完善的就是自由的国家政权组织。——译者注）①

对席勒来说，政治的自由是有着多重含义的，这源自18世纪德国思想界对自由的不同理解。对自由的渴望是18世纪的时代主题，也是海涅所说的"时代精神"。黑格尔也曾经说："时代精神是一个贯穿着所有各个文化部门的特定的本质或性格，它表现它自身在政治里面以及别的活动里面，把这些方面作为它的不同成分。"② 只是这种自由更多的是一种思想的自由。德国有着自己的自由传统思想，海涅曾经对这种历史背景进行总结："自从路德说出了人们必须用圣经本身或用理性的论据来反驳他的教义以后，人类的理性才被授予解释圣经的权利，而且理性，在一切宗教的争论中才被认为是最高的裁判者。这样一来，德国产生了所谓精神自由或人们所说的思想自由。思想变成了一种权利，理性的权能变得合法化了。当然，几个世纪以来，人们早已能够相当自由地思考和发表言论了……经自从路德以来，人们便不再把神学的真理和哲学的真理区分开来，人们在公众的市场上用德意志的民族语言毫无顾忌地进行争论。凡是承认宗教改革的诸侯，都把这种思想自由合法化了，思想自由开出的一种重要的具有世界意义的鲜花便是德国哲学。"③ 因此，虽然德国一直四分五裂，实行故步自封的专制主义统治，但是由于这种思想自由的传统，使德国人相信理性，注重责任，强调对秩序的一种维护，费希特在《以知识学为原则的伦理学体系》中就详细论述了人依据职业所具有的各种职责，要求社会中的人各司其职。德国的自由也深受英法哲学尤其是法国自由哲学的影响，对于德国知识界来说，卢梭的思想渗透到了康德以来的几乎每个思想家的思想体系中，表现为对国家对人类生存幸福的巨大作用的探询。卢梭的《社会契约论》之中"人是生而自由的，但是无往不在枷锁之中"的说法更是引发了德国知识界对自由和自由国家的探询，也形

① ［德］席勒：《审美教育书简》，冯至、范大灿译，上海人民出版社2003年版，第19页。

② 毛崇杰：《席勒的人本主义美学》，湖南人民出版社1987年版，第307页。

③ ［德］亨利希·海涅：《论德国宗教和哲学的历史》，海安译，商务印书馆1974年版，第42页。

成了德国独特的自由观。

康德是以两个不同的方式来看同一个世界的，将世界或者作为现象，或者作为物自身，他将自由作为先验的观念就解决了自由在二者之中存在的矛盾，也从观念上将现象界和物自体的分裂统一在一起。康德把自由提高到了他哲学体系的最关键的地位："自由的概念……构成了纯粹的、甚至思辨的理性体系之整座大厦的完成。"康德认为，"只有一种天赋的权利，即与生俱来的自由。自由是独立于别人的强制意志，而且根据普遍的法则，它能够和所有人的自由并存，它是每个人由于他的人性而具有的独一无二的、原生的、与生俱来的权利"。[①] 这种自由是一种"纯粹先验理念"，即先验的自由。康德在《纯粹理性批判》中的"纯粹理性的二律背反"部分反对将自由放在心理、经验的层面的做法，在康德看来，这种自由是一种自行开始一个状态的能力，一种能动的自发性，不受时间和地点的规定，也无所谓始终，只是永恒的伴随着现象界，绝对地从自身开端，表现出现象界的各种行为。康德将先验自由理解为实践自由的根本条件和保障，而实践自由最根本的内容就是确立了自由即自律的思想。在《道德形而上学之奠基》里，自由被规定为"自律"，即仅仅服从于人自身的普遍立法，而不是由任何他物所决定。这样自由是通过理性为自身立法，既强调了能动性，又强调了必然性。这样，通过自律，自由就成为人的内在必然性的一致，道德也就成为康德的最大自由，这也是自由成为德国传统的核心观念的原因所在。

虽然席勒美学思想中的思维方式和专业术语都深受康德的影响，但是他并不认同康德将现象界与物自身分开的做法，正如他自己所说，他已经汲取了康德思想的很多东西而转化成自己的财富。康德否认现象界中自由的存在，而席勒关注的恰恰是现象和自由的关系，他提出"美是现象中的自由"，认为当一个事物是出于自己的自我规定，并且是由于自己本身而存在的时候，就表现为美，因此席勒试图寻找美的客观标准来推翻康德观点。席勒意识到"感性世界中无论何物都不可能有权真正享受自由，而只可能表明好像是自由的"[②]。在席勒这里，自由的决定权在主体的人手里，席勒所要实现的自由就是主体的自由。其实，在当时的德国，"他

① ［德］康德：《法的形而上学原理》，沈叔平译，商务印书馆 1991 年版，第 50 页。

② ［德］席勒：《秀美与尊严》，张玉能译，文化艺术出版社 1996 年版，第 57 页。

们谈论美学问题实质都是以人如何成为人这个中心来谈的，他们的美学是关心人的前途，把人作为目的来进行具体的研究的”①。席勒是真正从人的存在本身开始对自由的探讨的，虽然他也是吸收了康德的先验自由的思想，但他赋予人一种可以根据自身来改变自己的能力。他从人在世界上的二重存在出发，从人性的结构的角度发展出一种新的主体自由的理念，即人之所以作为人存在是由于人的感性和理性的天性使然，只有在这两种本性之间建立起内在的和谐一致，人性才能圆满，也就表现为美，人也就得到一种审美自由。因此，席勒所说的自由，是一种建立在人的双重天性上的自由，而不是人所必然具有的那种既不能给予也不能夺走的自由。

但这种审美自由只是一种中间状态，因为人作为一种感性和理性和谐的个体而在这个世界上行动的时候，由于超越了物质的需要和匮乏，也没有理性法则的强迫和压制，人摆脱了一切外在的束缚，人在从事社会上的劳动的时候或者说人在面对客观世界的时候，就会发挥出人的天赋和创造性。也就是说，在席勒看来，审美自由并不是人的最终目的，人类的理性法则决定了人类社会的存在，个体必须生活在一定的现实社会之中，而和谐个体的存在也将通过个体的行为来对社会发生影响，席勒在这里将个体与国家联系起来，从类与属的角度模糊表达了国家命运与个体素质的密切关系，即通过改变个体人手来改变社会，以实现当时知识分子要求建立统一的国家的愿望。“席勒所称的‘审美的心理调节’实际上指出了基本的意识形态重建方案。审美是沉迷于纯粹的欲望的野蛮粗俗的市民社会和秩序良好的政治国家的理想之间难以发觉的媒介。”②

在这点上，鲍桑葵的评价应该是中肯的：“特别重要的是：席勒的《美育书简》显然针对把自然和国家对个人的要求协调起来的问题而发的。因为，席勒认为，自然和国家之间的必要的协调的关键在于可在美好事物中发现的感情和理智的一致，……”③ 如何改变处于个体的异化分裂状态，使人成为感性和理性和谐的个体？当时哲学家的目光都注视着政治的舞台，力图从政治学、社会学的角度对社会进行改造，席勒将目光转向

① 蒋孔阳、朱立元主编：《西方美学通史》，上海文艺出版社1999年版，第19页。

② ［英］特里·伊格尔顿：《美学意识形态》，王杰等译，广西师范大学出版社1997年版，第96页。

③ ［英］鲍桑葵：《关于国家的哲学理论》，汪淑钧译，商务印书馆1995年版，第233页。

了美学，他说：“我违抗了这迷人的诱惑并让美在自由之前先行。我相信这不仅可以以我的爱好为理由来求得谅解，而且可以用原则来辩明……这个题目同时代需要的密切程度并不亚于同时代趣味的密切程度；人们在经验中要解决的政治问题必须假道美学问题，因为正是通过美人们才可以走向自由。”①

如果我们孤立地去理解席勒的美学思想，就很容易将其看成是对现实斗争的一种回避，而实际上，席勒一直是作为一个坚定的革命者的身份来进行自己的创作的，他的创作的主题都与时代的政治要求密切相关，以至于马克思认为席勒是“把个人变成时代精神的单纯的传声筒”，当然马克思是针对席勒的戏剧创作而言，创作是席勒表达自己对时代问题关注的唯一的方式，法兰西共和国对席勒授予“荣誉公民”勋章的事实，也表明对席勒的创作在政治斗争中的巨大作用的充分肯定。20世纪的学者这样描述席勒的影响：“一个世纪以来，弗里德里希·席勒一直伫立在各种社会变革和艺术事件的激流中，德国民族在他的陪伴下走上了发展的道路。”② 席勒在创作上向美学方面的转向同样也是社会政治情况的变化的反映，虽然他将目光投向了艺术，但正如哈贝马斯看来，“艺术本身对于真正的政治自由来说是人类教育的媒介”，席勒只是从不同的角度对政治表示了自己的关注。席勒所有的作品中所指向的都是一种社会理想的存在，每一个作品都表明了他对社会理想的苦苦探询，从实现社会变革的手段到革命的领导阶级，从整体的社会到个体的生命存在，席勒所有的努力都是为了一个和谐自由的德国的现实存在。席勒通过自己的理性思索发现，那个时代的人在精神和自然之间已经出现了一种致命的卢梭式断裂，人性受到了伤害，他的美学思想就是他对于当时德国的政治现实开出的药方：通过提高民众个体素质，塑造新人，来实现政治的前进。莱辛曾经在论述德国戏剧的时候谈及当时德国民众的个体精神现状：“我们德国人还不成其为一个民族！我不是从政治概念上谈这个问题，而只是从道德的性格方面来谈。几乎可以说，德国人不想要自己的性格。”莱辛在《汉堡剧评》中也指出了德国民众的精神上的薄弱，因此，要加强对民众道德性格的培养，建构起一种对国家有责任感的德意志精神，这正是德意志民族

---

① ［德］席勒：《审美教育书简》，冯至、范大灿译，上海人民出版社2003年版，第21页。

② 北京大学德国研究中心编：《北大德国研究》，北京大学出版社2005年版，第9页。

建立自己统一和谐的国家的基础。席勒也相信这一点，认为一个国家民族精神的形成也就是这个国家社会的形成，在谈到剧院对民族—国家形成的重大意义的时候，他强调："剧院是公共的渠道，智慧的光芒从善于思考的部分人之中照进剧院，并且以柔和的光线从这里照彻整个国家。比较准确的概念，响当当的原理，比较纯洁的情感，从这里流遍人民的血管；野蛮愚昧的迷信的浓雾消散，黑夜对胜利的光芒消退。"① 席勒认为其中最关键的就是人们对国家利益和美好人性的一种重视，他在《审美教育书简》中指出："政治方面的一切改进都应从性格的高尚化出发……为了这个目的，必须找到一种国家不能给予的工具，必须打开尽管政治腐败不堪但仍能保持纯洁的泉源……这个工具就是美的艺术，这些泉源就是在美的艺术那不朽的典范中启开的。"② 美学思想就是他在理论层面上对该问题的思索。虽然这种精神上的跋涉不一定能指出正确的方法，但重要的是他用自己带有抽象性的语言指出了一种与地理和历史发展条件毫无关系的理想的存在，并寻求其在现实条件中的操作可能性。

二 席勒的人本主义的国家观

席勒毕生思考的问题，是面对强权如何捍卫个人自由，而这就必须与国家政治一起来讨论。因为在席勒那里，人的一切是与国家密不可分的，"人从感官的轻睡中苏醒过来，认识到自己是人，环顾四周，发现自己已在国家之中。"③ 席勒一开始就将人置于国家或者说社会的大环境中，将个体的自由与国家的政治联系在了一起，这是席勒的一贯立场。对席勒而言，人的发展和国家的发展就是相统一的。无论是《强盗》里的上层阶级还是《威廉退尔》里的贫苦农民，他们都是在国家大背景中争取自由，个体与国家的紧张关系就成为不公平现象出现的原因所在。

席勒的国家理论是建立在康德理论的基础上的。康德把启蒙时代的理性主义精神充分地彻底地融入自己的国家理论中，也从人性所拥有先天的不可让渡的权利出发将国家理论纳入自己的实践人类学中，对君权神授、家庭继承的传统国家观念合法性进行了批判。在康德看来，人在国家中可

---

① ［德］席勒：《秀美与尊严》，张玉能译，文化艺术出版社 1996 年版，第 17 页。

② ［德］席勒：《审美教育书简》，冯至、范大灿译，上海人民出版社 2003 年版，第 69 页。

③ 同上书，第 24 页。

以从现实经验中获得普遍权利与人生自由，国家是建立在一种道德的必然性之上的，市民的普遍道德是国家形成的基础。但是这种普遍道德不是传统意义上的宗教道德，而是在自由意志的前提下，人尊重自己的权利与自由，也尊重他人的权利与自由。在康德看来，人之所以为人就在于人具有先天而来的理性能力。这种理性能力可以取代宗教中的神而让人自己确立自己，实现自由。但是这种自由不是任意妄为，而是有准则的行为，这种准则来自满足自身和他人生活需要和价值追求的一种必然，即让每个人自身的自由都是以不侵害他人自由为前提的，这样，个人的准则就成为一切人的准则，这是康德心目中的最高法则，也形成了所谓的责任。换句话说，责任行为就是尊重道德法则而产生的行为，自由就来自这种责任行为，康德将此视为道德国家、道德公民的基本命题。康德说："真正的德行只能根植于原则之上，这些原则不是思辨的规律，而是一种感觉意识，它就活在每个人心中。它就是对人性之美和价值的感觉，这样说就概括了它的全部。唯有当一个人使自己的品性服从如此博大的品性的时候，我们的善良的动机才能成正比地加以运用，并且会完成其为德行美的那种高贵的形态。"① 而在卢梭看来，国家等一切随着人类演进而形成的功能性机构，是由众人的公权转让而形成的，所以国家和个人之间就存在着一种契约关系。受卢梭的契约论的影响，康德的国家理论中也有对法的强调，但是这种法不是建立在利益妥协的基础上，而是建立在道德的基础上，具有自由性和自愿性。这样在法的状态下："每个人只有在这种状态下方能获及他所应得的权利。按照普遍立法意志的观念来看，能够让人真正分享到这种权利的可能性的有效原则就是公共正义。"② 这样康德从天赋自由的人性论出发，通过道德就让自由与法之间形成一种一体化的内在关系，国家就是具有道德的个体的联合体。国家存在的最终目的是维护个人的天赋权利，因此，公民自身就成为自身存在的目的，"你的行动，要把你自己人身中的人性，和其他人身中的人性，在任何时候都同样看作是目的，永远不能只看作手段"③。这样康德就通过人本主义的理性观完成了对国家理论的启蒙。

① ［德］康德：《论优美感和崇高感》，何兆武译，商务印书馆 2001 年版，第 14 页。

② ［德］康德：《法的形而上学原理》，商务印书馆 1991 年版，第 131—132 页。

③ ［德］康德：《道德形而上学原理》，苗力田译，上海人民出版社 1986 年版，第 148 页。

席勒接受了康德的国家概念，对国家进行了人本主义的先验规定。席勒也认为自由是人的本性，在义务和爱好之间，人的意志完全可以做出自由选择，任何的外在强制都不可以干涉人的这种权利，而国家就存在自由的必然性之中，是个人自由意志的群体表达。在席勒看来，国家可以使个人的生活境界提到崇高的理性阶段，可以最大限度地保护每个人的自由。但是这只是理想的国家，现实中的国家根本没有实现这个目标，所以那个时代的人的生活就表现为极大的不自由。国家也是有一个发展的过程的，席勒将国家的发展与人类历史的发展阶段联系起来将国家分为自然国家和伦理国家，“自然国家是历史地自然形成的，它源于力，受盲目的物质必然的支配，一切都是靠强制而产生的，故亦称强制国家。当人度过童年期进入成年期，就不再满足这种强制国家，要求建立伦理国家，它源于法则，受道德必然的支配，一切都是人的自由选择”①。席勒指出在自然国家中，一切都是由于自然的规定而产生的，由于人的感官存在，人的一切都受外在物质的强制和支配，国家表现为对物质的需求并以满足物质需要为基础。席勒认为人类有史以来的国家包括当时的德国都处于这种自然国家的状态之中，一方面体现为整个社会物质需要的极大不满足，国家为了获得物质财富而进行战争，国家中的人就通过各种手段甚至是不道德的手段来满足物质上的需要；另一方面则体现为国家通过各种法则来对个体的人进行统治，国家对个体的人之间处于一种占有与被占有的关系，“国家唯恐失掉它独占它仆人的权利，因而它就轻率地做出决定，宁肯同库特瑞亚爱神也不愿同乌拉尼亚爱神共有它的仆人”②。个体只是国家的仆人，国家并不是代表仆人的利益，席勒指出国家为了维护自己的物质存在，将国家进行等级划分，人与人之间的交往以冷漠的法则为准绳，而这种准则不是体现个体的最高意志，而是一种异己的、强制性的社会要求。席勒从人性分析的角度对自然国家中的社会分工进行了辨析，认为国家的特质也体现在个体的人的生存状态上，即个体的人的个别的、具体的生活逐渐被消灭。思想家专注于观念世界的追寻并将设想当作现实存在，就会忽视感官世界而丧失了生活的热情，表现出对真实生活的冷漠；务实的人由于只是同经验打交道，缺乏精神的想象，看不到自由的整体，只是局限在自己

---

① ［德］席勒：《审美教育书简》，冯至、范大灿译，上海人民出版社 2003 年版，第 23 页。

② 同上。

职业所限定的范围之内。席勒自身的经历也让他认识到，在自然国家中，人身自由和物质自由是得不到实现的，只有在伦理国家中，不仅能满足这双重的自由，更能实现自由选择的自由。但是席勒清醒地意识到这个源于法则而建立起来的国家“只是一种理性假设，是在观念中形成的一种理想的自然状态”①。应该说，席勒对伦理国家的这种想象也体现了德意志民族的国家哲学观念，在康德那里是世界公民状态，在黑格尔那里是普遍国家阶段，甚至在马克思的社会主义理论中都能看到这种理想状态的影子。

和康德一样，席勒是从人的角度对伦理国家进行分析的。在他看来，“每个人按其天禀和规定在自己心中都有一个纯粹的、理想的人，他生活的伟大任务，就是在他各种各样的变换之中同这个理想的人的永不改变的一体性保持一致”②。席勒对人性进行了抽象的分析，承认普遍人性的存在，而国家就是普遍人性的抽象体现，代表了个体心目中的纯粹的、理想的人，并努力将各具特点的个体统一成为整体，这种观点也是康德人本主义国家观的延续。席勒指出：“国家应是为了自己并通过自己而形成的一个组织，所以只有当着部分向上和谐成整体的观念时，它才是现实的。国家代表了公民胸中的纯粹的和客观的人性，因而他对公民的关系就应是公民对自己的那种关系，他对公民主观人性的尊重程度也只能以其向客观人性净化的程度为准。”③ 席勒指出国家和个体应该统一起来，由于国家是个体理想的人的代表，个体在这个关系中占据了主动地位，这样席勒就将个体的地位放在了国家的地位之上，将国家的实现看作是个体实现自由的一种一体性的结果。因为只有当人实现那感性和理性的和谐，人处于自由的状态中，就能实现康德所说的自身为自身立法。席勒认为，人类历史上的国家形态，无论古今，都没有达到这种伦理国家，不是个体压制国家就是国家消除了个体，个体的人总是在一种强制中存在，表现出单一的感性或者理性的特点，而这都不是人性的完满表现。席勒从同时代的人性的状况中就指出了这种强制的存在。在这个问题上，席勒表现了他那种循环论证，用人性状况来分析历史，又用历史来验证时代的人性状况。同时我们

① ［德］席勒：《审美教育书简》，冯至、范大灿译，上海人民出版社2003年版，第23页。

② 同上书，第32页。

③ 同上书，第35页。

可以看出，这个伦理国家是席勒心目中国家的真正概念，也是席勒在第三封信中所说的观念中形成的自然状态。席勒虽然深受卢梭的影响，但是他的自然状态和卢梭的自然状态有着迥然不同，在卢梭那里，自然状态是一种历史的真实存在，表现为一种社会真实，而在席勒这里，仅仅是一种观念中的想象。

但是席勒又指出，在自然国家和伦理国家之间，存在着一个审美国家，这是二者之间的中介和中间阶段。自由是这个国家的特征，在这个国家中，人摆脱了一切物质或者道德的强制，无论是高贵者还是雇佣者，人人都是自由的公民，人人都享受着平等的地位。人们所追求的不是物质也不是精神，物质和精神已经不是人们的第一需要，所以人也就摆脱了这外在的强制，而表现为对现实实在的一种冷漠。“这证明了外在的自由，因为只要强制在主宰，需求在进逼，想象力就被牢固的枷锁束缚在现实上面；只有当着需求得到满足，想象力才会发挥出它那不受任何约束的功能。”① 曾经行医的经验让席勒深刻意识到物质需要对人的生存和发展的不可或缺性，他一生可以说都在和物质强制做斗争，对物质强制的摆脱也就是对生存的一种渴望和要求。因此在这个审美国家中对物质的超越是席勒迫切的要求所在，这种要求，休谟也曾经描述过：“大自然已给予人类所有丰富的外在便利，以至于从来就没有任何不确定的事件，没有任何忧愁，也没有劳顿加诸我们。每个人都会发现，无论他的胃口有多大，无论他想象中的愿望和需求有多么奢侈，都可以完全得到满足。”② 当然休谟只是在幻想一种理想的社会生活，即人生活在物质产品的极大丰富中，这和席勒对摆脱物质强制如出一辙。当然马克思也承认满足吃喝住用以及其他一些生活需要是人类的首要活动，这是人类能够生存的第一前提。

不过席勒的审美王国并不是如休谟的理想社会那样将个体看作一个单纯的消费者，如果只是满足于单纯的物质享受，那么人就如赫胥黎在《美丽新世界》（*Brave New World*）一书中的居民一样过着满足的猪和愚人一样的生活，这种生活在席勒看来还不是人成之为人的生活，而只是一

① ［德］席勒：《审美教育书简》，冯至、范大灿译，上海人民出版社 2003 年版，第 214 页。

② ［英］肖恩·塞耶罗：《马克思主义与人性》，冯颜利译，东方出版社 2008 年版，第 39 页。

种野蛮人的生活，"表明野人进入人性的那个现象是个什么现象呢？不管我们对历史的探究深入到什么地步，这个现象在所有摆脱了动物状态的奴役生活的民族中都是一样的：对假象的喜爱，对装饰和游戏的喜爱"①。在席勒这里，假象不是客观事物的真实存在状态，而是一种人通过想象力虚构和创造出来的，"事物的实在性是事物自己的作品，事物的假象是人的作品"②。换句话说，席勒的审美王国是存在于人所创造的作品之中，也就是艺术创造中。席勒认为有两种假象：审美假象和逻辑假象，两者以是否与真实实在有关系为区别标准。纯粹、自主的、与实在毫无关系的假象才是席勒心目中的假象含义，"假象既不想代表实在，也无须代表实在"。而艺术创作就是创造假象的活动，在假象林立的艺术世界里，席勒认为那就是审美国家。从自然国家过渡到审美国家所需要的不是物质需要的最大满足，关键在于人的内在游戏冲动的作用，这种冲动可以抵挡住物质的诱惑作用，即使人不执着于物质享受和攫取，而是在物质需要不是很丰富的条件下可以通过内心的精神而超越现实，"只要人真的开始重形象甚于重材料，并敢于为假象（不过他必须认出这是假象来）而牺牲实在，他的动物性的轮环就立刻被打开，他就置身于一条没有尽头的道路"③。这样在假象创造的过程中，人内在的精神就成为决定性的因素。整个审美过程让人呈现出感性和理性和谐相处保持平衡的状态，人感受不到任何外来的强制而处于一种自由的状态中，在这种状态中，人与世界、人与人之间的关系也就摆脱了强制而处于一种平等的、浑然一体的状态之中。这个审美王国中的平等是真正的平等，没有阶级划分，没有法则约束，没有道德必然，"人与人只能作为形象彼此相见，人与人只能作为自由游戏的对象相互对立。通过自由给予自由是这个国家的基本法则"④。

不过，席勒在论证审美王国的时候，表现出了一种矛盾和犹疑的态度。席勒的本意是想通过审美国家来实现自然国家和伦理国家之间的自然过渡，而不至于让德国社会出现如法国大革命之后的自私和暴虐的状态，

---

① ［德］席勒：《审美教育书简》，冯至、范大灿译，上海人民出版社2003年版，第214页。

② 同上书，第215页。

③ 同上书，第228页。

④ 同上书，第230页。

“就是德国能否彻底地实现人权及民权的自由要求及资产阶级的个人的一般解放，而不致归结于雅各宾主义”①。但是“席勒已经证明的东西超过了他开始要证明的东西。通过对美的直觉所产生的那种有力的超然和满意的状态，实际上不是道德上的超然，起码不只是道德上的超然。表面看来，这种超然状态仅仅存在于从感性生活转向理性生活的一瞬间。既然美似乎仅仅是实现道德进步的一种手段，那么以后就可能变成无用的。但是，席勒论述的要旨却迫使我们相信另一种解释。如同各种力量的平衡与和谐一样，那不偏不倚的一瞬间，本身也是一种高度的完善”②。即审美游戏本身既是感性与理性和谐一致，克服了自然状态和道德状态的片面性，又是人性的一种本真状态。在席勒的审美国家中，人的主动性和内在精神性在艺术中的创造就是这种状态的现实化实现。当然，席勒最后也对这审美国家的真实存在表示了犹豫。

三 和谐个体的现实存在

康德在《回答一个问题：什么是启蒙?》一文中谈到启蒙的目的的时候认为，启蒙的目的在于将人类从未成年状态提升到成年状态。如何成为真正意义上的人的问题就成为康德以来德国思想界致力于强调的主题。费希特就说：“迄今为止，感性世界通常都是被看作完全原本的，真实的和现实存在的世界，最先向受教育的学子展示的就是这个世界；学习是从这个世界才被引向思维，而且大多是被引向对这个世界的思维，是为这个世界服务的。但是，新的教育正是要把这种秩序颠倒过来。对新的教育来说，只有被思维把握的世界才是真实的和现实存在的世界；它想从一开始就把自己的学子引入这个世界。它只想把学子们的全部爱和全部愉悦同这个世界联系起来，使得生命必然只能产生和出现在他们的这个精神里。迄今为止，在多数人中间只有肉体，物质，自然力量是活的；通过新的教育，在大多数人中间，甚至不久就在所有人中间，将只有精神是活着的，并驱动着人类；这种坚定，确实的精神从前被说成是建制良好的国家唯一

① 汉斯·玛那：《席勒和民族》，转引自《宗白华全集》，安徽教育出版社 1994 年版，第 73 页。

② 凯·埃·吉尔波特、赫·库恩：《美学史》，夏乾丰译，上海译文出版社 1989 年版，第 485 页。

可能的基础，现在应当得到普遍的培养。”① 在那个时代，培养具有人格素质的全新的公民就成为康德以来的德国思想界的普遍意向。康德在《纯粹理性批判》所提出的那三个著名的哲学问题都指向个体自身，“人是目的”、“人为自己立法”，都肯定了人具有自由选择的权利。席勒所关注的也正是现实中的市民个体。在他的戏剧作品中，公民个人就是国家和时代命运的直接承担者，历史的改变也是靠退尔这样的市民来肩负起自己的责任，所以一个理想的社会和具有人格的个体是一个问题的两个方面，二者是和谐共生的。

在席勒所生活的年代里，德国政治四分五裂，新兴的资产阶级软弱无力，下层劳动者愚昧无知，整个民众呈现出一种整体的麻木与狭隘。应该说无论是从阶级分布还是从个体觉悟，德国的民众状态与法国大革命之前的法国民众都是迥然不同的，德国民众的这种情况直到19世纪都没有得到很好的解决。恩格斯曾经批评道：“在德国，小市民阶层是遭到了失败的革命的产物，是被打断了和延缓了的发展的产物；由于经历了三十年战争和战争后期，德国的小市民阶层具有胆怯、狭隘、束手无策、毫无首创能力这样一些畸形发展的特殊性格，而正是在这个时候，几乎所有的其他大民族都在蓬勃发展。”② 席勒在《审美教育书简》中就将社会民众分为野人和蛮人，表达了他对于时代民众的状态的不满。在他看来，野人和蛮人都不是真正的人的存在状态，他在《强盗》里借用弗朗茨之口揭露出当时人的存在状态：“人是从泥淖中出生的，在污泥中蹚了一阵，制造污泥，在污泥中又继续发酵，直到最后污泥肮脏地一直粘在他曾孙的鞋底上面。”③ 和康德极端重视理性不同，从医的经历让席勒一开始就从人的双重现实存在为基点开始自己的思考。在席勒那里，同时代的人的状态不是人真正应然之态，他树立的古希腊的人性范本只是指明了那个时代的人所应努力的方向所在，即成为一个感性和理性保持协调的个体，和谐地存在于现实世界中，他与康德在对待感性问题上的分歧也让他的美学思想更具有现实化的意义。

---

① ［德］费希特：《对德意志民族的演讲》，梁志学、沈真、李理译，辽宁教育出版社2003年版，第73页。

② 《马克思恩格斯论文学与艺术》上册，人民文学出版社1982年版，第57页。

③ ［德］席勒：《席勒全集》第2卷，张玉书主编，人民文学出版社2005年版，第140页。

席勒将人类历史的发展与个体的人的发展综合起来考虑，将人的发展分为三个阶段：物质状态、审美状态和道德状态。这是以个体的人的生存状态为基本标准的，物质状态中人承受自然的支配，审美状态中人可以摆脱自然的支配，而道德状态中人就可以控制自然支配，归根到底，关键在于人对于自然支配的掌握程度，这种支配既有物质的，也有精神的。物质的需要和理性的强制都会让人处于一种不自由的状态之中，因此在席勒看来，只有摆脱了一切强制的人才是自由的人。席勒将个体的人的发展与人类历史的发展规律统一，认为二者必将按照一定的次序向前发展，走向最终的自由。这种观点既代表了他那个时代所流行的理性主义的乐观，也暴露出他的唯心主义倾向。黑格尔也曾经将人类历史进行分段，他认为人类历史是按照抽象的人格阶段、道德法权的阶段、伦理阶段进行发展的，但在黑格尔那里，历史的发展依据是人的自由意识的发展。正如黑格尔所说："伦理是自由的理念。它是活的善，这活的善在自我意识中具有它的认识和意志，通过自我意识的行动而达到它的现实性；另一方面，自我意识在伦理性的存在中具有它的绝对基础和推动作用的目的。因此，伦理就是成为现存世界和自我意识本性的那种自由概念。"① 由此我们可以看出席勒的思想的现实性所在。同时席勒已经模糊地意识到了人的发展与社会发展的密切的关系，虽然他并没有指出二者之间的真正关系，但在他的人的发展阶段里，对自然的强制的重视以及这种强制在人的发展过程中的巨大作用却揭示出席勒对现实存在的一种强调。马克思也指出了个体的人的发展与人类历史发展的真实相关性，马克思借助的是对生产劳动的解释，指出"劳动首先是人和自然之间的过程……当他通过这种运动作用于他身外的自然并改变自然时，也就同时改造他自身的自然。他使自身的自然中蕴藏着的潜力发挥出来，并且使这种力的活动受他自己控制"②。简言之，就是人创造了自己。席勒在他所处的时代，无法给出马克思式的答案，但是他指出了人类的走向，即走向自由的和谐的个体的存在。

应该说，培养和谐自由的个体是当时德国思想界的普遍要求，在意识到政治性的道路行不通之后，他们就将希望寄托在对个体道德性格的塑造上，他们向往建立一个建立在人格基础上的全新的社会。在康德看来是世

---

① ［德］黑格尔：《法哲学原理》，范扬、张企泰译，商务印书馆1961年版，第46页。

② 《马克思恩格斯全集》第44卷，第207—208页。

界公民的社会，在席勒看来是审美国家的自由社会，在黑格尔看来就是普遍国家阶段。但是这都要靠对个体人格的塑造，即通过个体而形成国家和社会，因此，培养具有人格素质的个体就成为德国思想界的共识。但这样的个体在现实中到底是什么形象？歌德也为此进行了深刻的思索，注重客观自然的他曾经在自己的诗歌中借神父之口描绘了四种人：第一种是四海为家、漂泊为生的“世界公民”；第二种是在祖传产业上料理田物的“沉着市民”；第三种是既务农又经商的“小城市民”，第四种是较为富有或地位较高的“欲望市民”。歌德心目中的理想的市民是倾向于那种“小城市民”，因为他们“没有那种使农民担心、拘束的压力，也没有欲望很大的城市居民的烦恼”[①]。虽然歌德对理想社会的制度建设也进行过探讨，但是他对理想社会中的个体的设想还很简单。然而不难看出，其本质也接近于席勒对于和谐个体的界定，即处于一种自由的、不受感性和理性约束的状态的人才是自由的人。

席勒的自由理念中，人是处于一种感性和理性、主观与客观、形式与内容的统一之中，个体的人成为一切关系的集合体。在《审美教育书简》中，席勒所说的人虽然具有一定的抽象意义，但不可否定的是，这个抽象的人还是生活在现实之中，因为他必须涉及与自然、他人以及国家之间的关系。就人与自然的关系来说，人开始是以自然为物质攫取物受控于自然，对自然的态度是恐惧和渴求，既害怕自然的强大又渴求自然的丰富物质，席勒认为，此时人只是一种动物状态的人；而在自由状态中，在假象的王国中，因为自然已经不是人所追求的对象，人自然就摆脱这种自然的控制而与自然平等对视。虽然席勒是用西方传统的二元对立的思维方式来面对自然，但是他却描绘了人与自然和谐相处的一种状态，这类似于我们中国所说的天人合一，当然二者的哲学基础并不相同。同时，席勒指出了人与人是处于一种平等的关系。应当说，席勒非常重视人与人之间的关系，认为人作为社会的分子总是生活在一定的群体之中，席勒曾经将文明社会比喻为“精巧的钟表”，而钟表的运转则依靠那些齿轮的正常工作得以运转，个体的人只是这个大机器上的一个小小的零件而已，不同零件之间的关系则构成了人与人之间的关系。在柏拉图等人的理想社会里，和谐

① 钱春绮：《赫尔曼和多罗泰》，载歌德《少年维特的烦恼·赫尔曼和多罗泰》，杨武能译，人民文学出版社 2003 年版，第 184—185 页。

虽然体现为一种平等，而只是在同一个阶级内部才可以体现为相互之间的平等，因此，社会的和谐就体现为对这种建立在人与人不平等关系基础上的秩序的正常运转，这一点也可以从我们中国古代的和谐观看得更加清楚。在席勒所处的年代里，社会也是分等级的，在他的《审美教育书简》里就有下层阶级和文明阶级的划分，而实际上当时社会的阶级划分远不止这两种。席勒并没有对阶级的形成与划分有过多的认识，也没有指出阶级的历史走向，但是他在审美王国里却指出了人与人之间的关系的完全平等的状态。由于没有物质的需求和强迫，也就没有了对资源占有的不均，贫富也就失去意义，人与人之间没有利益差别，经济上处于平等的地位。“在审美王国中，一切东西，甚至供使用的工具，都是自由的公民，他同最高贵者具有平等的权利；知性本来总是强行使驯从的物体屈从于它的目的，但在这里也得征询未成形物体的意见。”① 在席勒看来，由于人总是生活在一定的社会之中，国家就代表着理想的人性，代表着个体发展的历史走向。人自身达到了身心和谐的程度，表现出最大的自由——选择的自由，那么“假使内在的人与他自己相一致，那么，即使他的行为达到了最高的普遍程度，他只能保持住他自己的特性，国家也只是他美的本能的解释者，是他内在立法的一种更为明显的形式”②。因此，个人与国家之间的关系就不是以往历史中所体现的压制与被压制之间的关系，而体现为一种平等关系，它将尊重每个公民的人性现实存在，“国家不应该只尊重个体中的那些客观的和类属的性格，还应该尊重他们主观的和特殊的性格；国家在扩大目不能见的伦理王国的同时，不应该使想象王国变得荒无人迹”③。对此，特里·伊格尔顿曾进行形象的描述：“在美的王国里，由阶级斗争和劳动分工所造成的压抑的社会秩序原则上被废除，虽然当时美的王国还像是一个朦胧的乐园。具有自律性、普遍性、平等性和同情心的审美趣味是一种完全替代性的政治，它结束了社会的等级制度，依据无私的博爱的形象来重建个体之间的关系。”④ 另外，席勒美学思想中的个体

---

① ［德］席勒：《审美教育书简》，冯至、范大灿译，上海人民出版社 2003 年版，第 239 页。

② 同上书，第 36 页。

③ 同上书，第 33—34 页。

④ ［英］特里·伊格尔顿：《美学意识形态》，王杰等译，广西师范大学出版社 1997 年版，第 102 页。

不是虚幻的抽象的个体，虽然他将人进行抽象的思考，但在席勒看来，个体的人永远摆脱不了这种物质性存在的一面，人只是时间长河里的一种有限的存在。席勒虽然将人性分成状态和人格两方面进行分析，但他断定“时间是一切变化的条件”，没有时间，就没有变化，也就不可能有人的特定的存在。席勒说：“一切状态，一切特定的存在，都在时间中形成，因而人作为现象必然也有一个起始，……没有时间，即没有变化，人就永远不会成为特定的存在。”① 席勒通过论述人与时间的关系就赋予了人的有限存在的意义。在他的审美王国或者说是自由王国里，席勒并没有对个体的生存做出具体的描述，但是他指出了人存在的一种终极状态，即人与自然、社会、他人融为一体、和谐一致的生存环境，人性得到最大限度的完满。海德格尔曾经憧憬着“人诗意地居住在此大地上”，这种诗意地居住同样是指个体与周围的世界保持一种和谐的关系，不去掠夺破坏这个世界，而是用自己的劳绩丰富和创造这个世界。我们在马克思主义的自由王国里也可以看到这种和谐自由个体的存在，虽然马克思的“自由”比席勒的“自由”内涵更加丰富，其自由王国是一个现实世界的客观存在，但同样在个体的发展上，人仍然表现出了人性的丰富和完整，人们“随着自己的兴趣今天干这事，明天干那事，上午打猎，下午捕鱼，傍晚从事畜牧，晚饭后从事批判”②。即使这样也有着分工的不同，但这种分工建立在人们自觉自愿的基础上，不存在强制性，个体的人则体现出建立在现实基础上的全面发展。当然，马克思的自由王国是建立在劳动基础上的科学思想，但我们仍然从席勒的理论上看到人的这种发展的理想的雏形。这个理想虽然在席勒的时代无法实现，但正如他在戏剧中借波沙之口所宣布的：“这个世纪还没有成熟，难于实现我的理想；我是未来时代的公民。”

第二节　社会和谐的理想及其在美学上的体现

恩格斯曾经指出，社会是由于完全形成的人的出现而产生的一种新的因素。人类社会的形成是文明发展的基础，社会是个体的人得以发展的必需环境，可以说人类和社会是一起向前发展的，克拉拉·汤普逊就说过，

① 北京大学德国研究中心：《北大德国研究》，北京大学出版社2005年版，第73页。

② 《马克思恩格斯选集》第1卷，第85页。

社会不是与人相对立的东西，而是由人创造、同时又创造人的东西。因此，一个和谐的社会就成为中西方所有人的共同的理想，这种理想充分体现在中西方哲学、社会学和政治学方面对于社会和谐思想的探询之中，“和谐”作为一个美学概念更是体现了人们对于人生和社会的理想方向。具体到18世纪的德国，席勒的美学思想实际上是对德国现实社会所给出的美学解决方案，即通过审美来培养具有理想人格的和谐的个体，从个体的和谐入手来推动国家政治民主的进程，深刻地指出了和谐的个体对于建设和谐社会的重要意义所在，这虽然触及了人在社会发展中的作用的问题核心，但是这种美学解决方案并不是解决现实问题的根本所在。

一 中西传统思想中对于和谐社会的追求

1. 中国传统思想中对和谐社会的追求

中国传统文化产生的社会历史条件是古代农业社会，自然与人力对于农业生产至关重要，因此，在古代中国，人与人、人与自然的关系就成为社会发展的基础。人们在追求人与人、人与自然的和谐中也形成了“天人合一”的朴素辩证的思维方式，将人、天和宇宙看成是一个不可分割的整体，人与人、人与物能够共处共荣，相因相需，形成一个和谐有序的社会状态。因此，中国传统思想对于和谐社会的畅想中主要是突出人与人、人与自然的协调统一。

例如在道家的理想的社会状态中，“邻国相望，鸡犬声相闻，民至老死而不相往来”,[①] 人们过着一种“甘其食，美其服、安其居，乐其俗”的“小国寡民”的生活。“使有什伯器而不用，使民重死而不远徙。虽有舟舆，无所乘之；虽有甲兵，无所陈之。使民复结绳而用之。”[②] 呈现出一种和谐、安详、稳定的社会状态。人与自然的关系是这个理想社会中的根本。道家从观察自然中，认为“道”是认识的本体，其根本特性是“自然”，因此道家主张回归自然、返璞归真。因此在道家那里，理想的社会状态是一种人与自然的统一。这种统一是强调人是自然界的一部分，“天地与我并生，而万物与我为一”。人与自然合二为一，形成一种“物我为一”的生存状态。而人是无条件地顺从自然，自然对人起着决定的

① 《老子》第八十章。

② 同上。

作用，人的生活和其他动物没有什么不同，就是“同与禽兽居，族与万物并”。但是，人毕竟不同于动物，有着理性和必要的生存法则，人也不断扩大着自己与自然对抗的能力，针对这种情况，道家主张知足知止，反对那种贪得无厌、竭泽而渔、杀鸡取卵式的对自然界的掠夺性占有，而应该认清事物自身所固有的限度，适可而止，自我控制。《齐物论》：载“一受其成形，不亡以待尽。与物相刃相靡，其行尽如驰，而莫之能止，不亦悲乎！终身役役而不见其功，茶然疲役而不知其所归，可不哀邪!”就体现了一种自然主义的思想。另外，道家强调“知常”，就是强调尊重自然规律，保持生态平衡，并且指出如果违反自然规律的后果：“不知常，妄作，凶。”也就是说人在改造自然界的过程中，必须遵循自然的法则而行为，这样既能让自己得到满足，也会被自然界所接纳和认可。而这一点，在后世的社会发展中已经得到了清楚的证明。道家的思想里很少论及国家制度的问题，但国家的存在也必须顺其自然规律，顺乎民意，对人民实行无为而治，不加以人为的干涉，这样，国家才得以存在，人们自然安居乐业，社会自然和谐稳定。“我无为而民自化，我好静而民自正，我无事而民自富，我无欲而民自朴。”[①] 因此道家的理想社会是通过天道，将自然落实到现实人生与政治生活层面，其本质是体现一种人与自然的和谐。

人的主体性在道家的理想社会里得到了充分的体现，表现为道家对个体自由平等的重视。首先是对个体生命的珍惜与保全。道家认为相对于天地而言，人的生命是短暂而宝贵的，每一个人都应该努力保存自己的生命，甚至可以舍弃名利，“出生入死。生之徒十有三，死之徒十有三。人之生，动之于死地，亦使有三。夫何故？以其生生之厚”[②]。因此，生命的本质就是要顺乎自然，人不需要有自己的自我意识，更多的是依靠人的自然本性而生活，人们也不需要进行社会交往，只是固守在自己的生活范围。这样，人与人之间是平等的关系，没有等级差别，都是自然界的一部分，“势为天子，未必贵也；穷为匹夫，未必贱也”。所以，人在社会生活中贵在有“自知之明”，“企者不立，跨者不行，自见者不明，自是者不彰，自伐者无功，自矜者不长，其在道也。曰：余食赘行。物或恶之，

① 《老子》，第五十七章。

② 《道德经》第五十章。

自是者不彰，自伐者故有道者不处”。[①] 其次，对个体平等的追求。道家强调天道，认为天道无亲、常与善人，天道不会因贵贱区分亲疏之别而相应改变人的态度，所以人也应该效法自然，人与人平等相处。“善者，吾善之；不善者，吾亦善之，德善矣。”[②]

可以说，道家思想中关于理想社会的设计没有对于国家制度的过多描述，更多的是突出了个体的主体性地位，强调人对自然客观规律的遵循。人的自然本性得到充分的保全，人的社会本性得到压制。例如对文明的排斥、对技术的拒绝，都使道家的理想社会呈现出一种原始的静态特点，其和谐至多是单调的同义语。

在儒家思想的理想社会形态里，人与人的和谐就成为社会存在与发展的根本。儒家主张“礼之用，和为贵”。这种“和”主要是强调人和，在儒家看来，“和无寡”，“和则一，一则多力”（《孟子・王制》），国家内部人与人的和谐是力量强大的主要根源，并直接决定国家的稳定与否，影响社会运转的良性与恶性。因此，“天时不如地利，地利不如人和”（《孟子・公孙丑下》）。对人与人关系和谐的强调重视是儒家的主要特点。儒家认为，社会的稳定存在需要以一定的秩序为基础，而礼乐秩序的崩坏和松弛是造成当时社会混乱的根本原因，因此，儒家一直主张对礼的恢复与重建。“天下从之者治，不从者乱；从之者安，不从者危；从之者存，不从者亡。”（《荀子・礼论》）因此，儒家的社会和谐思想，主要表现为处理人与人之间关系的礼乐制度的设计中，具体来说，就是要通过“礼”规定等级秩序下的各种名分。对于下层的自由民，要使“民不迁，农不移，工贾不变”。《礼记・曲礼上》说：“道德仁义，非礼不成；教训正俗，非礼不备；分争辩讼，非礼不绝；君臣上下，父子兄弟，非礼不定，宦学事师，非礼不亲；班朝治军，莅官行法，非礼威严不行。”《礼记・曲礼上》即以“仁”为核心、以“礼”来规范全社会的人达到“人和”的目的。儒家认为，由于“性相近也，习相远也”（《论语・阳货》），因此，不同个性的人都要遵循不同的规范，全社会的个体在这种规范下就呈现出等级化的区分，且各安其位、各司其职，形成一种有序发展的社会状态。在儒家的社会和谐的状态中，人与人的关系是体现在由血缘关系为基

① 《道德经》第二十四章。

② 《道德经》第四十九章。

础形成的等级关系中，包括人自身身心的关系、人与他人之间的关系。首先体现为人自身身心的和谐，这也是社会和谐的基础。由于人有各种欲望，"富与贵，是人之所欲也"、"贫与贱，是人之所恶也"（《论语·里仁》）"富而可求也，虽执鞭之士，吾亦为之"（《论语·述而》）。所以儒家提倡"修己"，主张要保持平和、恬淡的心态通过加强自身的修养，要以义利统一的思想作为基本的准则，用道德来规范和约束人对富贵名利的过多欲望，强调"欲而不贪"（《论语·尧曰》）从而达到个体的完善。中国传统文化注重"仁"，仁从定义上看是两个人相处的意思，由此可以看出儒家思想对人与人关系的重视，儒家认为，"夫仁者，己欲立而立人，己欲达而达人"（《论语·雍也》）。在个体身心和谐的基础上，儒家强调由己推人、由此及彼、由近及远，处理好人与人之间的关系，"老吾老，以及人之老，幼吾幼，以及人之幼"（《孟子·梁惠王上》）。家庭是社会的单位，所以在家庭内部要"父义、母慈、子孝、兄友、弟恭、夫和、妻顺"，由此而推之于社会，形成朋友有信、君臣有义的"君君、臣臣"的全方位的和谐与有序，从而形成一种天然有序的伦理政治秩序。因此，儒家的和谐社会强调的是对既有秩序的一种自觉遵守，每个社会成员在自己的等级秩序中安分守己，做到"和而不同"，使整个社会形成稳定有序的状态。

因此，在儒家的理想社会的设计中，个体的人成为社会的主体，人也成为各种社会关系和谐的核心，强调的是社会秩序的和谐稳定。儒家在论证其政治主张的同时，也描绘一幅理想人生和理想社会的蓝图，提出很多的理想社会设计方案，表现了更高的政治追求目标。在《礼记·礼运》一文中，就存在对两种和谐社会生活状态的描述：大同社会和小康社会，不过这两种社会不是并行的，而是存在一定的发展序列关系，首先要形成"小康"社会，才能发展到社会发展的终极状态——大同社会。在儒家经典记载中，小康社会是指夏、商、周三代中"天下为家"的理想社会生活状态，即"今大道既隐，天下为家，各亲其亲，各子其子，货力为己。大人世及以为礼，城郭沟池以为固，礼义以为纪；以正君臣，以睦兄弟，以和夫妇，以设制度，以立田里，以贤勇智，以功为己。故谋用是作，而兵由此起，禹、汤、文、武、成王、周公由此其选也。此六君子者，未有不谨于礼者也。以著其义，以考其信。著有过，刑仁讲让，示民有常。如有不由此者，在势者去，众以为殃。是谓小康”。[①] 小康社会建立在财产私有的基础上的，社会是靠“礼义以为纪”来维系各个阶级之间的关系，即君主圣贤、群臣有义、父子有亲、夫妇有顺、长幼有序，依靠伦理道德规范来维持一种稳定的社会关系。但是在儒家思想里，小康社会只是大同社会的一个过渡发展状态，人与人之间的关系的和谐还是受到财产私有的限制，等级制度的存在也为人们之间的关系划分了界限，人只是在社会秩序所规定的范围内安分守己，遵从社会规范，才能实现人与人之间的和睦相处。因此，在儒家看来，这种人与人之间的和谐不是终极的理想和谐，真正的和谐应该体现着一种自由与平等，这既包括人与人之间的交往自由、身份平等，也包括人与自然之间的和谐，自然可以满足人的一切需求，人也不破坏自然的平衡，在此基础上，形成一种天下为公的大同社会。《礼记·礼运》的开篇便描绘了一幅“大同”盛世的蓝图：“大道之行也，天下为公。选贤与能，讲信修睦。故人不独亲其亲，不独子其子。使老有所终，壮有所用，幼有所长，矜寡孤独废疾者皆有所养。男有分，女有归。货恶其弃于地也，不必藏于己；力恶其不出于身也，不必为己。是故谋闭而不兴，盗窃乱贼而不作。故外户而不闭。是谓大同。”在这个大同社会里，没有等级划分，没有财产私有，没有战争和流血，人与人之间诚信友爱，平等协作，社会和谐而富足。这种理想社会状态体现在陶渊明的“桃花源”里，也体现在太平天国的社会设计“务使天下共享，有田同耕，有饭同食，有衣同穿，有钱同使，无处不均匀，无人不饱暖”。可以说：“人人平等、天下为公”成为中国传统思想中的理想社会形态的一致描述。

应该说，道家“小国寡民”和儒家“小康社会”、“大同社会”的描述反映了人们在自身和社会向前迈进的过程中对一个和谐的社会存在的向往，而无论社会发展到哪种程度，其落脚点都是在社会主体——人身上，马克思曾精辟地概括，“社会即联合起来的单个人”。[②] 个体的人的生存和发展状况实质上就是整个社会发展的缩影。人是社会构成的起点，是社会得以存在物质承担者和终极的构成基础。人自然就成为各种关系的核心，人与人的关系构成了社会秩序良好运行的基础，因此，在中国传统社会和

① 《礼记·礼运》。

② 《马克思恩格斯全集》第46卷，人民出版社1972年版，第20页。

谐的社会构想中，并没有充分体现出社会制度与体制的变化与革新，而只是注重对一种个体人的生存状况的描述，体现人与人之间和谐的现实生活关系，这充分体现出个体的人在社会中的主体地位。当然，由于中国长期处于农业经济的社会现实，社会制度的变革相对缓慢，因此，社会的发展更多的是依靠人的因素，所以中国传统思想里都注重对个体人的培养，强调理想人格的塑造。

在道家思想里，理想的人格是要超脱欲望，致虚、守静，具有水一样的高尚人格。人在社会中，必然会与人和物打交道，自然会带来各种的情绪的变化，也会有利益的诱惑。因此，人首先要有"自知"，《老子》第二十四章说："企者不立，跨者不行，自见者不明，自是者不彰，自伐者无功，自矜者不长。"有自知的人就不会对外界产生太多的欲念，就能做到"见素抱朴，少私寡欲"，减除私心和贪念，守持自己的纯朴本性，对外界事物就会保持一种冷眼旁观、漠然不动的态度，也自然会超脱复杂的人与人之间的关系。道家认为，水最接近于"道"的原则，是理想人格的真实代表，"上善若水。水善利万物而不争，处众人之所恶，故几于道。居善地，心善渊，与善仁，言善信……"[①] 也就是要求人品德高尚，勤于奉献而将其视为应当之举，超脱各种现实利害关系，使自己保持一种平静的心态，以达到与身心和谐。实际上，道家就是主张退回内心，修养道德，超脱现实，怡心养性，达到一种与万物同齐的境界。儒家思想中对理想社会的探索也不是求助于社会变革，而是借助于圣人君子的培养和塑造。在儒家思想里，个体的人与国家、社会是密不可分的，家即国，国即天下，所以要平天下必须先塑造良好的个体，在此基础上，实现对国家的治理和社会的改造。"古之欲明明德于天下者，先治其国；欲治其国者，先齐其家；欲齐其家者，先修其身；欲修其身者，先正其心；欲正其心者，先诚其意；欲诚其意者，先致其知；致知在格物。"（《礼记·大学》）也就是说，"格物、致知、诚意、正心、修身、齐家、治国、平天下"才是实现理想社会的必然途径。由此可以看出，对个体的人的培养才是社会发展的根本所在。

由此我们可以看出，在中国传统思想中，一个和谐的社会的存在是所

---

① 《道德经》第八章。

有人追求的目标，虽然这种和谐随着社会的变化而不断增添新的内涵，但是，人在社会建设中的作用是根本性的，个体的素质培养即人的和谐就成为首要的问题。

2. 西方思想中对于社会和谐的追求

不仅在中国，对于西方来说，建立一个全面和谐的社会也是他们不断求索的问题。早期希腊哲学家多关注自然问题，到中后期，人类社会本身就成为哲学探讨的主要问题，人们开始关注社会的和谐存在与发展问题，这种根植于哲学的和谐问题开始进入社会领域，并在美学思想上鲜明地体现了出来。因此西方文化中关于和谐社会的思想也有着深厚的文化传统和实践探索。由于本书只是对席勒进行研究，所以在此只论述席勒之前的理论思想和社会实践，以期更好地把握席勒美学思想的历史地位和重要意义。

西方从古希腊的苏格拉底开始，人们就开始思考社会的和谐运转问题，出于对现存国家政治不满，柏拉图在《理想国》就描绘了一个完整的理想国家，提出了社会和谐的操作方案。从整体来看，柏拉图的理想国就呈现出秩序与和谐的社会状态，体现着柏拉图的正义原则，“正义就是只做自己的事而不兼做别人的事”[①]。各阶层的人们各司其职，互不干扰，做好本职工作，这就是实现了一种“正义”。每个人都能尽到自己的正义，那么城邦自然也能向美好的方面发展。因此，在柏拉图看来，国家的正义是通过公民个人来实现的，具有良好素质的公民的有机结合才形成国家的和谐和社会的良性发展。因此，柏拉图的理想国对于个体的公民的素质是有着严格的要求的。

柏拉图对理想国的描述是以他对当时人性的认识为基础的，在柏拉图看来，人的天赋各不相同，每人都有自己的特长，这种特长是单一的，即人不可能具有多方面的才能，每个人只能从事适合自己性格和天赋的那项工作，“我们大家并不是生下来都是一样的，各人的性格适合于不同的工作，只要每个人在适当的时候干适合他性格的工作，放弃其他的事情，专搞一行，这样就会每种东西都产生得又多又好”。[②] 这里柏拉图试图将人的才能尽可能地充分利用，让每个人都施其所长，以最大限度地提高工作

① ［古希腊］柏拉图:《理想国》，郭斌和、张竹明译，商务印书馆2002年版，第15页。

② 同上书，第60页。

效率，这表明在生产力不发达的古希腊对物质生产能力的渴求。但是柏拉图对人的单一限定，就制约了人的发展能力。按照柏拉图的说法，每个公民只能从事一种工作，“鞋匠总是鞋匠，并不在鞋匠以外，还做驮工；农夫总是农夫，并不在做农夫以外，还做法官；士兵总是士兵，并不在士兵以外，还做商人，如此类推”①。因此，国家根据每个公民天性不同而具有的特长进行合理安排分工，这样社会也就自然分层，形成一种等级制度。但是由于这种等级制度是建立在人的天性的差异的基础上，所以各个等级之间的成员地位是可以变化流动的，其根据就是天赋和能力。这就体现了一种对个人素质能力的重视。

在个人天赋差异的基础上，柏拉图将公民实行社会分工，成为生产者、护卫者、统治者，这种分工是根据城邦的需要而产生的，只是由于需要的程度和发挥的作用不同，所以就形成了不同的等级。最高等级是统治者，是由拥有智慧的知识阶层所担任的，他们素质超凡而又数目稀少，“一个建立在自然原则上的国家，其所以整个说来是智慧的，乃是由于它的最少的一类人和它自己的最小一部分。乃是由于领导和统治它的那一部分所具有的知识，并且我们还可以看到，唯有这种知识才配称为智慧，而按照自然的规定，能够具有这种知识的人，乃是最少数的人”②。他们作为城邦的统治者而居于第一等级。第二等级是武士，他们的职责是保护城邦并辅佐统治者对城邦进行管理，他们必须坚定不移地执行统治者的一切命令，保护城邦和统治者的利益。第三等级是人数众多的生产者阶层，这是最低的等级，占有城邦人口的绝大多数，包括物质生产者和服务者，即柏拉图所说的“农夫和手艺人”。他们拥有财产和自己的家庭，从事城邦基本需要的生产活动，既满足自身的需求，也为所有城邦公民提供基本生活所必需品。为了让各个等级都安于自己的等级，尽自己的本分做好自己的本职工作，柏拉图也为他们规定了不同的道德要求，统治者的美德是运用智慧最大限度地为国家服务，而不是为自己谋取私利。第二等级的武士应该发挥他们勇敢的天性，以保护国家内外安危为己任。由于这两个阶级的社会地位较高，因此柏拉图认为他们都不应该具有私有财产，而是全身心地为国家谋福利，因此，勇敢、忠诚就成为第二阶级的道德要求。第三

① ［古希腊］柏拉图：《理想国》，郭斌和、张竹明译，商务印书馆2002年版，第102页。

② 同上书，第147页。

阶级处于社会的底层，社会只是要求他们专心从事生产，虽然经济上可以拥有私有财产，但是他们缺乏政治上的权利，为了他们安于自己的阶层，柏拉图认为他们应该具有节制的美德，节制自己的欲望，服从统治者的领导，这样才能保证社会的正常运转。另外柏拉图通过对城邦中财产分配、生活方式、婚姻、男女关系、教育、贤人政治等方面的设想，设计了理想国家的国家制度。当然，我们可以看出，由于时代和所处的地位所限制，他的这种社会构想带有着为统治阶级服务的特点，但是也包含着维护社会整体和谐稳定的合理因素。

中世纪的神学统治下，神是人类的救世主，神所在的世界就是一个完美的社会，它在神的光照下体现着人的博爱、服务与平等，因此，一个有神存在的和谐的国家就成为中世纪人们的期望所在。奥古斯丁的《上帝之城》就是这样一个建立在上帝之爱基础上的理想城市。这个城市的建造者和创造者是上帝，居民是由那些遵循上帝教义而具有高尚品德的居民组成。这个城市充满着精神上的纯洁和愉快。民众首先要摆脱拜金主义，也要摆脱情欲和肉欲，“通奸、私通、不洁、淫荡、偶像崇拜、巫术、仇恨、不合、好胜、激怒、争斗、煽动逆乱、异端邪说、嫉妒、谋杀、酗酒、纵情享乐，等等”都不可能在上帝之城里存在。人在对上帝的服从和信仰中保持和上帝的和平，享受着上帝的恩泽；而人与人之间也是和睦相处的，这种和睦来自每个人的善良意愿，并通过上帝的爱将人们联系在一起，正如奥古斯丁给国家下的定义所说的那样：“它是一群通情达理的人对爱的目标有共同的看法而联合在一起。”① 在上帝之城里，也有统治者的存在，但是统治者是为了治理国家而存在，是为别人负责而不是为了私利而行使权力。而居民则以遵从和服务于上帝为最高荣誉，相互之间享受着平等友爱。同时，对于上帝之城的居民，奥古斯丁认为应当具备良好的道德修养，对上帝要服从、热爱和谦恭，不能有任何的虚伪和欺骗，这样才能对周围的人示以兄弟般的爱。上帝之城只是描述了一副社会生活的极乐图景，并没有详细地从国家制度和组织原则上探讨这个理想国家的实现方式和途径。实际上，这个上帝之城就是一个僧侣的世界，只是存在于精神和观念之中。

---

① ［美］乔·奥·赫茨勒：《乌托邦思想史》，张兆麟等译，商务印书馆 1990 年版，第 89 页。

托马斯·莫尔的《乌托邦》则展示了另外一个理想社会的途径。在对当时社会、经济、政治思想和社会问题进行深刻研究的基础上，通过《乌托邦》中对乌托邦这个国家的社会生活描述，莫尔表达了在贸易、政治、社会生活和宗教事务等领域中建立新秩序的愿望。首先，乌托邦国家里财产公有，以此来消除阶级差别，取得人人平等。金钱在乌托邦是无用之物，自然也不能成为万恶之源。人们生活富足，过着朴素无华的生活，分享科学、艺术和各种实物。人与人之间是平等的，这表现在机会的均等上。乌托邦里也有等级差别，存在国王、各级官员、教士、学者和普通老百姓，也实行一种专制，但是国王是由人们选举出来的，是在为人民的前提下才能存在并进行统治，而法律的制定也是需要民主的辩论才能决定。因此，虽然有阶级和地位的差别，但职位的升迁不是靠世袭而是靠人的才能，这样就体现出一种民主性来。莫尔还从教育制度等方面对乌托邦的生活进行了分析。但是莫尔指出乌托邦的居民所享受的是精神和肉体的双重乐趣，即既不受制于物质生活，也从知识以及对真理的沉思中享受着喜悦，更享受着道德上的快乐，过着一种身心和谐的生活。虽然肉体上的乐趣的价值只是在于对精神做出贡献，但个体的人的精神和肉体的和谐存在仍然成为一种理想的要求。

二 和谐社会思想在西方美学上的体现

人类对和谐的社会的追求必然体现在各个领域，人们在政治学、社会学上对理想社会的设计也必然推动了为社会的发展提供参照，反过来对理想社会的追求也促进了和谐社会内涵的进一步扩大。自从毕达哥拉斯第一个明确把和谐作为自己哲学和美学的根本范畴，美学思想中就同样包涵了深刻的和谐内容。因此，人类对和谐社会的追求反映在美学上就是对和谐的追求，和谐作为一种美的追求，表征了人与动物在生存诉求上的根本差异，人不仅仅要满足物质需求，更渴望一个和谐的生存状态，美学思想中的“和谐观”就是人类在和谐社会追求方面在美学上的重要体现。总体来说，西方美学中的和谐体现出人类在不同的历史发展时期对神、自然、社会和人自身的认识和思索。在此只是简单梳理席勒之前美学思想上和谐观的脉络。

古希腊时期：和谐从数的客观自然界引入社会范畴。在中世纪之前，和谐作为一个哲学美学范畴其内涵在不断地发生变化，正如恩格斯所说：

"在希腊哲学的多种多样的形式里，差不多可以找到以后各种观点的胚胎、萌芽。"① 同样，在古希腊的和谐观里也可以找到以后各种观点的胚胎萌芽。但是从总体上说，古希腊时期美学上的和谐体现了对数的重视，和谐的范围主要从自然引入社会。作为一个美学概念最早体现着古希腊人对于自然界的思考，他们通过对数的和谐来解释周围的世界乃至宇宙的存在，认为数就是世界的本源，神首先是数，数的和谐也就成为毕达哥拉斯学派美学的主要内容。所谓和谐，指一个事物发展到"真"的地步，即它以某种形式确定自身的界限、形状和尺寸等，从无限的背景中剥离出来。和谐是一种结构，数的结构。因此，后世美学上对比例、尺度等的强调都是在毕达哥拉斯数的基础上产生的。对于和谐的起源，毕达哥拉斯学派辩证地认为和谐产生于对立面的差异，"和谐是杂多的统一，不协调因素的协调"②。赫拉克里特认为和谐是动态的，对立面是和谐的根源，侧重的是对立面的斗争。黑格尔在他的《哲学史讲演录》中充分肯定了赫拉克里特的这种"对立和谐观"。古希腊早期的"和谐"思想，是古希腊哲学由自然哲学转向社会哲学的中介，他们把和谐看作人们追求的最高境界，虽然关注点还是宇宙自然，但重要的是研究了音乐、道德、美、健康、灵魂等与人类生活密切相关的问题。真正把人和社会引进和谐范畴并且把美与善联系起来的是苏格拉底。苏格拉底将合目的性引入对和谐的理解，"美不能离开目的性，即不能离开事物在显得有价值时它所处的关系，不能离开事物对实现人愿望它要达到的目的的适宜性"③。他更多地强调一定目的、有益、有用的和谐。柏拉图的和谐论主要体现在他的理式论上，理式作为最高的美，是最高的和谐，柏拉图认为："人类理智须按照所谓'理式'去运用，从杂多的感觉出发，借思维反省，把它们统摄成为整一的道理。"④ 在柏拉图看来，和谐首先是一种内在的理念的和谐，是将杂多归一的整合，强调的是整合之后的统一的有机整体，这个有机整体包括了自然、人和社会生活，这样就将社会纳入了和谐的理论范畴，和

① 《马克思恩格斯选集》第4卷，第287页。

② 北京大学哲学系美学教研室编：《西方美学家论美和美感》，商务印书馆1982年版，第14页。

③ 朱光潜：《西方美学史》，人民出版社2003年版，第37页。

④ ［古希腊］柏拉图：《文艺对话集》，朱光潜译，人民文学出版社1980年版，第124页。

谐就成为个体和社会甚至宇宙的最美状态，他的理想国的设计就体现着这种和谐关系的缩影。柏拉图还将和谐引入社会政治生活中，在他的《理想国》中就有三个阶层，各司其职，各安其位，形成一种均衡的、合理的和谐关系，“仿佛将高音、低音、中音以及其间的各音阶合在一起加以协调那样，使所有这些部分各自分立而变成一个有节制的和谐的整体”①。柏拉图的和谐观主要是一种事物关系的总体呈现，和谐和美都只是一种理式或者观念，他过多地注意到和谐中的社会因素，却忽视了客观自然。而亚里士多德则综合了毕达哥拉斯学派和柏拉图的观点，将客观自然和社会伦理共同引入和谐的范畴，强调了美的客观性、变化性、感性和伦理方面的结合，他认为不存在像理式那样的一成不变的、永恒的美，美是在事物本身，美既在事物外表的形式也在于内在的善，他说：“美通常体现在量和空间之中，因此把大小和秩序结合在一起的国家应当被认为是最完善的国家。”② 这种至善之美处于独立自主、永不灭坏的状态中。亚里士多德的真善美统一的思想形成了西方美学的科学理性传统，使和谐从思辨的领域走向了现实的具体存在，体现了古希腊前期宇宙论和人本学的更高层次的统一。古希腊罗马美学沿袭下来的和谐观强调整体协调，以各部分的和谐为美，突出对比例和尺度的强调。

在普洛丁之前，美学中的和谐都沿袭着古希腊时期对整体协调的强调，和谐从自然引入社会，呈现由物到人、由外到内的趋向，伦理色彩和政治意味逐渐明显，但还体现着对毕达哥拉斯学派对数的重视的影子。而普洛丁则批驳了比例和匀称为美的传统观点，“太一”才是美的最终来源，也是最高的和谐。他提出“流溢说”来解释美的产生原因，普洛丁认为世界的本原是“太一”，是一种绝对的无以言状的绝对的一，太一居于万物之首，是万物的根源和目的，世界万物都是从太一那里流溢出来的。具体体现在美学上，美也体现为和谐和整一，但是这个整一不是亚里士多德的那种按照一定的比例把杂多统一为有机的整体，而是分享太一的整一性，太一与柏拉图的理式二者没有什么本质区别。普洛丁也把美分等级，美不是来自物体本身，物体美、灵魂美和理智美都是分享了理式才体

① ［古希腊］柏拉图：《理想国》，郭斌和、张竹明译、商务印书馆2002年版，第172页。

② ［苏］舍斯塔科夫：《美学史纲》，樊莘森等译，上海译文出版社1986年版，第17页。

现出美。“理式是由理智的实质产生的，一切事物之所以美，都由于理式。”① 其中理智是真正意义上的美，理智美居于最高位置，其载体为理智和世界灵魂。“至于更高的美就不是感官所能感觉到的，而是要靠灵魂才能见出的。”② 其次为人的灵魂美，德行和学术的美，位于最低等级的美是感性知觉的美。感性的放纵和肉体的欲望只能产生丑。这样，普洛丁是抬高精神，否定物质，抬高了理性而轻视感性，“灵魂判定它们美，并不凭感官。要观照这种美，我们就得向更高处上升，把感觉留在下界”③。也就是说，必须“抑肉伸灵，收心内视”，才能观照更高的美，即使在自身找不到，那就从创造美中达到内心的自我完善。这里，普洛丁强调了人的内心世界对美的知觉过程，强调了人由感性感受引向心灵和宇宙的非物质结构，体现了从物质上升到灵魂和理性的趋势，具有超验性和宗教化的倾向，从而在精神上实现主客体的交融，达到一种和谐的美。普洛丁认为太一、理智和灵魂三位一体，虽然在普洛丁的美学世界里，神是以希腊诸神的群体性面目出现的，而不是像基督教所宣扬的唯一的神——上帝，但是他将神性引入和谐的概念中，这样，就产生了后来中世纪中神人和谐的和谐观。

中世纪时期：神人和谐，神是最高的美。中世纪之前的人们的感性和理性还表现为一种原始的同一状态，虽然沿着柏拉图和亚里士多德开辟的两种和谐道路发展，这种同一的内涵有着诸多差异，但是仍然体现出一种人和自然、社会的和谐趋向，宇宙和自然依然体现为最高的和谐。到了中世纪，基督教处于绝对的统治地位，基督教义成为制约人们的思想和实践的基础。上帝成为一种终极实在的造物主，是全能和全知、尽善尽美的，世人的幸福不在经验世界，而在于能否与上帝合一。中世纪的美学理论就是以古希腊罗马美学为基础，在基督教的文化的氛围中发展形成的，它的价值取向和形态特征都是以基督教神学为依据，因此是一种神学美学。在神学美学中，美始终是一个基本的概念，即“美在上帝”，美成为上帝的本性，上帝作为超验的存在，是美的依据，也是美和善的终极价值所在，美只是上帝和具体事物的某种关系。这很类似与柏拉图所说的理式和普洛

① 朱光潜：《朱光潜全集》第6卷，安徽教育出版社1990年版，第419页。

② 同上书，第412页。

③ 同上。

丁的流溢说。中世纪的和谐观念逐渐从古希腊罗马时代的感性与理性、精神与物质的和谐统一趋向于强调形而上学的思辨中的和谐，上帝成为和谐之源。人神相合成为中世纪美学和谐说的主要特点。

奥古斯丁建立了希腊教父们所难以企及的、更为完备的基督教美学。他的美学中的和谐思想在整个中世纪中都占有主导的地位。奥古斯丁的和谐观有一个从世俗走向宗教、由人性走向神性而最后消融于神性的变化发展的过程，在皈依基督教之前，他对美做了这样的规定："美是事物本身使人喜爱，而适宜是此一物对另一事物的和谐。"① 换句话说就是事物本身的和谐称为美，只是和谐有两种形式；一种是美，另一种是适宜。他对美持一种很朴素的看法，肯定美的存在具有一定的客观性。认为当事物的各部分彼此相似并处于一种和谐的关联之中时，它们就是美的，美存在于和谐、适当的比例之中，是表现在线条、色彩、音响的各个部分的关系中。此外，奥古斯丁还区分出美的较为具体的特征和规律，它们包括平衡、类似、适宜、对称、比例、协调、和谐等。在皈依基督教之后，奥古斯丁一切关于美的论述都是围绕着神——上帝。他认为虽然数是一切形式和美的根本所在，但也只是上帝无中生有的创造世界的原则之一，上帝按照数的原则去创造万物的美，"数适于一，一以其相等相似而美；其他各数皆依次附加于一"②。这样依次增殖，生生不已。他认为只有上帝才是美的本体，才是美本身，一切物质世界的美都来源于上帝。他说："天主是美善的，天主的美善远远超越受造之物。美善的天主创造美善的事物，天主包容、充塞着受造之物。"③ 他通过数的和谐，使审美活动上升到理性和灵魂，并与上帝相通。他认为形式和光彩是美的两个特征，二者都来源于上帝。他肯定了物质世界的美，但是这种美只是因为摹仿上帝的美而具有美，奥古斯丁把上帝认为唯一的真正的美，是物质世界美的来源，尘世中万物因为摹仿了上帝的美而体现出美与和谐。奥古斯丁也对于丑的存在进行了辩解，赋予了丑新的意义。他认为上帝创造的万物是和谐而有序的，万物都从上帝那里分得形式和光辉，虽然现实中的丑表现出残缺或者

① 奥古斯丁：《忏悔录》，周士良译，商务印书馆1981年版，第66页。

② 奥古斯丁：《论音乐》，转引自《美学译文》（1），中国社会科学出版社1982年版，第183页。

③ 奥古斯丁：《忏悔录》，周士良译，商务印书馆1981年版，第118页。

不足，但是丑的这种存在只是相对的，必须放在整体中考虑，任何事物都不能孤立地对待，“孤立的状态中令我们不快的事物，如果被置于整体中考虑，就会给我们以极大的快感”①。同时只要将事物调配得当或者运用适度，美丑是可以互相转化的。

托马斯·阿奎那认为和谐有不同的表现方式，首先是表现为各部分组合形成一个动态整体，部分服从于整体而形成的和谐；其次和谐还表现为一种尺度关系，体现在事物的多样性和统一性之中，甚至也涉及人的道德领域和人的行为。托马斯·阿奎那提出了双重的比例概念：“我们将比例一词用在两层含义上。在第一层含义上，它指一个量同另一个量的复杂关系；而在这个意义上，‘双倍’、‘三倍’与‘相等’是比例的诸类型。在第二层含义上，我们说比例是一部分同另一部分的关系。在这个意义上，创造物同上帝才可能有比例，因为创造物同上帝的关系也如效果与原因或可能与行为的关系一样。”② 中世纪美学还没有成为一个独立的学科，神学家们虽然在神学问题上争论不休，但是在美学问题上观点却是要相对一致，这主要基于对于上帝作为美的本质和来源的共同认识，不同的只是从不同的方面或者角度进行认识和论证。托马斯·阿奎那并没有专门进行美学研究，他的著作中关于美的问题的部分只是为了他的神学哲学美学的体系服务，他对于美在形式的探讨并不是针对美学问题，而是为了论证“三位一体”中圣子的属性，这也使他的美学思想中依然体现出浓厚的神学色彩。在但丁的美学思想里，神人并存，上帝仍然居于美的最高位置，智慧之光是美的最高体现，和谐是属于人神共处的和谐，这种人神和谐共处的神圣天国就是但丁理想中的社会存在，这也体现为这种分层次的美的差异性存在。他把天堂描绘成充满永恒之光的世界，“我看见在几千盏灯之上有一个太阳（上帝。——引者注），他照明一切，在那活泼的光中，透出明亮的本体，其明亮的程度使我的眼光受不住”③。同时，但丁环视周围的美的鲜花和人：“他们都要是借光于那上面更热烈的、不可逼视的光源。”（同上）也就是说，因为光使物质具有形式和色彩，而上帝也赋

---

① ［波］沃拉德斯拉维·塔塔科维兹：《中世纪美学》，诸朔维译，中国社会科学出版社1991年版，第75页。

② 同上书，第317页。

③ 但丁：《神曲》，朱维基译，上海译文出版社1984年版，第265页。

予事物以形式和色彩，在这个意义上，光就等同于上帝，代表着上帝。在他的《神曲》所描绘的世界中，神不但居于最高的存在地位，而且神还规定着人类世界的运行规则和秩序。他用圣父、圣子、圣灵三个圈环来构筑他理想中的神圣世界。尤其是在《神曲·天堂》里最后一歌中描写道："三个圈环，三个圈环，有三种不同的颜色，一个容积；第一个圈环仿佛为第二个所反映入彩虹为彩虹所反映，第三个是相等地从这两者里发出的一片火光。"他用一个容积包含有三种不同颜色的三个圈环去表示三位一体的概念，把上帝描写为光辉不朽的形象。这样的描写，无疑是受神学影响的结果。①

可以说，中世纪的美学发展是在神学的笼罩下进行的，在这过程中人性之美逐渐显露、突出并逐渐与上帝抗衡。追求美与和谐仍然是美学的主要特征，上帝依然是至美大美，是美的根源，虽然神人以合依然是和谐的主要特点，但是人从神的仆人逐渐成为和谐体的主体、主导和目的。在这个过程中，感性力量的复苏使神人以合的和谐中感性的比重增大，为文艺复兴做好了理论上的准备。如同阎国忠教授在《美是上帝的名字——中世纪神学美学》一书中所指出的："上帝实则是人类的'蛹'，任硬的外壳并不是用来束缚生命的，而是保护和升华生命的；不经过'蛹'的蜕变，人类也许永远像动物一样滞留在地面上，不能想象翱翔的奥妙。"中世纪美学的和谐里虽然上帝为大，但是人和上帝的地位开始发生变化，美从上帝那里开始逐渐回归到人性本身。

中世纪的美学散发着神学的光芒，和谐来自于对神的呼应。随着文艺复兴中人的地位的提升，神的权威开始逐渐消解，人性开始复苏，对此，乔万尼·比科学说："人就像上帝，人是整个世界的中心和关键，人是大自然的解说者。"② 人成为时代的主题，人和自然成为和谐的主要内容，大自然自身的和谐成为最高的和谐，也是至高之美，这样人体的自然天成之美也成为艺术上的最高境界的美，这可以从文艺复兴时期人体画的兴盛得到证明。"肉体是我们的存在中十分重要的部分，在其中占有重要地

① 杨恩寰：《西方美学思想史》，辽宁大学出版社1988年版，第149页。

② 凯·埃·吉尔伯特、赫·库恩：《美学史》上卷，上海译文出版社1989年版，第234页。

位。因此，他的构造和特点理所当然地受到特别地注意。”[①] 文艺复兴时期重视自然，艺术创作中也主张“师法自然”，自然甚至是宇宙是最大的和谐整体，也是最真的存在，更是美的原因所在，因此真实和自然成为美的最高要求。这种真实既指自然界万物的真实存在，也包括人的现实世俗生活的真实。人和自然成为艺术上的主要表现对象，尤其是对于肉体的重视成为文艺复兴时期艺术的主要特色，即使是传统宗教题材的基督、圣母画像也开始用现实生活中的人的形象来表现神性，圣母也由完全不食人间烟火的“上帝之母”变成袒露乳房哺育自己儿子的人间母亲。美学上体现出对比例、尺度的强调，以达到真实、自然的目的。达・芬奇认为和谐是事物的本质属性，提出了“黄金分割率”，把比例推崇为“神圣的比例”，终生寻找完美的数学尺度和比例，并且认为“美感完全建立在各部分之间神圣的比例上，各特征必须同时作用，才能产生使观者往往如醉如痴的和谐比例”[②]。这种和谐比例也就是美。也就是说，和谐来自比例协调的整体。“美不再是某一特殊部分的闪烁，而在所有部分总起来看，彼此之间有一种恰到好处的协调与适中，没有一部分凸出到压倒其他部分，以至失去其余部分的比例，损害全体结果的完整。”[③] 这种观点，仍然是古希腊时期“美在于和谐”的延续，即强调事物整体与部分之间的和谐，仍然是古希腊古典主义美学的一种回归。但是人们更多的是从科学的途径，利用光学、解剖学和数学等多种知识去寻求和谐与美。

随着近代哲学的转向，美学也从本体论走向认识论，美学研究的主要对象由审美客体逐渐转向审美主体，人的审美经验或者审美意识开始上升为美学研究的主要问题。建立在二元本体论基础上的西方人注意从人的内在精神或者外在感性寻找美，这在英国经验主义美学和大陆理性主义美学中表现得尤为突出。他们的共同的出发点都是人，在美学上则表现为从认识论的角度来探讨美和美感的形成，这种美学思潮其实是追求人的主体的和谐的一种反映。由于对认识的起源见解不一，也导致对在美学观点上的分歧的形成。经验主义者从审美对象的感性性质和形势因素以及审美主体

---

① 《蒙田随笔全集》，潘丽珍等译，译林出版社 1996 年版，第 340 页。

② ［意大利］达・芬奇：《芬奇论绘画》，戴勉编译，人民美术出版社 1979 年版，第 57 页。

③ 北京大学哲学系美学教研室编：《西方美学家论美和美感》，商务印书馆 1980 年版，第 80 页。

的情感体验中来解释美，甚至从人的内在感官方面来探讨美的形成。例如夏夫兹博里认为美感是人的“内在感官”，也称为“内在的眼睛”或者“内在的节奏感”，能直接判断出秀雅与和谐。而休谟则认为美就在人的心上，这是美与和谐的直接来源，他认为美是人心上所产生的效果，是人心的特殊构造使人可以感受这种情感。在休谟看来，美只是审美主体心中的一种感觉，来自特殊的心灵结构，人的心灵结构的差异导致每个人对美的感受的不同。“美是各部分之间的这样一种秩序和结构，由于人性的本来构造，由于习俗，或是由于偶然的心情，这种秩序的和结构适宜于使心灵感到快乐和满足，这就是美的特征，美与丑的区别也就在此。”① 而斯宾诺莎就将美归于人的思想模型上，认为决定事物美或者不美，只能从心灵的角度做出选择，他说：“我绝不把美或和谐或纷乱归给自然，因为事物本身除非就我们的想象而言，是不能称之为美的或丑的、和谐的或紊乱的。”② 在对感性经验重视的同时，理性主义者从理性的角度探讨了美的成因，理性取代了上帝成为解释一切的依据。笛卡儿就认为在审美过程中，理性是可以超越感性成为一切的尺度的，理性是天赋的。莱布尼兹的“前定和谐”论则将和谐看作是一种先验的不证自明的存在，美就来自这种“前定的和谐”，大自然就是最好的例证。虽然他的这种说法是为了验证上帝的存在，但是从根本上说，还是突出了理性的万能，并且他将目的因引入对世界和美的解释中，从形而上学的角度寻找美的最终原因，也直接影响了康德、席勒的美学思想道路，康德的“自然的合目的性”的先天概念就是这种先验原则的体现。其实感性主义和理性主义都只是片面地强调了主体人身上所具有的双重属性的一个方面，二者也必将走向融合。因此，狄德罗就从主客体统一的角度提出了“美在关系”，认为只有主体与客体之间的关系才能产生美；鲍姆加登则正式将感性和理性引向融合，从主观与客观、形式与质料、有限与无限统一的角度寻找美。美学中的和谐就走向了人自身，个体自身的身心和谐成为主要追求目标。到了法国大革命前后，启蒙运动的发展和德国的社会现实，就让席勒将社会个体与国家政治联系在一起，从客观上说，这是社会历史发展在美学上的必然趋向。

---

① 《朱光潜全集》第6卷，安徽教育出版社1991年版，第517页。

② 《斯宾诺莎书信集》，洪汉鼎译，商务印书馆1996年版，第142页。

三　从席勒到马克思到法兰克福学派的社会批判

德国古典美学是德国古典哲学中思维与存在这个核心命题在美学上的回答，从康德开始用美学沟通自然和自由两大领域开始，德国美学家们就开始沿着这条道路不断地做出回答。康德将这种统一在审美的“主观的合目的性”实现，席勒则更多地注入了客观现实的因素，用审美教育来实现人自身感性和理性的统一，而黑格尔则将自然与人统一在精神的不断上升的历史阶梯中，“美就是理念的感性显现”。因此，一般比较一致的看法是，在康德的主观唯心主义到黑格尔的客观唯心主义之间，席勒美学思想起了一个桥梁的作用。[①] 李泽厚则从美学对感性的关注角度认为席勒完成了康德与马克思之间的过渡[②]。但是我们应该看到，随着美学在现代社会的继续发展，席勒美学思想中强烈的现实批判性却让他成为另外一条线索的起点，这条线索并不是沿着具体的美学理论自身的发展进行的，而是就美学对现实的批判而言，席勒—马克思—法兰克福学派之间，虽然时间上没有承继性，尤其是席勒与法兰克福学派之间相隔了一个多世纪，但关注人的现实生存、追求人的解放的共同目标却让他们在美学方面有很多地相似性，美学更多地具有了社会批判方面的意义。因此，从这个角度来看，席勒的美学思想影响深远。

1. 从对现实的强烈关注而言，从席勒到马克思到法兰克福学派都表现了强烈的社会批判意识，这是贯穿在他们之间的一条非常明显的红线，虽然他们为此提出的解决方式并不相同。康德是德国美学的源头，但是在康德的美学思想里看不到现实，而在席勒之后的黑格尔注意的只是精神、理念如何历史地实现的问题——他的美学甚至主要是一种艺术理论，或者说是一部艺术的哲学思辨史，现实被淹没在宏大的历史总体中，看不到个体的、感性的人的生存状态。席勒美学与他们的不同之处在于席勒不是为美学而思考美学，他对美学进行思考的出发点是对社会现实问题的深刻关注，美学思想只是这个现实问题的一个思考与回答，因此，席勒的美学思想虽然可以成为康德与黑格尔之间的桥梁，但是在对现实的关注和对社会

① 毛崇杰在《席勒的人本主义美学》对此问题有详细的论述。

② 李泽厚：《批判哲学的批判——康德述评》，生活·读书·新知三联书店 2007 年版，第 436 页。

的批判方面，席勒却独树一帜成为先行者。席勒提出了一个非常现实的问题——人如何在现实中成为自由的人？这个问题是人类对自我认识发展的必然，应该说人类的发展就一直为此而努力着。席勒的美学思想是伴随着他对现实的强烈关注而产生的，这个现实就是资本主义机器化大生产条件下人的生存状态，虽然那还处于资本主义社会发展初期，但在物质生产力得到提高的同时，人的生存状态也远离了自己的本真状态，这种本真状态就是席勒所指出的古希腊那样人性的充分发展与体现，即感性和理性能够得到统一。席勒指出那个时代的人却处在一种“碎片”化的生存状态中，人性处于分裂的状态。席勒深深地意识到了机器化大生产对人所产生的影响，席勒对此展开的分析开始了他的社会批判之路，也开启了他对现代文明社会的批判大门，他的美学思想也就是他给出的问题的答案。因此，从席勒开始，美学开始介入了现实，逐渐地向社会理论靠拢，也具有了更广阔的发展空间。随后的马克思面对的也是德国及整个资本主义世界，马克思更深刻地看到了他所处的时代状，对资本主义的社会现实展开了自己的批判。马克思指出由于资本主义生产方式的进一步发展，生产力虽然得到很大解放，但社会上的人开始阶级分化，不同阶级之间处于对立的状态之中。由于资本主义生产关系的存在，表面上看劳动者是通过自己的劳动来获取金钱并取得自己的生活资料，实际上劳动者的肉体和精神都处于屈辱状态，“工人生产得越多，他能够消费的就越少；创造价值越多，他自己越没有价值；工人的产品越完美，工人自己越畸形；工人创造的对象越文明，工人自己越野蛮；劳动越有力，工人越无力；劳动越是机巧，工人越愚钝，越是成为自然界的奴隶”①。马克思用栩栩如生的语言描述了工业化的残缺和破坏性的影响，并揭示了异化劳动的存在根源，指出了资本主义社会发展对人所带来的负面作用，“劳动为富人生产了珍品，却为劳动者生产了赤贫；创造宫殿，却为劳动者创造贫民窟；劳动创造了美，却使劳动者成为畸形。……劳动生产了智慧，却使劳动者愚钝、痴呆”②。马克思深刻地发现了“美的规律”，进一步为指出了人的全面发展的道路。可以说，马克思和席勒几乎是同时代人，都表示了对时代问题的关注和思

① ［德］马克思：《1844 年经济学哲学手稿》，刘丕坤译，人民出版社 1985 年版，第 49 页。

② 同上书，第 49—50 页。

索，二人对时代状况的描述有异曲同工之妙，但是席勒更多关注的是个体的普遍存在，而马克思则更多的是从政治经济状况看到了人类发展未来走向，虽然马克思的思想不断地发展，但是正如朱光潜在《西方美学史》所说："席勒的美学思想是充满着矛盾的。要认识这种矛盾，最好的办法之一是就席勒的《审美教育书简》和马克思的《1844年经济学哲学手稿》来进行一番仔细的比较。马克思在这部名著里所讨论的问题，如'劳动的异化'，人的全面发展，人与自然的统一，最高的人道主义以及艺术在人的全面发展中所占的地位之类的重大问题，正是席勒所论述到而且努力要求解决的。马克思在一些论点上可能受到席勒的启发。"① 对资本主义制度下人的自由与解放也成为法兰克福学派的根本出发点。作为影响最大的西方马克思主义派别之一，法兰克福学派最主要的理论观点被称为"社会批判理论"。由于其对意识形态和文化批判的格外关注，所以也有人把"社会批判理论"理解为意识形态批判理论和文化批判理论。② 他们关注资本主义文明社会下个体的命运与生存，推崇人的主体性和创造性，认为在资本主义社会异化日益严重的背景下，物质极大丰富的同时却带来了人的生存的片面化和狭隘化，生命主体性维度丧失，甚至出现了马尔库塞的"单向度"的人、卡夫卡笔下的"变形人"等被异化的人。阿多诺甚至指出我们生活其中的社会已经"石化"为"第二自然"，从中不能找寻出任何意义。因此，法兰克福学派"以马克思的批判理论的继承者自居，同时兼收青年黑格尔派的批判理论、存在主义和弗洛伊德的精神分析学，企图调和并综合这些理论，形成以现代人道主义为核心的、尖锐批判现代资本主义的'社会批判理论'"③。法兰克福学派的批判理论家们不断强调：如果人们想要从社会束缚下解放出来，就必须摆脱各种意识形态的操纵，对现有的社会意识形态进行全方位的批判。④ 霍克海默、马尔库塞、哈贝马斯等都对资本主义社会的意识形态、大众文化、社会心理、技术理性等方面都展开了批判。霍克海默曾明确指出，批判理论首先是作为一种政治实践，其次才是作为一种理论出现的。因此，批判性地关注现

---

① 朱光潜：《西方美学史》，人民文学出版社2003年版，第459页。

② 参见马驰《"新马克思主义"文论》，山东文艺出版社1998年版，第158页。

③ 朱立元主编：《当代西方文艺理论》，华东师范大学出版社1997年版，第195页。

④ 参见周宪《二十世纪西方美学》，南京大学出版社1997年版，第107页。

实并寻求解决之道是席勒、马克思和法兰克福学派的共同特点。

2. 从对感性的重视和对启蒙理性的批判而言，从席勒开始经过马克思在法兰克福学派那里得到强烈的呼应。当然，在他们之间，“感性”的内涵不是完全一致的，席勒的感性既作为一种认识能力而存在，也作为一种生命的存在意味。马克思的“感性”更多是在批判费尔巴哈的感性理论的基础上形成自己的感性观念，认为感性已经等同于人的实践活动。而作为西方最大的马克思主义哲学流派，法兰克福学派的社会批判理论虽然内容庞杂、观点各异，但是他们对于技术理性的批判却显示了他们对人的感性生存的重视，对于他们来说，感性更强调了人的个性与自由生存。因此，从对人的生命的整体存在而言，从席勒到马克思到法兰克福有着一致的追求。应该说，对理性的批判和对感性的重视是启蒙运动内在矛盾发展的一种必然，但是在席勒这里，由于有自身经历的因素，虽然有康德、卢梭、歌德等人的影响因素，但更多的是他对人的生存状态的关注与思索。在当时的启蒙运动中，高扬人的理性，理性享有立法权的地位，成为人们判断一切的准绳。席勒敏锐地指出：“只要把这种判断当作‘有立法权的’来加以运用，在做这样判断的时候，规定功能就会冒充感觉功能。这样一来，大自然也许可能还会一再有力地触动我们的器官——但它千变万化的现象对我们来说却丧失了，因为我们在大自然中不寻找任何别的东西，只寻找我们给它加进去的东西，因为我们不允许大自然向内朝着我们运动，而是相反，我们自己以急切地进行干预的理性向外朝着大自然追逐。”[①] 理性带来了科学的发展，带来了物质的丰富和生产力的发展，使现代人的整体能力要远远超过古代人，但是席勒认为人并没有实现完整的存在，社会分工的需要使个体的人片面发展了自己的天性。人不是完整和谐的个体，而是成为人性片面发展的碎片。同时，席勒看到理性至上的原则也影响了人与人之间的关系，实用主义成为人们奉行的行事标准，人与人之间变得冷漠和自私。席勒对此进行分析：“究竟是由于我们的欲望的强烈所致，还是由于我们的原则所致，是由于我们的感官的自私所致，还是由于我们理性的自私所致，这是很难确定的。”[②] 对于席勒来说，感性在一定意义上仍然具有认识能力方面的内容，但更重要的是感性与人的生

① ［德］席勒：《审美教育书简》，冯至、范大灿译，上海人民出版社，第106页。

② 同上书，第106、107页。

存状态紧密相关。

应该说，在感性的问题上，马克思更多的是与费尔巴哈的感性有着直接的关系，在《关于费尔巴哈的提纲》中，马克思说："费尔巴哈不满意抽象的思维而喜欢直观；但是他把感性不是看作实践的、人的感性的活动。"① "直观的唯物主义，即不是把感性理解为实践活动的唯物主义至多也只能达到对单个人和市民社会的直观。"② 因此在马克思的思想里，人是现实的个人，是自然、社会、个人所组成的有机的动态开放整体系统的中心，感性更多的是指为人的生命存在方式的现实活动，而这也不能说和席勒的观点没有相同之处，当然，哲学基础的不同，也是二者思想相异的主要原因。但是马克思同样是要解决异化的问题才展开对理性的批判，这种批判更多的是从政治经济学的方面进行的，将理性的发展与人类社会的发展联系在一起。马克思在《资本论》里详细描述了资本主义制度发展的不同阶段机器大生产对劳动者所产生的不同的影响，正如恩格斯所说："由于劳动被分成几部分，人自己也随着分成几部分。为了训练某种单一的活动，其他一切肉体的和精神的能力都成了牺牲品。"③ 马克思是站在人类终极发展的高度上来对此进行批判的，指出了资本主义制度下的这种劳动异化只是为了未来的社会创造提供物质基础，马克思提出了著名的"三大社会形态"理论。马克思指出："人的依赖关系（起初完全是自然发生的），是最初的社会形态，在这种形态下，人的生产能力只是在狭窄的范围内和孤立的地点上发展着。以物的依赖性为基础的人的独立性，是第二大形态，在这种形态下，才形成普遍的社会物质交换，全面的关系，多方面的需求以及全面的能力体系。建立在个人全面发展和他们共同的社会生产能力成为他们的社会财富这一基础上的自由个性，是第三个阶段。第二个阶段为第三个阶段创造条件。"④ 而在人类发展的未来，人必然呈现为一种审美化的生存状态。

应该说，马克思理论在自身逐渐发展的过程中，处处都闪烁着时代的精华。他的早期批判思想尤其是《1844 年经济学—哲学手稿》就通过对

---

① 《马克思恩格斯选集》第 1 卷，人民出版社 1995 年版，第 56 页。

② 同上书，第 56—57 页。

③ 《马克思恩格斯论教育》，人民教育出版社 1979 年版，第 206 页。

④ 《马克思恩格斯全集》第 46 卷上，人民出版社 1995 年版，第 104 页。

费尔巴哈和黑格尔哲学的继承与超越，对资本主义社会展开了自己的批判，重要的是他将人类解放的前景与人类异化史的理性反思结合起来，体现出强烈的主体性思想以及意识形态批判精神，这就极大地启发了法兰克福学派。他们以《巴黎手稿》的解读为基础架设起他们心目中的马克思主义的人学框架，继承并发展了马克思异化劳动思想中的人本主义思想，将批判的领域从生产领域拓展到文化和生活领域，对人的物化和片面化存在展开了批判性的反思，因此，他们所批判的社会问题具有本质的一致性，都是一种否定性的批判理论。不过马克思是从生产劳动出发在政治经济领域对资本主义社会进行批判，而法兰克福学派更多的是从启蒙、理性出发，以理性文明的视野针对现代社会中的消费主义、大众文化、生态危机等进行批判。但二者的社会批判在思想基础和话语资源方面有着众多的相关性。

法兰克福学派在马克思的优秀思想成果的基础上，吸收并改造了韦伯、卢卡奇、弗洛伊德等人的思想，通过自身理论思想的发展、演化、完善，逐渐形成了独具特色的社会文化批判理论。在法兰克福学派中更多的是表现了对启蒙理性的强烈批判，这种批判更多的是与意识形态和文化艺术领域联系起来。这既与当时德国的极权统治有关，也与当代科学技术发展对人类所造成的负面效应密不可分。在法兰克福学派看来，理性是自由的思维主体借以超越现实的一种能力，也是人们依照自然科学模式形成个人和社会生活的倾向。在近代启蒙主义无可怀疑的进步信念中，世界确实在启蒙理性的号召下发生了巨变，通过理性的引导，人类从恐惧、迷信中解放出来，人们相信是可以了解自然并进而控制自然的，由此也确立了自己的主体地位，这的确推动了历史的进步。但是随着启蒙精神的进一步发展，启蒙所设想的历史轨迹与实际的历史走向开始发生偏差，“启蒙根本就不顾及自身，它抹除了其自我意识的一切痕迹，这种唯一可以打破神话的思想最后把自己也给摧毁了”①。霍克海默和阿多诺尖锐地指出，在启蒙的召唤下，“人们从自然中想学到的就是如何利用自然，以便全面地统

① 这里，霍克海默和阿多诺沿用了马克斯·韦伯的说法，见霍克海默、阿多诺《启蒙辩证法》，曹卫东编，上海人民出版社2003年版，第2页。

治自然与他者，这就是其唯一的目的”①。理性与现代科学技术的结合所形成的技术理性主义文化信念，随着科学技术所显示出来的巨大作用，依照自然科学的模式塑造人和社会生活已成为当代理性主义的趋势，现代科学技术已聚合成一种全面统治人的总体力量，这虽然给人们带来丰裕的物质生活条件，但是与之而来的是一些关于人类命运的全球性的问题，生态破坏、环境恶化、人口膨胀……人的主体性地位丧失，自由和个性遭到扼杀，人们精神产生无家可归的感觉，缺少高层次的精神目标，只是追求着物质的享乐和感官的低层次需要，丧失了人的意义。这都是人类片面追求理性以及理性片面化的恶果。在霍克海默与阿多诺看来，人类依靠理性科技的力量逐渐走上了凌驾于客观事物和自然界之上的历史进程中，“人类不是进入到真正合乎人性的状况，而是堕落到一种新的野蛮状态”②。这是启蒙运动的反面。因此，法兰克福学派从科技意识形态、大众文化、人格心理和美学等多个方面对资本主义后期的技术理性展开批判，目的都是将人从被奴役的、不自由的状态中解放出来，而这与席勒、马克思所追求的目标有着内在的一致性。

3. 席勒、马克思和法兰克福学派都重视审美和人的自由解放的关系，美和艺术的作用与人的生存状态密切相关。席勒的《审美教育书简》首先提出审美救世的主张，虽然这种思想在当时是无法实现的，但是他接触并试图解决的问题在马克思的《手稿》中得到了重视，马克思对席勒的美学观点进行唯物主义的改造，将审美与生产劳动、与社会变革联系起来考察，指出人类未来的审美化生存的前景所在。而法兰克福学派重新拾起席勒美学发展的美与艺术的批判与救世功能，发掘出美学潜在的政治功能，将审美理论与人和社会的现实改造结合起来，美学作为一种批判现实的力量承担起解放意识、消除异化和社会压抑、改造社会的革命重任。美学走向了政治化，理论的美学变成革命的美学，这既是席勒美学思想在新的历史条件下的发挥，也是马克思主义理论的一个有益的补充。

对于席勒来说，他的美学思想就是当时政治环境所催生的产物，无论

---

① ［德］霍克海默、阿多诺：《启蒙辩证法》，曹卫东编，上海人民出版社 2003 年版，第 2 页。

② ［德］霍克海默、阿多尔诺：《启蒙辩证法》，洪佩郁、蔺月峰译，重庆出版社 1990 年版，第 1 页。

是暴力手段还是审美教育，都是一种实现社会变革的手段。席勒毫不掩饰自己的现实政治目的，提出“人们在经验中要解决的政治问题必须假道美学问题，因为正是通过美，人们才可以走向自由”。[①] 通过审美教育来实现分裂的人性的弥合，个体的人成为人性完整的个体，造就人格高尚的理想公民，席勒认为这是实现理想国家的当务之急。因此，席勒展开对人性的分析，认为自由是“人之为人”和“美之为美”的共同本质，由于本质的一致性，就可以借审美来实现人性的弥合，这种弥合的状态，即席勒所说的感性和理性统一的状态，就是自由的状态，也就是人的“类本性”得以实现的状态。席勒认为必然存在一个审美王国，这是一个由美来主宰的自由世界，人与人没有利害纷争，都是自由的公民，都享有平等的权利。虽然席勒只是将这个审美王国当作一个从自然国家向道德国家的过渡状态，但是他描述的自由王国中的人的存在状态却成为人类存在的一种终极理想。

席勒在分析美的规律问题的过程中，虽然是从唯心主义的立场出发，但是他在分析人性现实的时候触及了很多现代社会的根本性问题，如人的“碎片化”、人的全面发展、美感和艺术在人的全面发展中的作用等，而这启发了马克思，马克思的《手稿》虽然不是专门研究美学的著作，直接涉及美学的也不多，但是对于审美问题的论述却具有重大的意义。重要的是，马克思不但在《手稿》中谈论美学，而且当思想成熟转向研究政治、经济、哲学后，在他的一系列著作如《资本论》《政治经济学导论》中，也没有抛弃美学问题。马克思并不否定人类存在这样一个理想王国的可能性，但是他批判了席勒的唯心主义，对席勒的“美的规律”进行唯物主义的改造，指出劳动先于审美，审美活动是社会生活的产物。马克思指出人类社会的生产是按照“美的规律”进行生产的，只是这种“美的规律”不是席勒的主观的“精神的某种自由”，而是“任何物种的尺度”以及“内在固有的尺度”的统一，也就是事物客观的特性及规律与人的目的和要求的统一，“自由不在于在幻想中摆脱规律而独立，而在于认识这些规律，从而能有计划地使自然规律为一定的目的服务”。[②] 马克思将席勒的美学思想扩展为一种社会理想，并从现实社会结构分析入手发现了

① ［德］席勒：《审美教育书简》，冯至、范大灿译，上海人民出版社2003年版，第21页。

② 《马克思恩格斯选集》第3卷，人民出版社1972年版，第153页。

这种社会理想终将实现的必然性，“事实上，自由王国只是在由必需和外在目的的规定要做的劳动终止的地方才开始；因而按照事物的本性来说，它存在于真正物质生产的彼岸，像野蛮人为了满足自己的需要，为了维持和再生产自己的生命，必须与自然进行斗争一样，文明人也必须这样做；而且在一切社会形态中，在一切可能的生产方式中，他都必须这样做。……这个自然必然性的王国会随着人的发展而扩大，因为需要扩大；但是满足这种需要的生产力同时也会扩大。这个领域内的自由只能是：社会化的人，联合起来的生产者，将合理地调节他们和自然之间的物质交换，把它置于他们共同的控制之下，而不让它作为盲目的力量来统治自己；靠消耗最小的力量，在最无愧于和最适合于他们的人类本性的条件下来进行这种物质交换。……但是，不管怎样，这个领域始终是一个必然王国。在这个必然王国的彼岸，作为目的本身的人类能力的发展，真正的自由王国就开始了。但是，这个自由王国只有建立在必然王国的基础上，才能繁荣起来。工作日的缩短是根本的条件”①。因此，马克思纠正了席勒将审美活动当作克服异化、实现社会改造的唯一方法的偏颇，科学地指出了在现实中实现自由王国的正确道路，即通过客观社会条件的变革，实现社会制度的根本改造，以达到人的全面发展。

应该说，法兰克福学派更多的是继承发扬了席勒的美学救世思想，把美学或艺术问题置于政治问题解决的核心。他们不是为美学而走向审美和艺术，而只是将美学作为一种政治问题的解决途径。法兰克福学派学者阿多诺、本雅明、马尔库塞等人的著述中美学、文艺学的内容占有很大比例，英国学者戴维·麦克莱伦就认为：“法兰克福学派的最引人注目的成就是美学领域。”② 这种对美学的关注既与法兰克福学派的社会批判背景有关，也与他们在社会政治领域的失败有关，这种理论的转向与席勒很类似，因此，对于法兰克福学派来说，对美和艺术进行抽象的探讨不是他们的主要目的，美学的批判和拯救的现实功能才是他们关注美学的目的所在。阿多诺指出：“艺术的社会性主要因为它站在社会的对立面……（艺术）通过凝结成一个自为的实体，而不是服从现存的社会规范并由此显

---

① ［德］《马克思恩格斯全集》第25卷，人民出版社1972年版，第927页。

② ［英］戴维·麦克莱伦：《马克思以后的马克思主义》，余其铨等译，中国社会科学出版社1986年版，第348页。

示其‘社会效用’，艺术凭借其存在本身对社会展开批判……艺术只有具备抵抗社会的力量时才得以生存。”① 马尔库塞当出版商时候曾经编订过席勒的《美育书简》的详注本，因此他的美学思想更多地受到了席勒的影响。马尔库塞看到了席勒美学思想中的革命因素，但他认为现在的革命并不是社会政治的革命，而是文化的革命。马尔库塞认为人原有的感性本能在资本主义大生产条件下已经屈从于理性的统治，成为理性驯服的工具，而审美与艺术具有心灵解放的功能。因此，艺术是自律性与社会性的辩证统一，它虽然不能改变社会存在，但是可以通过改造现实世界中的男女的思维意识来间接达到改变世界的目的，“显然，对世界的物质改造，需要对它的符号、意向、观念进行精神的改造”②。依靠审美建立起“新感性”，这种“新感性”类同于席勒的“感性”含义，是一种在理性与感性和谐相处基础上的人对世界的感觉方式，具有改造社会的现实力量。对于法兰克福学派来说，用美学来代替革命，用艺术来代替政治以实现人生的拯救是他们的主要目的所在，因此，法兰克福学派建立了一个和席勒类似的“审美乌托邦”，也和席勒一样没有指出从艺术思维的意识领域转向实际行动的实践领域的具体措施，但是不能否认的是审美和艺术在引领人们精神情操、培养高尚人格方面所起的巨大作用。由于法兰克福学派并不是从根本上反对资本主义制度，只是从意识层面来对资本主义社会的弊端提出解决方案，而这并不能带来现实问题的解决，因此，法兰克福的审美乌托邦注定无法完成社会变革的历史重任。但他们对人的精神层面的重视尤其是对审美和艺术的作用丰富了马克思主义的思想，是对马克思主义理论的一个侧面的深刻发挥。

由此看出，席勒为社会发展提供了一种线索，将审美与社会现实联系在一起，注重美对现实个体生存状态的影响，虽然他是站在唯心主义的立场上，但是他从人的发展的角度来对现代社会展开批判，这种思路在马克思尤其是在法兰克福学派身上都能清晰地看到。只是，由于他们处于不同的时代状况下，哲学基础也存在很大差异，因此他们的学说体现很大的相异性，不可否认的是，美学的社会批判性质都存在其中。

---

① ［德］阿多诺：《美学理论》王柯平译，四川人民出版社 1988 年版，第 386—387 页。

② ［美］马尔库塞：《审美之维》，李小兵译，广西师范大学出版社 2001 年版，第 69 页。

第三节 和谐社会的现实建构与席勒美学思想的现实意义

人类对一个和谐的社会的追求伴随着人类发展的历史，虽然人们所设计的和谐的社会的社会形态各不相同，但都朝着人、自然与社会三者之间关系的和谐而努力。因此，和谐社会作为一种社会状态，只是通过社会内在结构的描述来反映社会形态的发展情况，并不专指某种具体的社会制度和社会形式的社会形态，也不等同于社会主义社会。和谐社会既是一种社会状态的描述和判断，更是对于社会美的一种最高的审美理想。我们目前所进行的社会主义的建设就是对社会主义建设未来发展的一个规划，是针对现实问题而对自身的一种调整，也是社会主义建设的继续。但是，由于各种实际情况，我们现代化的过程中，政治、经济、社会发展等各方面都出现很多不和谐的因素，我们面临越来越严重的社会文化问题和精神危机。从20世纪前半期，席勒美学思想一直伴随着我们现代化的进程，他的美育思想与中国传统美育思想融合在一起，一直推动着中国教育的实践，给我们带来很多有益的启示。因此，在社会主义社会的建设中，我们要实现中国梦，就要注意人性的满足和发展的问题，以人为本制定各项合理的政策；重视教育在道德和素质养成中的巨大作用，通过美育实现和谐个体的自我生长；树立崇高的审美理想，积极推进文化建设，席勒美学思想中的合理因素也必将促进我们社会主义社会的建设，在中国梦的实现过程中起着巨大的作用。

一 和谐社会的现实建构

从古到今，人们都向往一个和谐的社会，但是由于时代所限，在人们自身和社会的发展中，不同历史条件下对和谐社会的形态也有着不同的要求，人类历史上各种关于理想社会及其涉及的乌托邦的思想和实践就有着不同表现，例如，封建社会中设想的和谐社会与资本主义社会中设想的和谐社会就有着本质的不同。所以，和谐社会不是某一种固定的社会存在形态，而只能是对一种社会形态发展到一定阶段的状态的描述。这种描述不是关于社会存在的本质的、客观的描述，而是社会形态的某一方面、某一特征的表现，通过对社会内在结构的描述来反映社会形态的发展情况。由于社会状态没有形态限制，因此，即使在封建社会或者是资本主义社会，也可以出现相对和谐的历史局面。所以，我们必须明确，和谐社会是在社会状态界面上存在的一个范畴，它与具体的社会形态有着明显的不同，不能将二者混为一谈。

马克思曾经将社会形态概念作为历史分期理论的重要范畴，对人类社会的历史发展轨迹作出科学的历史分期。在马克思主义历史分期理论中，无论是“三分法”还是“五分法”，以及后来学者读解而补充的“二分法”、“四分法”以及“六分法”，都是对社会发展的宏观层面的分析，对社会形态的历史更替规律的探讨。我们通常所说的封建社会、资本主义社会以及社会主义社会等就是在社会形态层面上对人类社会发展状况所做的界定，不同社会形态界限十分明显。而社会状态只是对某种社会形态具体发展状况的描述或者规定，以表现出该社会形态的阶段性和多样性。在马克思的著作中，对于社会形态和社会状态在文字上没有进行严格区分，多用“社会形式”、“社会关系”、“社会状况”的字眼，只是在《政治经济学批判》导言中阐述生产条件时第一次提到了“社会状态”，“或多或少促进生产的条件，如像亚当・斯密所说的前进的和停滞的社会状态”①。由此我们可以看出，社会状态就是对社会的某个特定时期的社会系统中的各个部分之间关系的描述。只要社会各要素处于一种相互协调的状态，社会的政治、经济、文化、生活等各个领域紧密联系、互相协调，社会问题相对较少，社会运转正常有序，都可以称为是和谐的社会，封建社会的“田园牧歌”、现代资本主义社会的“福利社会”等都是在特定情况下出现的相对的社会和谐状态。因此，和谐社会可以出现在封建社会，也可以用来描述资本主义社会，而社会主义社会中同样也存在着特定的和谐社会状态，未来的实现中国梦的社会也必定是一种和谐的社会状态。

和谐社会作为一种社会状态的描述必然体现在具体的社会领域中，体现在社会存在的各种关系的协调发展和良性运转中。唯物史观认为，在实践基础上构成的普遍意义上的社会有机体具有两个最基本的要素：一个是人，另一个是自然。人成为构成社会的基础，必须在相互依赖所组成的各种关系中才能从事各种劳动，自然就是人类社会存在的环境，也是社会有

---

① 《马克思恩格斯选集》第2卷，人民出版社1995年版，第4页。

机体的重要组成部分，社会有机体正是在物质生产实践基础上展开的人与自然、人与人、人与社会、社会有机体各部分之间全部关系的集合体，因此，和谐社会必然涉及政治、经济、文化、生活等方方面面，是对社会状态的整体性把握的一种概括。由于人是社会历史的创造者和活动的主体，因此，人类社会的一切问题，都体现为人与周围的关系问题，而一个和谐的社会，必然表现为这种关系的和谐，因此，从总体上而言，和谐社会可以表现为三大领域的和谐，即人与自然之间的关系和谐、人与社会之间的关系和谐、人自身的关系和谐。由于社会所覆盖的范围比较广，因此人与社会之间的关系和谐也包括了人与人、社会结构内部和社会结构外部的关系和谐。这三大领域涵盖了政治、经济等社会的方方面面，只有当这三大领域各个部分之间是一种动态的协调有序的关系时，社会稳定发展，和谐的社会状态才会出现。

一个和谐的社会首先包含着人与自然之间关系的和谐发展。自然界是人类生存的基础，人类生存所必需的物质资料都来自大自然，离开了大自然这个环境，人类将失去生存的依靠，也失去自己生活的家园，因此，人与自然的关系就非常重要。但是如何与自然保持和谐的关系，这与人如何看待这个世界尤其是人与自然之间的关系定位有着直接的关系。人自身的特性决定了人与自然是处于两种关系当中：一方面，人的生物性本能决定着人是自然的一部分，是生态链条上的一个环节，因此，人是属于大自然的，必须服从大自然的客观规律；另一方面，人的本质属性决定着人必然要超越大自然，在与自然的斗争中不断满足自身的生存需要并实现自身的发展，而这种发展更增加了人类与自然对抗的能力，因此，自然又是人的对立面，是人类斗争的对象，改造并征服自然是人类长久的梦想。这样，人与自然就处于一种既斗争又共存的矛盾关系中。人类社会发展的过程就是人类对自然的索取和改造的过程，人与自然常常处于一种征服和被征服之间的关系。在生产力不发达的时期，人无力对抗自然，只能听从自然的统治，而随着科技的发展，人类征服自然的能力大大提高，人似乎是成为自然的主人，可以对自然为所欲为，片面追求经济效益和高度现代化的后果是带来了全球性的环境问题和能源危机，甚至威胁人类自身生存。因此，人和自然如何保持一种和谐的关系，使二者能够直接关系人类的生存发展，这是一个社会和谐稳定发展的基础。

和谐社会中也包含着人与社会关系的和谐。按照马克思主义的观点，人是社会中的人，社会性是人的本质属性，人不能离开社会而单独生存，而一个社会的组成不仅仅包括人，还包括各种社会机构、组织，涉及政治、经济、文化等方方面面，因此，人与社会的关系就不仅是人与人，更包括社会机构内部、外部之间的关系。人与社会的和谐关系中，人与人之间的和谐关系非常重要，孟子就曾经说，“天时不如地利，地利不如人和”，强调了人与人之间的和谐关系的重要性。在任何一个社会中，人与人都存在利益关系，马克思曾经说过：“人们奋斗所争取的一切，都同他们的利益有关。”[①] 恩格斯也指出：“每一个社会的经济关系首先是作为利益表现出来。”[②] 由于经济条件、社会地位以及个体背景存在差异，人与人就会存在各种各样的利益纷争，因此，妥善处理好人与人之间的利益纷争，对社会的和谐发展至关重要。同时，和谐社会中的社会结构必须合理，社会的各个组成部分之间保持一种均衡、稳定的关系，政治制度、经济制度、文化等各项制度之间互相依赖、互相制约、互相影响，实现整个社会政治文明、物质文明和精神文明的共同发展。另外，任何一个国家都不是孤立存在的，各个国家之间也存在着各种各样的利益关系，处理好国与国之间的关系，避免战争的发生，也是社会稳定发展的保证。

人自身的和谐也是和谐社会的重要组成部分。人作为社会存在的根本，人自身的状态直接影响到整个社会的发展，社会的和谐最终也会在人自身得到体现。因此，人自身的和谐也就成为判断社会是否和谐的一个标尺。就个体和谐来说，这种和谐的内容是多方面的，包括身心和谐、精神和谐与发展和谐。[③] 和谐的个体首先要保证身心的和谐，表现为物质和心理需要的双重满足。正如杰勒斯（Geras）在《马克思与人性》中所说，马克思哲学的一个根本原则是：人类是物质和生理的存在物，是具有物质需求的动物。[④] 社会的发展要满足社会个体不断增长的物质需要，同时，个体的心理也要保持一种健康的状态，心理的失衡所带来的危害不容忽视。思想和谐主要是指要具有健全的人格，生活不会一帆风顺的，只有具

---

① 《马克思恩格斯选集》第 1 卷，第 82 页。

② 同上书，第 537 页。

③ 肖映胜：《和谐人——社会主义和谐社会主体研究》，中共中央党校出版社 2006 年版，第 54 页。

④ ［英］肖恩·塞耶斯：《马克思主义与人性》，冯颜利译，东方出版社 2008 年版，第 195 页。

备健全的人格才能克服困难，迎接生活的挑战。另外，正如亚里士多德所说，人类所追求的不仅仅是生活，而且还是更美好的生活。虽然人的智力、能力等自身属性存在着差异，但人是处于不断发展完善自己的过程中，只有这样才能实现对现实的超越和对未来的追求。因此，发展的和谐主要是指人在现实社会中的能力要处于可持续发展的状态，竞争的社会里，要取得优势必须提高能力素质，具体而言，包括理性认识能力、独立判断能力、发展创造能力、协调关系能力、承担风险能力，等等。①

因此，作为一种对社会形态的描述和判断，“‘和谐社会’是千百年来人们所向往的一种理想社会状态”，② 是人们在当时现实条件下对社会存现和将来可能社会状态的一种表述，是对未来的一种美好的期待。和谐社会不是一种具体的社会制度和社会形式，而是对于社会美的一种最高的审美理想，只是这种审美理想不是变居不动的，而是会随着人自身和社会的发展发生变化。它不是独立于社会系统之外，总是附着在一定的社会形态之上，形成一种潜在的背景映衬出社会现实与理想社会的背离程度，发挥出对现实的一种批判和导向的作用。因此，不同社会制度下的审美理想就会出现差异。在这个意义上来说，我们目前建设的和谐的社会就不同于传统的和谐社会，虽然它具有和谐社会的共同特点，但由于是建立在社会主义制度基础上的，自然也具有社会主义社会自身的特色。从现实层面上看，我们目前所建设的和谐社会是在坚持社会主义制度和体系不变的基础上，为推动社会的进一步发展，根据社会发展的需要和当前存在的问题提出的新的发展方向和目标，是对社会未来发展的一个规划，这种规划是社会主义建设过程中采用新的建设方式和手段对自身的一种调整，以营造新的社会环境，推动社会的进步，促进人们生活水平的进一步提高。因此，和谐社会既是一种动态的审美理想，又是目前社会主义建设的继续，是巩固和完善社会主义制度的一个强有力的措施和步骤。构建和谐社会是我们社会主义社会实现中国梦的必然选择。

---

① 李超：《社会主义市场经济的人学底蕴》，人民出版社 2004 年版，第 102 页。

② 牛先锋：《深化对构建社会主义和谐社会的理论研究》，《学习时报》2005 年 10 月 29 日。

二　实现中国梦、建设和谐社会建设中面临的问题

中国共产党第十八次全国代表大会召开以来，习总书记提出“中国梦”以实现中华民族的伟大复兴：国家富强、民族振兴、人民幸福，实现是政治、经济、文化、社会、生态文明五位一体和谐发展。从广义上来讲，新中国成立以后我们所有的付出都是为了建立一个社会主义的和谐的社会。我们走过弯路，有过挫折，有很多的经验教训，尤其是在21世纪的今天，我们的社会主义社会建设在政治、经济、社会发展等方面都面临很多的问题，人们的精神文化状况也不容乐观。

首先，政治方面仍存在很多不和谐的因素。应该说改革开放以来，我们的民主政治建设取得了很大的进步，但是由于我国实行的是党政合一的领导体制，党政职能不分，双重管理的现象经常出现。这样就出现机构重叠、人力资源浪费、办事效率低下的现象。同时，党群关系也有不和谐的现象，脱离群众、忽视人民群众利益的做法时有发生。另外，公民个人参政渠道不够通畅，参政议政的自觉性和主动性比较低，缺乏政治责任感。因此，必须加强社会主义民主政治建设方面的努力，从政治上为一个和谐的社会建设提供保证。其次，在经济建设方面，虽然改革开放后我们的社会主义经济建设取得了很大的成绩，GDP总量迅速增长，人们的生活水平大大提高，从温饱走向小康，但是经济水平从总体上仍然是落后于发达国家；经济发展不均衡，城乡差距、地区差距比较明显，地区之间经济发展不平衡，东部发展要明显比中西部快；市场经济虽然已经得到很大发展，但是政府在很大程度上仍然有主导权，“各级政府的盲目投资和重复建设造成大量的经济矛盾和经济问题，尤其积累和加剧了我国的金融风险：政府主导经济事实上是一种粗放型的经济增长方式，使经济效益总体低下；政府经营城市、招商引资，导致权力寻租盛行、市场信用缺失，严重影响公平、诚信的市场环境的形成；政府单纯地追求GDP增长，严重忽视社会发展，造成经济社会发展严重失衡，由此积累的社会矛盾和社会风险已经对经济增长构成一定的威胁；政府直接掌握土地等大量经济资源和部分干预微观经济活动的权力，使腐败问题难以得到解决”①。在经济

① 迟福林：《转变经济增长方式》，《企业管理》2005年第1期。

结构方面，虽然我国已经进行了多次调整，但是整体而言，仍然存在很多不协调的方面，生产、交换、分配、消费等各个环节之间连接不够紧密，经济系统运行不够顺畅。同时居民收入差距逐渐扩大，特别是国家对国民经济进行战略调整过程中，大批工人下岗待业，成为经济上的弱势群体，而农民收入增长缓慢，经济条件还有待改善，贫困人口和失业人员的存在也增加了经济发展的压力。政治经济上存在的不和谐因素必然导致社会发展的不和谐现象的出现，都需要国家通过宏观调控，采取一定的措施逐步解决。目前虽然我国经济发展迅速，但是对社会建设的投入比例不协调，尤其是对科教文卫安全方面投入比较低，“上学难、看病难”成为比较突出的社会现象；社会分配不公问题比较多，没有形成公正合理的社会流动机制，社会各阶层之间难以正常流通；腐败现象日益蔓延，成为社会突出问题，对社会稳定发展造成很大的影响。因此，我国目前的社会主义社会建设中，人与自然、人与社会、人与人之间都存在着众多不和谐的因素，我们的建设面临着严峻的考验。

在这种现实条件下，人的精神层面出现道德滑坡、精神空虚等多种问题，人的生存状态也不容乐观，这也是本书所关注的问题所在。因为未来“中国梦”的实现，是把国家、民族和个人作为一个命运的共同体，国家利益、民族利益和每个人的具体利益都紧紧地联系在一起，个人的精神状态就成为突出的问题。我们的现代化建设不过短短几十年，跨越过资本主义社会直接进入社会主义建设中，进入了现代化的社会进程中，也要面对由此带来的很多需要解决的问题：“工业化、都市化、科层化、工具理性化、世俗化与宗教的衰落、民族国家、个体化等发展，既为社会进步提供了动力，又不可避免地带来了许多看得见和看不见的负面影响。生态灾难、世界大战、殖民主义、国家干预、集权主义、大屠杀等造成了许多新的社会问题。”① 社会化大生产和科技的进步，在扩大人类征服自然的能力、增加社会物质财富的同时也更加趋于向两个极端发展。一方面是理性在带来物质繁荣的同时却以合法化的身份更加剧了对人的统治。由于机器大生产体系日益机械化、专业化和合理化，社会分工日益细密，劳动出现了分工和专门化，个体的创造性劳动不得不服从机器生产体系运行的规

① 周宪：《审美现代性批判》，商务印书馆2005年版，第5页。

律，丧失了生产过程的主体性地位，工人只是从事机械的操作活动，与产品的有机联系逐渐消失。这种全球化的工业化模式已占了统治地位，人在享受便利的现代生活的同时却带来了工具理性对社会生活的全面征服。技术化遍及每个社会领域，个体生活在技术所制造的规则之中，人们的大多数生活实践受到固定的社会角色和意识的制约，“许多人，甚至是民众都并不完全执拗自己的生活，或者说并不充分知晓自己的生活”，为此，韦伯描述为：“没人知道将来会是谁在这铁笼里生活；每人知道在这惊人的大发展的终点会不会又有全新的先知出现；没人知道会不会有一个老观念和旧理想的伟大再生；如果不会，那么会不会在某种骤发的妄自尊大情绪的掩饰下产生一种机械的麻木僵化呢，没人知道。”① 而所谓的“牢笼”就是指这种工具理性的统治。

另一方面随着宗教的去魅和形而上的消解，人的感性得到了前所未有的释放，人们成了消费主义和功利主义的俘虏。通过大众媒体所宣扬的消费主义文化和生活方式盛行，人们的生活沉浸在商品消费中，崇尚和追求商品，生命的过程变成了物质生活享受的过程。一切都可以交换，都可以通过物质的手段来实现。物质享乐主义、感官刺激成为相当一部分人的追求。物质利益成为人们追逐享受的对象，并逐渐成为最高目的支配着人的意识，人们的生存目的不是为了人，而是为了更多的物的占有，人也以一种物的眼光来看待周围的世界。自然对于人来说只是一个能够无限获取物质的场所，人所关心的是如何能更多地得到自己所需要的物。马克思在《资本论》里就指出了商品拜物教的问题，而卢卡奇则引证马克思的话，“商品形式的奥秘不过在于：商品形式在人们面前把人们本身劳动的社会性质反映成劳动产品本身的物的性质，反映成这些物的天然的社会属性，从而把生产者同总劳动的社会关系反映成存在于生产者之外的物与物之间的社会关系。由于这种转换，劳动产品成了商品，成了可感觉而又超感觉的物或社会的物。……这只是人们自己的一定的社会关系，但它在人们面前采取了物与物的关系的虚幻形式”②。卢卡奇认为在商品生产下人与人之间的关系已经变为物与物之间的关系，即所谓“人的一切关系的物

① ［德］马克斯·韦伯：《新教伦理与资本主义精神》，于晓、陈维钢等译，生活·读书·新知三联书店1987年版，第143页。

② 《马克思恩格斯全集》第23卷，人民出版社1979年版，第8—9页。

化”。这种物化不仅仅是在经济层面上存在，更内化到人的思想领域中，形成物化意识，使人们的目光愈来愈短浅，人们只注重眼前的物和物的关系，认同外在的物化现象或者物化结构，丧失了批判和超越的主体性维度。鲍德里亚对物的组织结构和消费社会的分析深化了卢卡奇的物化理论，他在《消费社会》里写道：“今天，在我们的周围，存在着一种由不断增长的物、服务和物质财富所构成的惊人的消费和丰富现象，它构成了人类自然环境中的一种根本变化。恰当地说，富裕的人们不再像过去那样受到人的包围，而是受到物的包围……我们生活在物的时代：我是说，我们根据它们的节奏和不断替代的现实而生活着，在以往所有的文明中，能够在一代一代人之后存在下来的是物，是经久不衰的工具或建筑物，而今天，看到物的产生、完善和消亡的却是我们自己。”① 而詹姆逊则指出：我们愈是幸福，我们就愈益确定地、甚至不知不觉地受制于社会—经济体系本身的权力。② 在这种时代背景下，个体的人的生存状态和200多年前席勒所指出的一样，非但没有实现自由，反而处于更加不自由的状态，人不仅仅是“碎片化”，“人的破碎化也导致了人的原子化”。③ 成为整个生产体系的一个原子、一个零件。正如勒蒙特所说：“我们十分惊异，在古代，一个人既是杰出的哲学家，同时又是诗人、演说家、历史学家、牧师、执政者和战略家。这样多方面的活动使我们吃惊。现在每一个人都在为自己筑起一道藩篱，把自己束缚在里面。我不知道这样分割之后集体的活动面是否会扩大，但是我却清楚地知道，这样一来，人是缩小了。”④

虽然西方学者的批判是针对资本主义社会，但是也揭示了人类社会现代化进程中所必然出现的问题，随着现代性的全球化，尤其是改革开放以来，我们国家也走上了现代化的道路，大到经济体制改革，小到家庭的日常生活，我们在经济发展、生活水平提高的同时，也不可避免地会出现现代化大生产的负面影响。这种影响不仅仅是在物质层面，更多的是作用于精神层面，表现为：传统的价值观受到颠覆、感性泛滥、道德滑坡、个性

---

① ［法］让·鲍德里亚：《消费社会》，南京大学出版社2000年版，第1—2页。

② ［美］詹姆逊：《马克思主义与形式》，天津百花文艺出版社1995年版，第90页。

③ 邱月明：《试析西方马克思主义理论家的和谐社会理论》，《吉林农业科技学院学报》2006年9月。

④ 曾繁仁：《论席勒美育理论的划时代意义——纪念席勒逝世二百周年》，《文艺研究》2005年第6期。

和创造性消失、理想信念和人文精神失落等等，我们面临越来越严重的社会文化问题和精神危机。

在我们进行现代化的过程中，西方现代化生产所隐含的价值观念和生活方式也进入中国，后现代主义精神通过影视、广告等大众媒体从形式和内容上开始冲击并颠覆中国传统的价值观念。中华民族在长期的劳动生活中形成了诸如自强不息、克己让人、勤俭节约、艰苦奋斗等优良传统，这种优秀的民族文化精神是社会安定团结的无形纽带，但这种传统的价值观在现代化的大众文化面前却被认为是“保守”、“老土”、“过时”，受到后现代主义文化的奚落与嘲笑；相反，游戏爱情被认为是潇洒、有魅力，“勤俭节约”被认为是吝啬、小气，奢侈浪费被人所称道羡慕，反叛行为被认为是有个性，色情、暴力、腐败等充斥人们的耳目。而在文化上对传统经典的解构更能看出这种传统价值观的颠覆程度，诸葛亮成为赌徒和酒鬼，孙悟空变成跳梁小丑，唐僧成了一名玩弄权术的阴谋家，而贾宝玉更成了招蜂引蝶、游戏人间的花花公子。如此种种都暴露出传统文化价值观所面临的严峻局面。在市场经济的大潮中，人们渴望着自己欲望的无限满足，消费和物质享受成为人们追求的目标，利益的驱使让文化也未能逃脱被商品化的命运，在现实的文化生活中就出现了种种不和谐甚至是丑陋的现象，表现为整体审美文化层次和审美品位的偏低，追求感官享受的色情作品泛滥，行为艺术中的种种不健康内容，日本美学家今道友信无奈地感慨：“像现代被许多人喜爱的摇滚乐啊、爵士乐啊，或者表现非常剧烈的跳动性动作的美国西部片、炫耀肉体颤动的爵士芭蕾之类的舞蹈等等，尽管它们可以显示出生命之火的剧烈冲动，但是美在哪儿呢?”① 网络成为欲望解放的窗口，刺激、色情、血腥题材充斥着每个网站，网络形成一张巨大的网，直接影响着人们尤其是青少年的身心健康，青少年犯罪现象也日益严重。

而道德的滑坡和诚信危机也是当前社会面临的严峻问题，社会公德、职业道德、家庭美德、个人品德等方面都出现危机，“人不为己，天诛地灭”的观念被普遍接受，意见不合就大打出手，舞刀弄枪，甚至杀害同学；“有权不用，过期作废”助长了腐败之风，损公肥私、权钱交易更是

① ［日］今道友信：《美学的方法》，李心峰等译，文化艺术出版社 1990 年版，第 322 页。

司空见惯；“货真价实，童叟无欺”曾经是经商者的信条，而现在，利益的驱使和道德的滑坡使得造假现象比比皆是，假文凭、假种子、假发票……遍地开花，近年来食品安全问题更是给人们敲响了警钟，而三鹿奶粉所产生的后果更让国人震惊。塞缪尔・斯迈尔斯早就做过警告：如果一个民族只倾向科技的进步，而丢弃掉他的良好品格，那么这个民族也就没有什么可值得拯救的了。因为一个“德盲”远比一个文盲对社会更具有负面效应。当今社会，越来越多的人已经看到了人与人、人与社会、人与自然之间所存在的众多不和谐的因素，认识到了它们潜在的危害性。

实际上，理想人格的缺失才是上述种种现象出现的关键所在。本来，培养理想人格一直是在中国传统文化的焦点，无论是儒家的“君子”、道家“神人”还是墨家的“兼士”，究其实质，理想人格都是社会理想在人身上的体现，表现了社会存在和发展对人提出的要求，只是随着人和社会的发展，理想人格也不断增添新的内涵，这是历史发展的必然。作为人生价值观的最终归宿和人性改造的最终方向，理想人格对于个体的发展和国家的稳定都是至关重要的。我们的文化传统中并不缺少理想人格的存在，儒家思想所倡导的君子人格造成了无数的仁人志士和道德楷模，他们人格中的道德意识、奉献意识、强烈的民族责任心和社会责任感为中国社会营造了一种良好的社会氛围，丰富了中国人的精神世界，这也是中华民族屹立于世界民族之林的关键。理想人格不是高高在上，看不见摸不着，它强调个体的努力，突出个体的人对于社会的作用，孔子在《论语・述而》里就说：“圣人，吾不得而见之矣；得见君子者，斯可矣。”马丁・路德甚至认为，“一个国家的繁荣，不取决于它的国库之殷实，不取决于它的城堡之坚固，也不取决于它的公共设施之华丽；而在于它的公民的文明素养，即在于人们所受的教育、人们的远见卓识和品格的高下。这才是真正的利害所在、真正的力量所在”。也正因如此，蔡元培先生受席勒思想启发，才提出“完全人格”说，意图从“立人”实现“立国”，即通过美育来推进道德建设，培养健全的人格，实现改造社会的目的。

而21世纪的今天，我们已经实现了国家富强和经济繁荣，为建设一个和谐的社会而努力，但是200多年前席勒所指出的现代化进程所带来的问题依然存在，他的美学救世思想虽然被认为是乌托邦，但美育一直伴随着中国的发展进程，越来越发挥着自己不可或缺的作用。

三　席勒美学思想的现实意义

虽然席勒坚持美的无功利性，但是他的美学思想产生的本身就与时代的命题紧密相连，他的美学思想在他年轻时候的创作中早露端倪，法国大革命的影响使得他的思想进一步明朗化，他的美学思想也直接将美学讨论的目的指向了政治领域，这样他的美育理论实际上已经具有了很明显的现实功利性。而席勒之后的美育理论更是深深地扎根于社会实践中并与国家命运、个人素质密切相关。马尔库塞不满意“传统的解释把席勒的思想限于仁慈的美学讨论”，① 他从席勒的美学思想解读出对文化对社会的革命意义。而特里·伊格尔顿则直接指出：“如果进步性的政治不能通过生理找到迂回的道路并致力于改进人类主体的问题，就必然会像雅各宾主义一样遭到失败。在此意义上，席勒的‘审美’也就是葛兰西的‘领导权’，只是说法不同，革命希望的完全破灭导致了这两个概念的政治性的问世。唯一要坚持的政治是以改造过的‘文化’和革命化的主题性为基础的政治。”② 这不是席勒的过错，而是人类历史上每一种思想理论都要面对的必然，区别只是政治性的显隐程度不同。因为任何思想家的理论都会与时代的话题相联系，都会包含时代所特有的现实意味，并挑战着既有的理论与观念。席勒的美育理论虽然是为18世纪的德国现状而设计，但是由于席勒站在人类社会的高度，基于对人本身的关注来探讨美育的问题，尤其是他对现代性的批判使得他的美育思想在工业时代具有了长久的生命力，成为一个弥久常新的话题。而其服务于政治现实的现实指向性使得席勒的美学思想总是或隐或现地伴随着社会发展的进程，尤其是在近代的中国。

席勒在中国美学史的影响比较集中地体现在蔡元培身上，这不仅仅是因为处在中西文化激荡时代转换关头的蔡元培有着与席勒相似的历史文化背景，更因为他和席勒一样怀着一颗拯救人类的心来思考审美学与社会发展之间的关系。席勒的审美中介论对蔡元培产生很大的影响。美学能承担起改造社会的重任吗？美学能救中国吗？对于这个问题，蔡元培走的是席

① ［美］马尔库塞：《爱欲与文明》，上海译文出版社1987年版，第137页。

② ［英］特里·伊格尔顿：《美学意识形态》，王杰等译，广西师范大学出版社1997年版，第97页。

勒相同的道路，即通过审美培养完整的个体，使之具有高尚的人格，这样就会在国家危难的时候发挥出积极的作用。蔡元培认为，国家的富强的根本是要提高国人的素质，只有从这根本问题入手，提高国民素质，才是改造社会的关键。美育则可以培养完全人格。因此，美育就与国家的命运息息相关。他在一篇演讲稿中写道："当此全面抗战时期，有人以为无鉴赏美术之余地，而鄙人则以为美术乃抗战时期之必需品。抗战时期所最需要的，人人有宁静的头脑，又有强毅的意志……为养成这种宁静而强毅的精神，固然有特殊的机关，从事训练，而鄙人以为推广美育，也是养成这种精神之一法。"① 他主张美育救国，反对宗教迷信。针对封建复古主义者的"尊孔拜教"，他提出"以美育代替宗教"的口号，这实质上是要用自由的美的精神和法则来统率教育，以培养具有"完全之人格"的个体，使个体的人获得精神自由和解放，进而对社会产生积极作用。"凡一种社会，必先有良好的小部分，然后能集成良好的大团体，所以要有良好的社会，必先有良好的个人，要有良好的个人，必就要先有良好的教育。"② 蔡元培认为传统教育注重对个体的教化，强调个体对社会的义务，忽视个体的个性发展，而真正的教育应该以培养个体的完整人格为根本目的，而美育就是培养完全人格的基本途径。蔡元培认为美育对人有潜移默化的作用，人在审美过程中能够实现知情意的结合，从而塑造人的健全的心灵；另外，美的无利害性可以使人破人我之界，超利害之别，达到对现实的觉醒和超脱，从而培养出自由意志和高尚的道德。

当然，蔡元培是在中西文化兼收并蓄的基础上创造性地提出自己的美育思想的，作为一名深受传统文化熏陶的知识分子，传统文化中的美育思想对他也产生了很大的影响，但是席勒的美学救世思想直接影响了他的美学发展方向，蔡元培把审美与社会现实联系在一起，并在实践中推行他的教育理念，他的理论和实践都推动了中国教育尤其是美育的发展进程，也从此将美育与中国的社会现实紧密联系在一起。但是，蔡元培虽然看到了社会改造中的文化建设的重要性，也认识到个体的素质与国家的发展有着紧密的联系，他的美育实践也培养出大批的美学家和艺术教育家，但和席勒一样，他并没有抓住社会的主要矛盾，忽视了社会发展的客观规律，因

---

① 蔡元培：《蔡元培全集》第 3 卷，浙江教育出版社 1997 年版，第 88 页。

② 蔡元培：《蔡元培全集》第 4 卷，浙江教育出版社 1997 年版，第 291 页。

此在那个时代，他的美育理想终究不能得到彻底实现。

美学无法救世，无论是席勒还是蔡元培，他们的美学思想都不能担当起改造社会的重任，法兰克福学派也终究陷于审美乌托邦之中。但是这并不意味着我们对他们美学思想价值的贬低，或者说，如果具备合适的社会条件，他们的美学思想有可能在现实中得到实现，至少也会对现实社会产生积极的作用。席勒美学思想中虽然存在着唯心主义，也存在着许多矛盾，但是他在批判现代性的同时，也指出了人在现代化社会中所面临的处境和所努力的方向。虽然他只是假道美学寻求自由，但是他意识到了人的发展不仅是物质层面的，而且是精神层面的；社会不仅仅是群体的，更是与个人休戚相关的。席勒美学无法收拾起一个残破的德国，但是他山之石、可以攻玉，在我们实现中国梦建设一个和谐的社会的过程中，席勒的美学思想却可以闪烁其自身的光芒。统一的国家、完善的教育体制、安定团结的环境、繁荣发展的经济以及国家对教育的重视等，这些条件都为美育的实行提供了保证，我们可以吸收席勒美学思想中的合理因素来更好地推进社会主义现代化的建设。

首先，和谐社会建设要重视人性。席勒是从人性分析开始自己的美学思想和社会批判的，他的人性是抽象的，马克思主义虽然反对人们去寻找普遍人性的根源，但也不否定人性的存在。事实上，马克思主义的人性观是对人类需要与人类能力的一种历史与社会的考察，人性不是固定不变的，而是会随着历史的变迁而不断地发展，或者我们可以说，人性一直随着人类认识自然和本身的能力的提高过程中而不断出现新的内容，人类在对满足自身人性需要的基础上又不断产生新的需求，扩大了人性的内涵。为此，杜威指出：“文明本身便是人性的改变之结果……依我的看法，(他的）关于人性的无限制的可塑性的看法是正确的。……人性不变的理论是一切可能的学说中最令人沮丧的和最悲观的一种学说。”[①] 现代心理学家和生理学家从各个方面对人性进行研究，认为人性存在着诸多的要素，这些要素之间并无高低尊卑之分，而是处于一种互相矛盾、互相依赖、互相妥协和互相平衡之中，在不同的情况下表现出不同的运动形态和组合形式，也就出现了不同历史条件下甚至是同一时代的人性的表现的不

① ［美］约翰·杜威：《人的问题》，傅统先译，人民出版社1965年版，第150—156页。

同。因此，人的全面发展就体现为人性的诸因素之间的平衡。休谟曾说："我们也不要想象，一切愤怒情感都是恶劣的，虽然它们是令人不愉快的。……愤怒和憎恨是我们结构和组织中所固有的。在某些场合下，缺乏了愤怒和憎恨，甚至可以证明一个人的软弱和低能。"但是，"当这些愤怒的情感达到了残忍的程度时，它们就成为一种最可憎恨的恶"①。由此，可见人性的平衡对个体人的存在的重要意义。

一个和谐社会的具体个体的生存，就涉及深层次的人性的满足和发展的问题。因此，首先就需要正确的认识社会主义社会建设中的人性需求，用雄厚的物质和文化基础来保证人的生存和发展；其次国家的政策制订者要了解人性的运动规律，制定出的政策法规等才能够符合人性的要求而被社会接受，这些法规政策也是保证人性平衡的必要措施，亚里士多德认为："法制应含有两重含义：已成立的法律获得普遍的服从，而大家服从的法律又应该本身是制订得良好的法律。"② 最后，社会主义社会的建设中，现代化大生产所带来的负面效应同样会对个体精神层面产生影响，所以必须注意教育在道德和素质养成中的巨大作用，席勒所提出来的审美教育就是我们不能忽视的一面。

其次，美育促进和谐个体的自我生成。在席勒看来，工业化大生产下的现代人的感性和理性都片面化发展，人不是人性完整的个体，而处于一种"碎片化"的生存状态，自然谈不上和谐发展。只有通过美育，才能恢复人性的完整。他在谈到审美教育的目的的时候的直接指出："有促进健康的教育，有促进认识的教育，有促进德育的教育，还有促进鉴赏力和美的教育。这最后一种教育的目的在于，培养我们感性和精神力量的整体达到尽可能和谐。"③ 工业化大生产和技术理性的泛滥使得人的感性受到压抑，因此杜卫指出："席勒从感性与理性、肉体与精神和谐统一的人性理想出发，倡导偏于感性、肉体的美育，试图从此使在工业技术时代理性片面发展的人能重新获得平衡、协调的发展，重建和谐、完整的人格。因此，保持人的感性自发性、保护生命的活泼与原创力、维护人与自身之间

① ［英］休谟：《人性论》，张晖编译，北京出版社 2008 年版，第 168—169 页。

② 何勤华：《西方法学史》，中国政法大学出版社 1996 年版，第 19 页。

③ ［德］席勒：《审美教育书简》，冯至、范大灿译，上海人民出版社 2003 年版，第 163 页。

天然的、肉体化的联系成了工业发达国家中美育理论与实践的基本宗旨。”①

席勒试图用美育来实现人的自由，在席勒那里，美育既与德育、智育等相区别，但是也存在着密不可分的联系，这也是席勒将审美王国作为通向道德王国的道路的原因之一。“总之，一句话，人如何从美过渡到真理，再也不可能成为问题了，因为真理按其功能已在美之中了。”② 而长期以来的应试教育让我们过多地重视了智育，学生的德、智、体、美、劳并没有全面发展，尤其是忽视了美育教育。在德育教育中，往往将德育直接变成一条条干枯的条文，或者是具有太强的说教意味而遭到受教育者的本能性抗拒或者排斥，因此说一套做一套的现象经常出现。美育不仅是单纯的美的教育，更是美的理想的教育，是真善美的教育。由于美是直接作用于人的内心和精神世界，因此，通过美育就将德育、智育、体育等各项教育融合在一体，产生一种整体性的教育作用。在单纯的德育、智育和体育中，个体都是一种被动地接受，要服从社会发展、思维活动、体质发育过程中客观的必然规律对人的制约和束缚，只有在审美教育中，人才是主动的创造者，在审美创造中体现并超越自己，从而实现一种人格的提升，促进和谐个体的自我生成。

最后，美学能促进社会中的文化建设。任何一个社会的存在，都是政治、经济、生态、文化等方面的现实生活领域的系统的综合存在，一种和谐的社会形态就是这几个领域在自身和谐的基础上的协调发展，任何一个领域的发展都会对整个社会产生影响。因此，在任何一个社会发展阶段上，都会有与之相匹配的文化形态，而文化本质上作为人们在一定生产方式基础上的社会实践的价值创造，通过自身在物质的、制度的和思想的存在对社会发展产生批判和导向作用，马克思在强调经济活动对人类社会的重要性的同时也指出了文化对生产力形成与发展所产生的能动性的反作用。古希腊柏拉图在《理想国》中就根据艺术的社会效用来决定诗人在理想国中的存在，我国秦朝时的“焚书坑儒”事件更说明了精神文化对社会发展所可能产生的影响。马尔库塞在《作为现存形式的艺术》一文

① 杜卫：《我国美育理论研究的现状与前瞻》，《浙江社会科学》1995年第3期。

② ［德］席勒：《审美教育书简》，冯至、范大灿译，上海人民出版社2003年版，第209页。

中也谈道："艺术，在其内在发展中，在其与自身幻想的抗争中，逐步加入到与现实权力（无论是心灵还是肉体）的斗争中，加入到反控制的斗争中，换言之，艺术借助其内在的功能，要成为一股政治力量。"随着人类科技的发展，全球经济走向了一体化，文化越来越成为民族凝聚力和创造力的重要源泉，成为影响国家发展的重要因素。管理学家德鲁克甚至说："今天，真正占主导地位的资源以及绝对具有决定意义的生产要素既不是资本，也不是土地和劳动，而是文化。"因此，任何一个社会的发展，都离不开一定的文化建设。

席勒的美学思想依然可以对社会文化建设产生积极的意义。在席勒的美学中，美既是人们欣赏的一种形式，但更主要的是美也是人的一种存在状态。席勒的最终目的就是要改变人类生存的感觉方式，使人在国家、自然中得到人性的完满发展，不受任何物质的或者法则的强迫或者压制，达到一种自由的生存境界。所以人的自由生存与发展就成为席勒所提供的人的理想存在状态，这种自由不是无原则的随心所欲，而是一种内蕴了真和善的自由，体现出人自身、人与周围一切的一种和谐。席勒美学为人存在提供了一种崇高的审美理想，当然，任何审美理想带有社会的阶级的印记，都是历史发展的产物，在一定社会经济基础上形成的各种观念、意识都会通过艺术活动反映到人们的艺术作品中去，并形成具有时代特色的审美理想。诚如杜威所说："由于我们常常不考虑现在而考虑过去与将来，把对过去的回忆与对将来的期望加人经验之中，这样的经验就成为完整的经验，这种完整的经验所带来的美好时期便构成了理想的美。"① 同时，由于艺术活动的种类繁多，都具有自身的特点，所以也在很大程度上制约了审美理想。李泽厚在《美的历程》中就指出了审美理想在社会历史发展中的变迁，在原始社会、封建社会的不同阶段，美的理想就体现出不同的形态。席勒所揭示的审美理想虽然是与 18 世纪的历史现状有关，不过他站在人类发展的高度朦胧地指出了一种人生存的理想状态，人的这种理想状态虽然在 18 世纪看来是个幻想，甚至 200 年后的今天也依然没有实现，但是他的这个理想指向了未来，指向人存在的本身。历史的进程就是人不断通过实践来满足自身二重性需要的进程，人作为一种社会性的存

① 伍甫：《现代西方文论选》，上海译文出版社 1983 年版，第 226 页。

在，总是在自然、社会、国家、人所组成的环境中生存，因此，无论社会状态如何改变，人的自由和谐的生存就成为一个终极指向高悬于社会发展的前方，因此，席勒的审美理想是一个融合了社会理想、政治理想、道德理想为一体的理想的诗意的体现，马克思的“全面发展的人”所要达到的也是这样一种和谐的社会生存状态。当然，席勒审美理想的出发点和归宿与我们现在截然不同，但是我们依然可以提取其中的深刻意义，正如别林斯基所指出的：“现在，我们把‘理想’，不是理解为夸张，不是理解为谎言，不是理解为幼稚的幻想，而是理解为如实的现实中的事实；但这不是从现实摹写下来的事实，而是透过诗人的想象，被一般的意义的光芒所照亮的，升高为创造的珍品的事实。”①

审美理想并不是独立于社会系统之外的，而总是附着在一定的社会文化活动之上，体现在各种文化追求之中，融入在社会核心价值体系深处，形成其价值目标层面，并以此成为潜在的背景来映衬出社会现实与理想的背离程度，发挥出其对现实的一种批判和导向的作用。从实质上看，人们就是通过审美理想来对现实的生存和发展方向做出价值的判断，将自己的实践与一定的理想意义相联系，从而对现实的选择做出自己的反映。由于审美理想总是要通过一定的文化艺术形式体现出来，因此席勒所提出的审美理想作为一种烛照，便可进一步具体化为以上标准和艺术追求，就对各种文化艺术活动产生影响，人的审美化生存也应该成为文化创造者所追求的目标。二百多年后的今天，文明的进程继续大步向前，科技的发展、信息的发达以及网络的普及，改变了人们的文化创作和接受方式，而科学和人文的鸿沟也在技术的进步下越来越大，人们在享受了现代化的舒适的同时也导致了对欲望的疯狂的、无止境的追求，理想信念和人文精神的失落，等，使我们正面临越来越严重的社会文化问题。面对着变幻的艺术创造，审美理想也随着社会思潮的变化而发生着变化，甚至发生了迷失或者裂变。新中国成立初期，工农兵的英雄形象是文艺活动所要塑造的主要对象，但是随着人们思想的调整和改革开放的变化，人们倾向于自我内心世界的表达，不再对自身以外表示兴趣，“许多艺术家不再愿意让自己的艺术与当下存在着的各种各样的具体的苦难发生联系。在那些无数人为的或

① ［俄］别林斯基：《别林斯基选集》第2卷，满涛译，上海文艺出版社1963年版，第460页。

自然的灾难面前，很难看到艺术家真诚的思考与创作，相反的倒是在各级的省展、全国大展上屡屡看到那些千篇一律的化苦难为颂歌的争名逐利之作”①。随着市场经济的发展，一些文学艺术作品中的审美理想趋向了对现实狭隘需要的迎合，甚至出现一些黑白颠倒、混淆是非的现象，在影视作品中，这种审美理想的失落表现得最为明显。例如各种宫廷戏蜂拥而上，历史上的统治者粉墨登场，展现给观众的是创作者对权力和财富的膜拜和艳羡，是对历史上令人发指的君王的赤裸裸的歌功颂德，正如贾樟柯所说：满地都是黄金，哪里还有好人。这种审美理想的出现，既是经济发展中拜金主义思潮的体现，也是文艺工作者缺乏社会责任感和对审美理想的理性判断所致。也证明了社会文化建设中，理想对于现实发展的巨大作用，18 世纪意大利浪漫主义作家福斯科洛曾说过一句很有道理的话：“理想化离开真实，只能或沦为奇思异想，或变成跟实际脱节的优美；然而，一旦排斥了理想化，任何对真实的摹仿都将永远是平庸的。”

在当代中国走向社会和谐的建设过程中，由于种种不和谐现象的存在，因此，在文化上一度就体现为鱼龙混杂、良莠不分的混乱局面，由于人文精神的萎缩和审美理想的迷失，文化上虽然热点不断，但是却表现出对理想的一种疏远和背离，艺术家和知识分子都围绕在财富和权力周围，多数成了体制现状的获利者和支持者。虽然这里很大部分是源于体制的原因，但是艺术工作者自身审美理想的缺失才是关键性的因素。因此，席勒所指出人的自由存在的审美理想应当是创作和艺术思维的最高理性约束机制，它无形中就可以成为现实的参照，让人们意识到思想的偏离，调整对未来的走向。从工农兵的英雄形象到现在世俗生活里的小人物，文化艺术关注的焦点的变化就证明着人们向审美理想的这种行进。

当然，我们并不是要让席勒的美学思想作为我们现实的行动指南。因为一方面，他的思想是 18 世纪德国那个时代的产物，其思想基础与文化特色都与我们截然不同；另一方面，虽然都是走在文明进程的发展中，但我们社会发展所面临的问题也远非席勒所面临的，二者不能相提并论。但是席勒的思想中对个体的强调却契合了我们社会发展中以人为本的理念。他山之石，可以攻玉，席勒指出了任何一个社会发展所不容忽视的问题所

---

① 李公明：《谁还愿意与苦难发生联系》，《天涯》2002 年第 1 期。

在，即对人的素质的强调，对人的现实生存的关注。席勒的审美教育思想其实是暗含着社会对个体的美育以及个体自身的美育两个方面的内容，而我们在社会文化建设中也要通过社会和个体两个方面来增加审美教化作用。因此，在社会上，要通过不同的审美群体组合而成的执行者来对个体实施审美社会化的教育，例如家庭、学校、大众传播媒介、社会团体等都可以作为美育的实施者，对个体会产生不同的影响，但是这些影响都是潜移默化的，在个体与这些群体的交往过程中就不自觉地接受了其中的影响。尤其不能忽视的是大众传播媒介尤其是影视作品给个体所带来的巨大作用，尤其是给处于人生观发展时期的青少年所带来的是思想上的冲击。另外，社会的审美教化最终还是要在个体身上得到实现，个体接受社会审美教化的浸染，将其转化为自己的主观审美内化，产生审美心理平衡，并培养并促进审美思维的发展。按照皮亚杰从心理学的理论来看，只有当外在的审美强化力量转化为个体内在的自觉自愿的审美要求的时候，美育才能够得到真正的实现。个体在接受审美教化的同时，并不是一味被动地接受，一成不变地重复前人的审美经验，而是通过自身的审美创造来产生新的审美趣味，当这种审美趣味通过个体对社会的活动而对原来的审美趣味产生影响的时候，就影响了整个文化系统的审美走向。人类艺术史就是在这种互动中向前发展的，例如社会审美文化孕育出了莫奈和毕加索，而他们却大胆创新，以自己的审美创造引领了新的社会审美潮流，莫奈的《日出·印象》一度让正经的学院派退避三舍，但是“无论印象主义绘画最初有怎样的抵制，在第一次冲击减弱互，人们还是学会释读它们。而且，由于学会了这种语言，人们进入了田野和树林，或从窗户想外看巴黎的林荫大道，并且发现了其中的乐趣——视觉世界毕竟还能够以这种明亮的色块和小色点的方式去看，于是易位就实现了。……如奥斯卡·王尔德所说，在惠斯勒画这幅画之前伦敦没有雾”①。因此，在个体和社会之间，审美也不是孤立存在的。

席勒的美学思想是想通过审美活动来促进国家、人、自然三者之间的动态的和谐，事实证明，单靠美自身是无法直接完成这个艰巨的任务的，但是可以通过审美来促进社会的文化建设，以正确的审美理想来为社会文

---

① ［英］冈布里奇：《艺术与幻觉》，周彦译，湖南人民出版社 1987 年版，第 300—301 页。

化注入活力，以审美活动来促进个体审美能力的养成，提高人的精神素质，促使人在其他方面对自己提出更高的要求，以改变人的思维把握世界的方式，从而为社会的发展产生能动作用。当然，这种审美所促进的文化的发展必须与政治上的先进性、经济运行的合理性保持一致，才能起到应有的作用。

结　语

任何思想的产生，都有自己特殊的时代背景，都是服务于自己的时代的。这是我们对任何思想家进行理解和评价的前提。席勒的美学思想就是18世纪德国特殊背景下的产物，离开了这个语境，对他的任何理解都是不真实的。席勒是属于恩格斯所称赞的文艺复兴时代的那种“巨人”,①作为天才的戏剧家、诗人，杰出的美学家和史学家，他多才多艺、学识渊博，富有远见卓识，他深刻的思想成为后人“思想的发电站”。不同时代不同背景的人们都从自己的立场出发解读着席勒，毫不吝啬地将荣耀和尊敬献给他，这就在他身上出现了一种很奇怪的现象：一方面他是“自由精神诗人”、“真善美之君”；另一方面他又是“道德吹鼓手”、“宫廷诗人”；甚至成为“希特勒的战友”。② 人们曾经狂热地崇拜着他，为他编织成了一个难以想象的“席勒神话”；也毫不留恋地冷落并遗忘着他，甚至对席勒产生一种整体陌生化现象。但席勒从来没有被人们所抛弃，人们开始冷静地对他的思想进行重新解读，力图挖掘出一个真实的、客观的、立体的席勒，在不同角度的阐释中展示席勒思想的魅力。

对于一个思想家来说，重要的是他思想的独创性及其社会作用。这种思想的独创并不是意味着它自身是孤立的存在，而是指其对前人或者同时代人思想的批判与超越，更在于他对后来思想的方向性影响，这既取决于思想家的敏锐视野和宽阔胸襟，更取决于其思想的深邃程度。同时这种独创性也不等同于完美性，任何一种思想都是时代的产物，都有思想家本人和时代所特有的局限性。但这并无损于思想家的伟大，也不能影响其思想的深度，这更说明任何一种思想都是服务于现实的，思想所产生的社会作用本身就证明着这种思想的存在意义和价值。因此，对思想家来说，思想

① 叶隽：《史诗气象与自由彷徨》，同济大学出版社，第6页。

② 印芝虹：《译林》，2005年第5期。

的独创性和社会作用才是最主要的。而席勒正是这样一位思想家，他并不完美，但他深刻；他并不伟大，但他影响深远。苏联学者阿斯穆斯就如此评价他："在美学方面席勒是一个泰斗。他的美学思想的内容是意义重大的，而它们的影响远远超出他的时代。歌德、谢林、黑格尔的美学思想的历史发展所遵循的方向，固然不是席勒所决定的，但是如果没有席勒，他们的思想的内容，他们的影响力量就会是另外一种样子了。"① 18世纪的旧制度要被颠覆、新政治要形成的德国背景，决定了席勒的美学之思绝不可能只是普通的美学理论，也不只是对康德美学理论的丰富与深化，他的美学诉求的是"向历史询问过去的世界，也向哲学询问未来的世界"②。他站在人类历史的高度来思索人类的终极命运所在，他对现实的关注和对人性的理解使他的美学思想不仅在美学史上占有重要地位，在社会学、政治学领域也产生了深远的影响。他提出的命题，固然是与其时其地的社会历史背景密切相关，但其中某些带有恒定人性的问题，至今恐怕仍然值得大加关注。③

就美学思想而言，席勒在西方美学史上的地位作用称得上是举足轻重的，他的美学思想构成了德国古典美学的关键一环，起到了承前启后的作用。他继承了康德所赋予美学的历史使命，继续寻求感性和理性的统一之路。在康德那里，审美判断力只是一种主观的特殊认识机能，因此，审美只是在主观层面上实现理性与知性的沟通，这种统一是主观的、静态的，它没有明确的限度，所以在康德那里美学很大程度上具有的是逻辑上的意义。而席勒则将这种统一从逻辑上转移到现实生活中，审美成为沟通感性和理性的唯一中介，在现实生活的艺术实践中实现着这种统一。而黑格尔则认为美是绝对理念自我发展回到自身的绝对精神阶段的产物，感性和理性的统一虽然是理念本身所具有的，但却是在现实世界中人自己的实践活动具体历史地形成的。这样，审美活动就是一个在人类发展背景中的依照辩证逻辑展开的过程。因此，"席勒完成了他的桥梁作用"，④ 沟通了康德

① ［苏］阿斯穆斯：《席勒的美学观点》，转引自《现代文艺理论译丛》第6辑，第176页。

② ［德］席勒：《秀美与尊严》，张玉能译，文化艺术出版社1996年版，第229页。

③ 叶隽：《史诗气象与自由彷徨》，同济大学出版社2007年版，第26页。

④ 毛崇杰：《席勒的人本主义美学》，湖南人民出版社1987年版，第272页。

和黑格尔，实现了德国古典唯心主义哲学与美学的终结。而席勒对于感性的重视在西方现代一些唯心主义美学家那里就变成了对理性的反叛和对非理性的强调，席勒关于美的外在化的思想方法与立论方法在那里也得到了片面性的发展。但重要的是，席勒开辟了美学的另一个维度，将美学引入广阔的社会理论领域，通过这种新的视野，美学的思考逐渐突破学科化、抽象化的途径，而更多地强调其对社会文化实践的直接反思，重视美学对现代社会的审视与批判。因此，从席勒开始美学就承受着弥合分裂人性、拯救文明危机、解决社会问题的历史使命，正如卡西尔所说："如果美学把其活动局限于为艺术作品的创作定出艺术规则，局限于就艺术作品对观赏者产生的影响作心理学的观察，那么，美学就不会是一门科学，并且永远也不可能成为科学。"① 应该说，席勒开启了这种现代性批判的大门，他站在感性生命的立场表示了对社会存在的关切，从美学的角度展示了对历史进步二重性的认识，揭示了现代社会给人本身所带来的伤害，席勒曾经在诗中写道："我们不是已把地球给他作栖身之所，难道无家可归漂泊浪游，竟是他最好的下场?"这种"无家可归"的感觉和对人的"破碎化"的生存状态得到了西方现代主义的认同。席勒在历史上首倡美育，确立了美育的地位，将美育与人类社会的终极发展联系起来，他通过《审美教育书简》描绘了人性教化以及文化发展的宏伟图案，② 建立了一种感性与理性相统一的人性理想状态对现代社会进行批判，而审美则成为一种具有解放力量的精神力，使人达到对现实的超越。他对社会的批判和对人性的批判甚至也对马克思产生了影响，在唯意志主义美学、生命哲学、存在主义美学，尤其是在法兰克福学派的思想中都能看到席勒思想的影子。

席勒的美学思想也影响着中国现代化的进程，影响并参与着中国美学的发展和现代化的建设。中国现代美学学科就是在接受、阐释、审视席勒美学思想过程中完成着自己的学科建构，几乎所有中国现代美学家的理论都与席勒的思想有着密切的联系，席勒美学思想与中国传统美学思想结合在一起构成中国现代美育思想的发展起点，现代美学们在批判接受席勒美学思想的同时提出了自己的美学思想，促进了中国现代美学的继续发展。

---

① ［德］卡西尔：《启蒙哲学》，山东人民出版社 1988 年版，第 334 页。

② 单世联：《反抗现代性——从德国到中国》，广东教育出版社 1998 年版，第 171 页。

同时，席勒美学思想中所具有的普遍性和应用性意义使蔡元培将其具体应用到中国的社会教育实践，直接影响着中国教育事业的发展。而在我们现代化建设进程中，面对现代化所带来的问题，席勒的思想依然没有过时。虽然现在任何一个人都可以指责席勒的思想“不切实际”、“脱离社会现实”或者是“幻想的乌托邦”，说出席勒美学思想存在的若干缺陷，但是“人应该如何成为社会的公民?”席勒的这个普适性的问题穿越时代依然摆在了我们的面前，仍然启发着人们思索现实的突围之路。

参考文献

一　席勒著作

[1]［德］席勒：《席勒文集》，张玉书选编，钱春绮、朱雁冰译，人民文学出版社 2005 年版。

[2]［德］席勒：《审美教育书简》，冯至、范大灿译，上海人民出版社 2003 年版。

[3]［德］席勒：《审美教育书简》，徐恒醇译，中国文联出版公司 1984 年版。

[4]［德］席勒：《席勒诗选》，钱春绮译，人民文学出版社 1984 年版。

[5]［德］席勒：《秀美与尊严——席勒艺术和美学文集》，张玉能译，文化艺术出版社 1996 年版。

[6]［德］席勒：《席勒散文选》，张玉能译，百花文艺出版社 1997 年版。

二　研究席勒资料

[1] Sharpe, Lesley: *Friedrich Schiller: drama、thought and politics.* New York: Cambridge University Press, 2006.

[2] Jane V. Curan and Christophe Fricker: *Schiller's "On grace and dignity" in its cultural context.* Rochester, N. Y. Camden House 2005.

[3] Susanne Kord: *Friedrich Schiller: Crime, Aesthetics, and the Poetics of Punishment* . German Quarterly; 2006.

[4] Kontje, Todd Curtis, Constructing Reality: *A Rhetorical Analysis of Friedrich Schiller's Letters on the Aesthetic Education of Man.* New York University New York; peter Lang, 1987.

[5] Thomas Carlyle, *The life of Friedrich Schiller*, *comprehending an examination of his works*. London: Chapman&Hall, 1899.

[6] Steven D. Martinson *A companion to the works of Friedrich Schiller*. Rocherster, NY: Camden House, 2005.

[7] Jacqueline M. Charette: *A critique of johann Friederich Schiller's aesthetics education*. Ann Arbor. Mich: UMI. 1974.

[8] Thomaa Carlyle: *Life of Friedrich Schiller* . London: George Routledge and Sons, Ltd. 1894.

[9] Wessell Leonard P, *The Philosophical Background to Friedrich Schiller' s Aesthetics fo Living Form* . Frankfurt am Main: Peter Lang, 1982.

[10] [英] 鲍桑葵:《美学史》，张今译，商务印书馆 1985 年版。

[11] 丁建弘、李霞:《德国文化：普鲁士精神和文化》，上海社会科学院出版社 2003 年版。

[12] [法] 德·斯太尔夫人:《德国德文学与艺术》，丁世中译，人民文学出版社 1981 年版。

[13] [德] 恩斯特·卡西尔:《人论》，甘阳译，上海译文出版社 2004 年版。

[14]《席勒评传》，傅韦译，作家出版社 1955 年版。

[15] 黄克剑:《美：眺望虚灵之真际——一种对德国古典美学的解读》，福建教育出版社 2004 年版。

[16] [美] 赫伯特·马尔库塞:《单向度的人——发达工业社会意识形态研究》，刘继译，译文出版社 1987 年版。

[17] [德] 海涅:《论浪漫派》，张玉书译，人民文学出版社 1979 年版。

[18] [德] 哈贝马斯:《哈贝马斯精粹》，曹卫东选译，南京大学出版社 2004 年版。

[19] [德] 黑格尔:《美学》第 1 卷，朱光潜译，商务印书馆 1979 年版。

[20] [德] 黑格尔:《小逻辑》，贺麟译，商务印书馆 1980 年版。

[21] 贺来:《现实生活世界——乌托邦精神的真实根基》，吉林教育出版社 1998 年版。

[22] [美] 赫伯特·马尔库塞:《爱欲与文明》，黄勇等译，上海译

文出版社 1987 年版。

［23］蒋孔阳：《德国古典美学》，商务印书馆 2005 年版。

［24］《西方美学通史》第 4 卷，蒋孔阳、朱立元主编，上海文艺出版社 1999 年版。

［25］［德］卡西尔：《卢梭·康德·歌德》，刘东译，生活·读书·新知三联书店 1992 年版。

［26］［美］凯·埃·吉尔伯特、［德］赫·库恩：《美学史》，夏乾丰译，上海译文出版社 1989 年版。

［27］［苏］洛津斯卡娅：《席勒》，史瑞祥、董政民译，上海译文出版社 1992 年版。

［28］［美］L. P. 维塞尔：《活的形象美学　席勒美学与近代哲学》，毛萍、熊志翔译，学林出版社 2000 年版。

［29］李泽厚：《批判哲学的批判——康德述评》，生活·读书·新知三联书店 2007 年版。

［30］［德］莱·奥巴莱特、埃·格哈德：《德国启蒙运动时期的文化》，王昭仁、曹其宁译，商务印书馆 1990 年版。

［31］刘纲纪：《美学与哲学》，武汉大学出版社 2006 年版。

［32］李泽厚：《美学三书》，安徽文艺出版社 1999 年版。

［33］林剑：《人的自由的哲学思索》，中国人民大学出版社 1996 年版。

［34］［美］L. J. 宾克莱：《理想的冲突》，商务印书馆 1984 年版。

［35］《人类困境中的审美精神》，刘小枫主编，知识出版社 1994 年版。

［36］［美］马尔库塞：《审美之维》，李小兵译，生活·读书·新知三联书店 1989 年版。

［37］毛崇杰：《席勒的人本主义美学》，湖南人民出版社 1987 年版。

［38］彭富春：《哲学与美学问题》，武汉大学出版社 2005 年版。

［39］汝信：《论西方美学与艺术》，广西师范大学出版社 1997 年版。

［40］汝信主编，《西方美学史》，中国社会科学出版社 2008 年版。

［41］单世联：《反抗现代性——从德国到中国》，广东教育出版社 1998 年版。

［42］汤拥华：《西方现象学美学局限研究》，吴炫主编，黑龙江人民

出版社 2005 年版。

[43] [英] 特里·伊格尔顿:《美学意识形态》，王杰等译，广西师范大学出版社 1997 年版。

[44] [英] 雷蒙德·威廉斯:《文化与社会》，吴松江等译，北京大学出版社 1991 年版。

[45] [英] 休谟:《人性论》，关文运译，商务印书馆 1980 年版。

[46] 徐恒醇:《〈审美书简〉导读》，四川教育出版社 2002 年版。

[47] [德] 约翰·雷曼:《我们可怜的席勒——还你一个真实的席勒》，刘海宁译，中央编译出版社 2007 年版。

[48] 叶廷芳、王建:《歌德和席勒的现实意义》，中央编译出版社 2006 年版。

[49]《席勒与中国》，杨武能编，四川文艺出版社 1989 年版。

[50] 叶隽:《史诗气象与自由彷徨》，同济大学出版社 2007 年版。

[51] [荷兰] 约翰·赫伊津哈:《游戏的人》，中国美术学院出版社 1996 年版。

[52] 杨恩寰:《西方美学思想史》，辽宁大学出版社 1988 年版。

[53] 朱光潜:《西方美学史》，人民文学出版社 2003 年版。

[54] 朱光潜:《朱光潜全集》第 6 卷，安徽教育出版社 1991 年版。

[55] 宗白华:《席勒与民族》，对外文化联络局 1955 年版。

[56] 宗白华:《宗白华全集》，安徽教育出版社 1994 年版。

[57] 张玉能:《审美王国探秘》，长江文艺出版社 1993 年版。

[58] 张玉能:《西方美学思潮》，山西教育出版社 2005 年版。

[59] 张玉能:《席勒的审美人类学思想》，广西师范大学出版社 2005 年版。

[60] 张玉书:《海涅 席勒 茨威格 德语区国家文学论集》，北京大学出版社 1987 年版。

[61] 周宪:《美学现代性批判》，商务印书馆 2005 年版。

[62] 曾繁仁:《美学之思》，山东大学出版社 2003 年版。

[63] 曾繁仁:《西方美学论纲》，山东人民出版社 1992 年版。

[64] 中国社会科学院哲学研究所美学研究室编:《美学译文》(1)，中国社会科学出版社 1980 年版。

(以下为单篇论文)

[65] 安伯鸿：《席勒的自由观念和美育思想》，大学位论文，山东大学，2006 年。

[66] 曹卫东：《从“全能的神”到“完整的人”——席勒的审美现代性批判》，《文学评论》2003 年 6 月。

[67] 陈增福：《席勒的审美教育理论与素质教育概念》，《通化师范学院学报》2001 年第　期。

[68] 杜卫：《感性教育美育的现代性命题》，《浙江学刊》1999 年 6 月。

[69] 冯学雨：《席勒、马尔库塞审美乌托邦之比较》，扬州大学 2005 年。

[70] 卢世林：《美与人性的教育——席勒美学思想研究》，武汉大学 2006 年。

[71] 李平华：《审美现代性视野中的席勒美学》，南昌大学 2005 年。

[72] 李琼：《让美走在自由之前——席勒人性论美学探析》，安徽大学 2004 年。

[73] 梁海钢：《审美与自由——以“康德—席勒—马克思”为线索的德国美学清理》，广西师范大学 2000 年。

[74] 李平华：《审美现代性视野中的席勒美学》南昌大学 2005 年。

[75] 刘晓萍：《当代视域下的席勒生命美育思想研究》，四川师范大学 2007 年。

[76] 骆冬青：《“活的形象”与席勒的政治美学》，《江苏社会科学》2005 年 1 月。

[77] 马林刚：《席勒美学思想研究》，南京师范大学 2005 年。

[78] 潘黎勇：《审美现代性视野中的席勒美育思想》，浙江师范大学 2006 年。

[79] 彭富春：《康德、席勒、马克思的审美哲学》，《文艺研究》1989 年 1 月。

[80] 孙戈岚：《席勒美学思想与日常生活审美化》，河北师范大学 2006 年。

[81] 王春英：《席勒的审美解放理论》，黑龙江大学 2006 年。

[82] 魏安乐：《审美与救赎——席勒美育思想及中国式解读》，安徽大学 2006 年。

[83] 谢许航：《席勒美育思想的现代性批判》，华南师范大学2005年。

[84] 宣琳：《自然人与游戏者——卢梭与席勒“复古”思想比较研究》，黑龙江大学2002年。

[85] 肖映胜：《“和谐人”：社会主义和谐社会主体研究》，中共中央党校2006年。

[86] 张静静：《审美与自由——席勒的审美教育思想及其现代影响》，安徽大学2001年。

[87] 周海燕：《人性结构及审美在人性建设中的作用》，山东师范大学2004年。

[88] 张丹：《席勒的人性化审美观》，东北师范大学2006年。

[89] 张扬：《席勒美育思想在中国的接受史研究》，南开大学2007年。

[90] 张玉能：《席勒的审美人类学》，《武汉科技学院学报》2002年2月。

[91] 张玉能：《论美书简中席勒的审美人类学观点》，《广西师范大学学报》2002年4月。

[92] 张玉能：《美植根于人性深处——审美教育书简中的审美人类学思想》，《吉首大学学报》2002年4月。

[93] 张玉能：《席勒论艺术的人类学根源》，《三峡大学学报》2003年2月。

[94] 张玉能：《席勒论戏剧的人类学功能》，《安徽师范大学学报》2003年6月。

[95] 张玉能：《席勒论审美形式的人类学功能》，《云梦学刊》2004年3月。

[96] 朱立元：《论西方美学发展的两条主线》，《文艺理论研究》1999年3月。

[97] 周宗伟：《游戏化生存——社会学视野下的席勒美学新解》，《江苏社会科学》2005年4月。

三　其他参考文献

[1] [美] 艾伦·迪萨纳亚克：《审美的人》，户晓辉译，商务印书

馆 2004 年版。

［2］［美］埃里希·弗洛姆：《健全的社会》，欧阳谦译，中国文联出版公司 1988 年版。

［3］［美］埃·弗洛姆：《占有或存在——一个新型社会的心灵基础》，杨慧译，国际文化出版公司 1989 年版。

［4］北京大学哲学系：《古希腊罗马哲学》，商务印书馆 1982 年版。

［5］［古希腊］柏拉图：《文艺对话集》，人民文学出版社 1980 年版。

［6］陈小鸿：《论人的自由全面发展》，人民出版社 2004 年版。

［7］董学文、荣伟：《现代美学新维度——西方马克思主义美学论文精选》，北京大学出版社 1990 年版。

［8］邓伟志：《和谐社会笔记》，上海三联书店 2005 年版。

［9］傅治平：《和谐社会导论》，人民出版社 2005 年版。

［10］［德］费希特：《费希特著作选集》第 2 卷，梁志学主编，商务印书馆 1994 年版。

［11］［德］格罗塞：《艺术的起源》，蔡慕挥译，商务印书馆 1984 年版。

［12］高楠：《生存的美学问题》，辽宁大学出版社 2001 年版。

［13］［德］黑格尔：《精神现象学》，商务印书馆 1976 年版。

［14］《斯诺宾莎书信集》，洪汉鼎译，商务印书馆 1996 年版。

［15］［德］康德：《判断力批判》，邓晓芒译，人民出版社 2002 年版。

［16］［德］康德：《判断力批判》，宗白华译，商务印书馆 1964 年版。

［17］［德］昆廷·斯金纳：《自由主义之前的自由》，李宏图译，上海三联书店 2003 年版。

［18］刘曙光：《人的活动与社会历史发展规律的关系》，民族出版社 2002 年版。

［19］劳承万：《审美的文化选择》，上海文艺出版社 1991 年版。

［20］李衍柱：《西方美学经典文本导读》，北京大学出版社 2006 年版。

［21］［英］迈克·费瑟斯通：《消费文化与后现代主义》，刘精明译，译林出版社 2000 年版。

［22］《马克思恩格斯选集》，人民出版社 1972 年版。

［23］［德］马克思：《1844 年经济学—哲学手稿》，刘丕坤译，人民出版社 1979 年版。

［24］欧阳光伟：《现代哲学人类学》，辽宁人民出版社 1986 年版。

［25］潘智彪：《审美心理研究》，中山大学出版社 2007 年版。

［26］彭立勋：《美学的现代思考》，中国社会科学出版社 1996 年版。

［27］［美］乔·奥·赫茨勒：《乌托邦思想史》，商务印书馆 1990 年版。

［28］田光清：《和谐论——儒家文明与当代社会》，中国华侨出版社 1998 年版。

［29］王元明：《人性的探索》，南开大学出版社 1993 年版。

［30］王天思：《在过去和未来之间》，江西人民出版社 1993 年版。

［31］温纯如：《康德与费希特的自我学说》，社会科学文献出版社 1995 年版。

［32］［波］沃拉德斯拉维·塔塔科维兹：《中世纪美学》，中国社会科学出版社 1991 年版。

［33］汪子嵩等：《希腊哲学史》第 1 卷，人民出版社 1988 年版。

［34］［英］肖恩·塞耶斯：《马克思主义与人性》，冯颜利译，东方出版社 2008 年版。

［35］夏之放：《异化的扬弃：〈1844 年经济学哲学手稿〉的当代阐释》，花城出版社 2000 年版。

［36］杨适：《人的解放——重读马克思》，四川人民出版社 1996 年版。

［37］远志明：《社会与人》，山西人民出版社 1985 年版。

［38］严春友：《人：西方思想家的阐释》，中国社会科学出版社 2005 年版。

［39］［英］约翰·密尔：《论自由》，商务印书馆 1982 年版。

［40］叶秀山：《哲学要义》，世界图书出版公司 2006 年版。

［41］袁贵仁：《马克思的人学思想》，北京师范大学出版社 1996 年版。

［42］赵敦华：《人性和伦理的跨文化研究》，黑龙江人民出版社 2004 年版。

［43］张立文：《和合之境——中国哲学与21世纪》，华东师范大学出版社2001年版。

［44］《西方美学主潮》，周来祥主编，广西师范大学出版社1997年版。

［45］周宪：《审美现代性批判》，商务印书馆2003年版。

［46］钟璞：《美学自由主义——论存在自由与人性自由》，湖南出版社2005年版。

［47］周纪文：《和谐论美学思想研究》，齐鲁书社2007年版。

（以下为单篇论文）

［48］［美］埃·弗罗姆：《资本主义下的异化问题》，《哲学译丛》1981年4月。

［49］成复旺：《关于形式美学的思考》，《浙江学刊》2000年4月。

［50］李长成：《法兰克福学派现代性批判的理论路径》，《安徽师范大学学报》（人文社会科学版）2007年1月。

［51］刘曙辉、赵庆杰：《和谐社会的人文解读》，《党政论坛》2007年4月。

［52］秦宣：《论和谐社会的科学内涵》，《马克思主义与现实》2007年1月。

［53］杨晓莲：《论马尔库塞的“新感性”》，《华中师范大学学报》1999年3月。

［54］张世英：《美与真善》，《学海》2000年1月。

［55］张德厚：《试论马克思主义美学的现代化》，《吉林大学社会科学学报》2002年1月。

［56］张兆林：《中西方和谐社会畅想的文化根源》，《学术交流》2006年6月。

后　　记

人之为学有难易乎？在完成博士论文写作后想起这个问题，只觉汗颜，欲语无言，内心充满了酸涩。三年的求学时光如白驹过隙，年华瞬间即逝。其间，既让我体会到生存的责任，也让我领会到学海无涯的真实，更让我深刻地感受到了温暖、支持和帮助的真正含义。面对学业，身处俗世之中的我，总是难以达到前人的那种治学之境，因此，每一步的行进都感觉自己如卡夫卡《城堡》中的土地丈量员一样总是无法达到那伸手可及的目标，我疑惑："一个人要走多远，才叫做距离?"在《行走》一诗中，我真实地描绘了自己的状态"我的眼光朦胧，看不清前方的路，通向何处。我感觉自己已经老去，无法穿越这个昏暗的季节，只能把时间，消磨在或真或假的路口，用想象支撑，我微笑下的虚弱"。而正是来自各方面的支持和帮助让我坚持了下来，因此，此时我的心中，更多的是充满了感激。

是导师杨存昌教授一次一次给予我指导，每一次交谈，都给予我力量，使我从迷途中走出来，促进了我精神的成长。可以说，杨存昌教授是我的领路人，为我开启了人生的一道大门。在三年的学习生活中，杨存昌教授给我提供了良好的学习氛围，我论文的选题、提纲的确定甚至是字句的斟酌都离不开杨存昌教授的帮助和支持。不仅如此，在教授的身上，我更多的体会到了"为人为学，相即不二"的道理。因此，在论文即将完成之际，我向杨存昌教授表示衷心的感谢。同时，也对山东师范大学文艺学教研室的李衍柱教授、夏之放教授、杨守森教授、周均平教授、周波教授表示感谢，在三年的学习生活中，聆听了他们的教诲，得到了他们的学术指导，论文开题过程中他们提出的具有启发性和建设性的意见与建议，使我受益匪浅。尤其让我难忘的是夏之放教授，在百忙之中能逐字逐句为我修改论文，及时地给予批评指导，否则我不可能完成我的学业，此份感激，永存心底。一声感谢，已不足表达我的心意。